개정판

게임과 스포츠 통계

이해용 · KyungJin Byun 지음

Game & Sports Statistics

敎友社

개정판을 내면서

2008년 처음으로 게임과 스포츠 통계라는 책을 내면서 의욕이 앞서다보니 여러 곳에 오자, 탈자 그리고 문맥상 이해하기 어려운 부분이 있었다. 뿐만 아니라 용어상의 해석도 다소 혼란의 여지가 있음을 발견하였다. 3년에 걸친 강의를 통해 발견된 오·탈자 및 의미가 모호한 용어 등을 이번 개정판을 내면서 수정, 정정, 보완하고 용어도 통일된 용어를 사용하려고 하였다. 또한 초판에는 게임과 스포츠 통계라는 서명에 충실하여 통계적인 분석에 무게를 두었으나 개정판에서는 각종 게임의 설명을 좀더 보강하였다. 독자들이 의외로 게임이나 스포츠 경기규칙을 모르고 있기에 이를 보강한 것이다. 게임산업(우리나라에서는 사행산업이라고 부르고 있음)에 대한 자료는 경제적인 변화에 매우 민감하여 짧은 기간에도 변화가 많다. 최신 자료를 제공하여 게임산업에 대한 미래를 예측하는 유익한 정보를 사용할 수 있도록 자료를 가능한 최근 자료로 교체하였다.

본서는 우리나라의 5대 사행산업을 근간으로 하고 있으나 편의상 게임 특성으로 나눠서 설명하였다. 제1장에서는 게임의 역사에 대해 간략하게 서술하였으며, 제2장에서는 게임 및 스포츠에 필요한 기본통계 이론을 서술하였다. 제3장에서는 게임에 필요한 주요 용어를 서술하였고, 제4장 복권과 로또, 제5장 카드 게임, 제6장 주사위 게임, 제7장 그룹 게임, 제8장 휠 게임, 제9장 릴 게임, 제10장 스포츠 게임에 대해 설명하였다. 12장에서는 스포츠 경기에서 통계 이론이 활용되고 있는 예를 들었다.

아쉽게도 요즘도 하루가 멀다 하고 불법 오락, 사설경마, 카지노 불법영업, 중독자 패가망신 등의 뉴스가 언론에 오르내린다. 이를 본 많은 국민들은 무비판적으로 게임산업은 불량산업이라고 치부하는 경향이 적지 않다. 게임산업의 미래에 관심이 많은 한 사람으로 아쉽기 그지없다. 게임산업은 우리 미래를 위해 반드시 발전시켜야 할 산업임에 틀림없다. 본 서가 게임산업에 대한 문제점을 보완하고 대책을 마련하여 건전한 오락으로서 모두가 즐길 수 있는 레저로 인식하는 국민의식 수준이 높아지는 데 일조하기를 바란다.

개정판을 내면서 많은 시간을 들여 좀 더 알찬 내용으로 꾸미려 노력하였으나 아직도 미비한 점이 많이 있으리라 생각한다. 앞으로 더욱 더 좋은 내용이 될 수 있도록 꾸준히 노력해 나갈 것을 약속드리며 지금까지 본 서에 관심을 가지고 조언해주시고 정보를 주시며, 아낌없이 성원을 해주신 주위 모든 분들께 깊은 감사를 드린다. 특히 어려운 여건에도 불구하고 기꺼이 개정판을 내주신 교우사 사장님을 비롯하여 직원 여러분께도 감사를 드린다.

2011년 12월

저자 드림

머리말

매스컴을 통하여 어떤 사람이 무슨 카지노에서 갬블(노름)을 하다가 가산을 탕진하고 패가망신이 되었다는 뉴스가 심심치 않게 보도되고 있다. 이처럼 아직도 우리사회에서는 많은 사람들이 카지노라고 하면 노름이나 하는 퇴폐적인 곳으로 생각하는 고정관념을 가지고 있는 것이 사실이다.

저자도 그런 사람 중에 한 사람이었다. 그러나 여행을 하면서 카지노로 유명한 모나코의 모테카를로카지노와, 라스베가스 MGM 호텔카지노, 그리고 시드니 스타카지노를 구경할 기회가 있었다. 특히 2006년 시드니 스타카지노 앞에서 노신사 한 분을 만나 카지노에 대한 얘기를 나눈 것은 카지노에 대한 새로운 인식을 갖는 계기가 되었다. 이야기 도중에 저자가 갬블링(gambling)이라고 얘기하자 그 노신사는 갬블링(gambling)이 아니라 겜블링 게임(gambling game)이라고 말을 고쳐주었다. 그러면서 말하기를 "카지노에서 할 수 있는 다양한 게임은 축구나 야구와 같이 하나의 게임"이라는 것이다. 풋볼을 좋아하는 사람은 풋볼을 하면서 여가를 즐기듯이 게임을 좋아하는 사람은 게임을 하면서 여가를 즐길 수 있다는 것이다. 노신사와의 대화를 통하여 그동안 가지고 있던 카지노에 대한 고정관념이 일순간에 바뀌는 계기가 되었다. 카지노도 어떻게 이용하느냐에 따라서는 얼마든지 가족들과 함께 여가를 즐길 수 있는 장소가 될 수 있다는 확신을 갖게 된 것이다. 생각을 바꾸니 게임에 대한 관심이 생겨나고 관심을 갖다보니 이렇게 게임에 대한 책까지 쓰게 되었다.

그러나 저자는 게임을 전공한 사람도 아니고 그렇다고 게임 마니아도 더더욱 아니다. 솔직히 말해 우리 주변에서 접할 수 있는 다양한 게임 중에서 실제로 참가해본 것은 일본말로 [빠찡꼬]라고 부르는 슬롯머신과 블랙잭(Blackjack) 몇 번을 경험한 것이 전부이다. 따라서 투철한 준비보다는 의욕이 앞서 저술한 책이기에 적지 않은 오류도 있을 것이다. 오류에 대해서는 앞으로 차츰 정정해 나갈 것을 약속드린다. 아울러 독자들의 많은 지도와 편달을 부탁드리고 싶다.

본서는 다음과 같은 몇 가지 목적을 가지고 이 책을 저술하게 되었다. 첫째, 갬블이 더 이상 패가망신을 하게 하는 사행성 오락만이 아니라 국민 모두가 여가를 즐길 수 있는 건전한 게임으로 인식되기를 바라는 목적이다. 둘째, 게임의 결과는 결국 참여하는 플레이어들에게 유리한 것이 아니라 불행하게도 주최자 측에 더 유리하다는 사실을 재인식케 하고자 하는데 목적이 있다. 셋째는 게임을 즐기는 사람에게는 하나의 건전한 오락이 되고, 이 업종에 종사하는 사람에게는 게임 산업을 육성·발전시켜 플레이어들에게 양질의 서비스를 제공하는 전기가 되길 바라는 목적이다. 마지막으로 통계학의 이론이 게임에 어떻게 적용되고 활용될 수 있는가를 보여주고자 하는 목적이다.

이상의 목적을 달성하기 위하여 본서는 전체 12장으로 구성하였다. 1장은 게임의 역사에 대해 정리하였고, 2장은 통계학이 게임에 필요한 이유를 설명하였다. 3장은 게임에 필요한 용어를 정리하였으며, 4장부터 9장까지는 각종 게임의 방법과 승패확률 및 게임에 승리할 가능성에 대한 내용을 수록하였으며, 끝으로 10장과 12장에서는 스포츠에서 통계적 이론이 어떻게 활용될 수 있는가를 보이고 있다.

끝으로 이 책을 읽는 독자들에게 게임의 긍정적인 시각을 가지고 게임을 즐기는 계기가 되길 바라며, 학문적으로 스포츠와 게임통계에 관심 있는 분들께서는 이 책이 하나의 입문서가 되길 바라는 마음 간절하다. 그리고 어려운 여건에도 불구하고 이 책이 나오기까지 물심양면으로 지원해주신 교우사의 오판근 사장님을 비롯한 편집부 직원님들께 감사드리고, 아울러 많은 조언을 해주신 동료 교수님들께도 감사를 드린다.

2008년 6월
저자 드림

차례

제 1 장

게임이란?

1.1 게임(game)이란 무엇인가?

게임(game)이란 갬블링 게임(gambling game)의 준말로 경기 또는 모험을 수반하는 오락으로 일반적으로 내기 돈이 걸려있는 모든 행위를 의미한다. 좀 더 구체적으로는 경기나 놀이에 돈을 걸어 이기는데 필요한 점수를 얻어 이김으로써 재물(재산)을 취득할 수 있는 일체의 놀이라고 정의한다.

사행산업통합감독위원회에서는 이와 같은 게임을 사행산업(射倖産業)라 부르고 '사행산업(射倖産業)이란 일반적으로 인간의 사행심을 이용하여 이익을 추구하거나 관련된 물적 재화나 서비스를 생산하는 산업을 말함, 즉 사행산업은 우연에 의하여 이용자에게 재산상의 이익과 손실을 주는 행위를 하는 산업'이라고 정의하고 있다. 외국에서는 럭 비즈니스(luck business), 갬블링 산업(gambling industry) 등으로 부르고 있으며, 일본의 경우는 공영갬블(public gambling)이라 칭하고 있다.

주요 사행산업으로 카지노, 경마, 경륜, 경정, 복권 및 체육진흥 투표권 등 5 가지가 있다. 카지노에서는 카드, 주사위, 휠, 릴, 숫자 등을 이용하는 게임을 하고 있으며, 경마는 승마경기를, 경륜은 자전거 경주를, 경정은 보트경주를 대상으로 하는 게임을 한다. 복권은 어떤 경기의 결과를 예측하는 것이 아니라 랜덤하게 숫자를 맞히는 게임이다. 공식적인 게임은 아니지만 우리 국민들이 많이 하는 화투나 윷놀이 등도 좋은 게임이 될 수 있다. 본서에서는 도박(gamble)대신에 게임(game) 이라는 용어를 사용하고, 사행산업 대신 게임 산업(game industry)라는 용어를 사용하고 있음을 기억하기 바란다.

1.2 복권의 유래

본 절에서는 다섯 가지 게임 산업 중에서 복권과 카지노의 유래에 대해서 간단히 살펴보고자 한다.

1.2.1 복권의 유래

복권의 유래에 대해 여러 가지 설이 있다. 고대 이집트 파라호 시대(BC 3500)에 있었다는 주사위로 점을 쳤던 기록이나, 호메로스의 시에 나오는 게임하는 그림, 게임으로 모든 부를 잃은 고대 인도왕의 이야기, 사마천의 사기 등에서 게임에 관한 이야기 들이 전해지고 있다. 학자마다 약간 이견이 있으나 고대 이집트의 파라오 시대로 보는 설이 유력하다.

그 후 로마황제 아우구스투스(BC 63~AD14)는 로마의 복구자금을 마련하기 위하여 연회에서 복권을 팔고 상품으로 노예나 집, 배 등을 나누어 주는 것에서부터 비롯되었다는 설도 있다. 그 당시 로마에서는 연회에서 황제가 손님들에게 추첨을 통해서 다양한 상품을 나누어 주는 것이 일반화 되어 있었다고 알려져 있다. 연회에 참석한 손님들은 음식 값으로 지불한 계산서를 가지고 추첨을 통하여 당첨된 사람에게 귀중한 상품을 주었던 일도 있었다. 특히 로마의 5대 황제인 네로(Nero)는 로마제국의 영속성을 기념하기 위하여 추첨행사를 벌려 직업, 땅, 노예 또는 선박 등을 나누어 주었다는 얘기도 전해지고 있다.

1530년에 이르러서 이탈리아의 피렌체 지방에서 처음으로 당첨금을 현금으로 지급하는 번호추첨식 복권이 등장하게 되었으며, 이때부터 행운이라는 뜻을 가진 로또(Lotto)라는 단어가 복권의 고유명사로 사용되기 시작되었다.(참조 : http://www.bokgwon.go.kr)

1556년 영국의 여왕 엘리자베스 1세는 항구개발 및 프랑스 전쟁의 경비를 조달할 목적으로 복권 제도를 처음으로 도입하였으며, 이후 16세기부터 19세기에 걸쳐 웨스트민트 다리(1739), 대영박물관(1753) 건설 등과 같은 공공사업을 수행하기 위하여 수시로 복권을 발행하였다.

영국의 지배를 받았던 미국의 경우는 여러 도시에서 다양한 목적으로 복권이 발행되었다. 그러나 통제할 수 없는 무허가 복권의 남발로 사회의 지탄을 받기에 이르렀고 급기야 1730년 이후부터는 사적인 복권발행이 전면 중단되었던 경우도 있었다.그러나 1740년부터 1755년 사이에 미국의 여러 지방 도시들은 교회, 학교, 교도소, 도로, 항만, 다리 등 국가

기간시설을 건설하기 위하여 반쯤 민영화된 복권을 발행하기에 이르렀고 이렇게 모아진 기금은 대학을 설립하는데 사용되어 콜롬비아, 뉴저지, 예일, 하버드, 프린스턴, 플리머스 대학 등 오늘날 세계 명문대학들을 탄생시킨 밑거름이 되기도 하였다. 1800년대 초기에 들어 33개 주 중 24개 주에서 법원, 교도소, 병원, 고아원과 도서관 등 도시의 개선사업이 필요하여 복권을 발행하였다. 1800년대 중반에는 복권의 이상열기와 정부의 통제부족으로 개인회사에서 발행하는 복권의 부정, 부패가 불법도박으로 번지는 등 다시 사회문제로 비화되어 복권발행 금지령이 내려지기도 했다.

이상과 같은 우여곡절을 거쳐 1964년 뉴햄프셔 주에서 불법적인 도박과 내기를 방지하려는 목적으로 처음으로 합법적인 복권발행을 주 의회에서 승인하였으며 그 후부터 오늘날에 이르기까지 헤아릴 수 없는 각종 복권이 각기 다른 목적으로 발행되고 있다. 영국과 미국 외에도 프랑스나 호주 등 세계 여러 나라에서 복권은 다양한 목적으로 발행되고 있다.

1.2.2 우리나라 복권의 유래

우리나라의 전통적인 복권의 기원은 옛날 지역사회에 널리 퍼져 있던 친목도모와 상호경제적인 어려움을 극복하기 위하여 유행했던 일종의 민간협동체인 '계(契)'에서 그 기원을 찾아볼 수 있다. '계'란 삼한시대에까지 거슬러 올라가는 우리민족의 공동체였다. 그 역할도 시대에 따라 다양하였으나 그 중 하나는 어려운 서민생활에서 푼돈을 모아 목돈을 만들려는 목적으로 계에 가입한 사람들이 모여 일정액을 갹출한 후에 계에 가입한 사람(계군) 중에서 한 사람(혹은 한 사람 이상)을 선정하여 갹출된 돈을 몰아주는 것과 같은 제도였다.

그 예로 조선시대에 유행했던 산통계(算筒契)나 작백계(作百契)가 있다. 산통계란 각 계원의 이름을 기입한 구슬을 통이나 상자 속에 넣고 돌려서 나오는 번호를 보고 당첨자를 결정하는 방법이며, 작백계(作百契)는 100명에게 일정 번호가 붙은 표(복권)를 팔고 추첨을 통하여 총 매출액의 80%를 복채금으로 돌려주는 방법이다. 작백계가 100명을 상대로 표(복권)를 발행하는 경우라면, 1,000명을 대상으로 하는 경우는 '천인계(千人契)' 10,000명을 대상으로 하는 경우는 '만인계(萬人契)'라고 하였다.

근대에 들어 우리나라의 경우 일본 식민지하에서 몇 가지 복권이 발행되었다. 그 대표적인 예로 1945년 7월 태평양전쟁의 군수산업을 위한 전쟁자금조달을 목적으로 일본이 발매한 '승찰(勝札)'이라는 복권이 있었다. 이 복권은 1등 10만원인 액면가 10원짜리 복권 2억원 어치를 발매하였다.

해방 후에는 제 16회 런던올림픽의 참가경비를 조달하기 위하여 1947년 12월 대한올림픽위원회가 1등 당첨금 100만원, 액면가 100원인 '올림픽후원권' 140만매를 발행하였는데 이 복권이 우리나라 공식복권의 효시(嚆矢)라 할 수 있다.

그 후로 1949년 10월부터 1950년 6월까지 1등 상금 100만원, 액면가 100원인 그림 (1-1)과 같은 '후생복표(厚生福票)'가 재해대책자금 조성을 목적으로 3회에 걸쳐 발행되었으며, 애국복권과 특수목적으로 산업박람회복권, 무역박람회복권 등이 잇달아 발행되었다. 그러나 이들 복권은 얼마 지나지 않아 없어지게 되었으며, 현재와 같이 정기적으로 발행되는 복권은 무주택 군경유가족, 국가유공자, 파월장병의 주택마련을 위한 목적으로 1969년 9월 15일 한국주택은행이 주관한 '주택복권'이 발행되면서부터 본격적인 정기복권시대를 맞이하게 되었다.

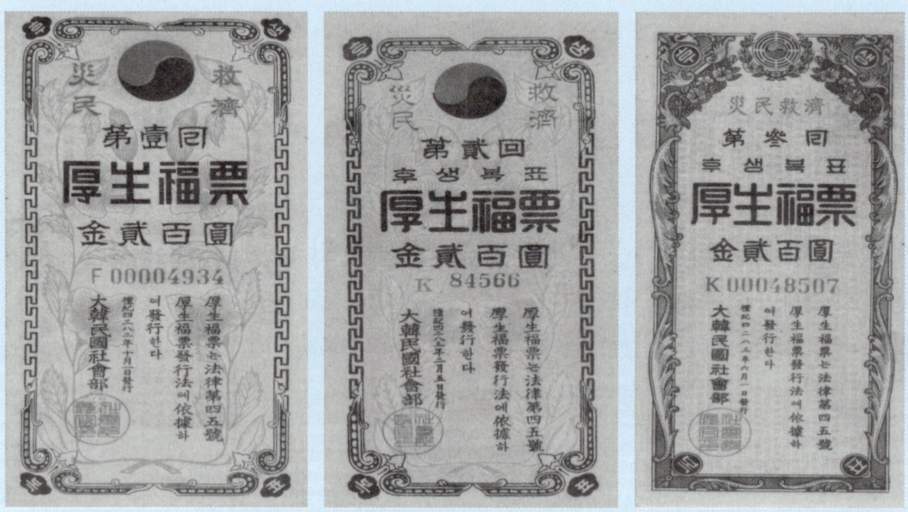

그림 1-1 | 후생복표의 모형

당시 주택복권은 액면가 100원짜리 50만매를 발매하였으며 1등 당첨금은 300만원이었다. 처음에는 월 1회 서울에서만 발행하였으나, 1972년 6월 제 32회부터 월 3회로 발행횟수를 늘렸으며 1973년 3월부터는 주 1회 발행하기 시작하였다. 주택복권은 1979년까지 480억 원을 발행하여 약 200억 원의 자금을 조성하였고 수해주택, 원호주택, 국가유공자주택, 임대주택, 영세민주택 등을 지원하였다.

이상에서 설명한 주택복권과 같이 일정매수를 정해 발매한 후 추첨하여 등위를 결정하는 방식의 복권을 추첨식복권(抽籤式福券)이라고 한다.

1980년대 들어 정부는 '86 아시안게임'과 '88 올림픽'의 재원을 마련하기 위하여 올림픽복권을 발행하였다. 이때 조성된 자금은 '86 아시안게임'과 '88 올림픽'의 성공적인 개최에 크게 기여하였다. 1990년대에는 즉석식복권과 다첨식복권이 등장하여 복권형태의 새로운 장이 열렸다. 복권 애호가들의 다양한 욕구를 충족시키기 위하여 1990년 10월부터 즉석복권(찬스복권)이 발행되었고, 1993년 9월에는 복권 한 장으로 3~6회의 추첨에 참가할 수 있는 다첨식복권(또또복권)이 발행되었다.

다첨식복권은 대전국제무역박람회 조직위원회가 박람회의 기금조성을 목적으로 1990년 9월 1일부터 1993년 12월까지 총 40회에 걸쳐 매월 발행하였다. 대전엑스포 기간 중에는 박람회장 내에서만 판매되는 박람회장 복권을 3억 1백만 매를 발행하여 415억 원의 기금을 조성하기도 하였다. 이 외에도 체육진흥기금의 조성을 목적으로 하는 체육복권 그리고 기술, 복지, 기업, 자치, 관광복권 등이 잇달아 발행되면서 즉석식 복권의 발행과 함께 복권시장은 경쟁적으로 활성화 되었다.

2001년에는 보훈복권, 엔젤복권이 추가로 발행되었으며 2002년에는 복권구매자가 직접 원하는 번호를 선택할 수 있는 로또(Lotto)복권이 발행되어 복권의 또 다른 시대를 맞게 되었다. 다음 표(1-1)은 우리나라의 복권 발행기관 및 발행시작일자, 발행복권 및 복권의 종류를 보여주고 있다.

표 1-1 복권의 종류와 수탁기관(발행기관)

기 관 명	발행일자	발행복권	복권 종류
국민은행	1969년 9월 15일	주택복권, 로또	즉석식, 추첨식, 인터넷 로또
국민체육진흥공단	1990년 9월 13일	체육복권	즉석식, 추첨식
과학기술인공제회	1993년 3월 25일	기술복권	즉석식, 추첨식, 인터넷
근로복지공단	1994년 5월 1일	복지복권	즉석식, 인터넷
중소기업진흥공단	1995년 5월 17일	기업복권	즉석식
지방재정공제회	1995년 7월 1일	자치복권	즉석식, 인터넷
제주도	1995년 7월 1일	관광복권	즉석식, 인터넷
산림조합중앙회	1999년 9월 9일	녹색복권	즉석식, 인터넷
한국보훈복지 의료공단	2001년 5월 21일	플러스복권	즉석식, 추첨식
사회복지 공동모금회	2001년 12월 20일	엔젤복권	인터넷

출처: 복권위원회 홈페이지

1.2.3 복권의 매출액 추이

1960년대부터 지금까지 다양한 복권이 각기 다른 목적으로 발매된 우리나라의 복권의 매출은 가히 천문학적인 금액이며, 판매로부터 얻은 이득 또한 상상을 초월하는 액수에 이른다. 예로 2004년 한 해 동안 복권으로부터 얻은 순이익금은 1조 3292억 원에 이르고 복권발매를 시작한 이래 2004년도까지 2조원이 넘었다. 그 후로 조금씩 줄어드는 경향을 보이고 있으나 여전히 무시 못 할 금액임에는 틀림없다. 이 이익금은 과학기술진흥기금, 국민체육진흥기금, 임대주택의 건설 및 지방자치단체 지원 등으로 배분되었고, 일부는 저소득층 주거안전 지원 사업, 소외계층에 대한 지원 사업 등에 사용되었다. 다음 표(1-2)는 2004년부터 2010년까지 우리나라에서 판매된 각종 복권의 총매출액과 순이익 및 수익률을 보여주고 있다. 2010년도 복권 총 매출액은 2조 5255억 원에 이르고 순수익은 1조원이 넘었다.

표 1-2 우리나라 복권시장 규모의 추이 (단위: 억 원)

항목 \ 년도	2004	2005	2006	2007	2008	2009	2010
총매출액	34,595	28,438	25,940	23,809	23,940	24,712	25,255
순수익	13,292	11,717	10,667	9,783	2,266	10,429	10,704
수익률(%)	38.4	41.2	41.1	41.1	9.5	42.2	42.4

출처: 사행산업통합감독위원회 홈페이지, 2011

우리나라뿐만 아니라 세계 주요국들의 2006년도부터 2009년도까지 복권 총매출액과 순매출액 실적을 보면 다음 표(1-3)과 같다. 표(1-3)에서 보면 2009년 한 해 동안 미국 등 선진국들의 복권 시장 규모는 크게 증가하지는 못하고 있으나 사회주의를 표방하고 있는 중국은 큰 증가를 보이고 있다.

표 1-3 2006년도 세계복권매출액 (단위: 백만 U.S.$)

	2006		2007		2008		2009	
	매출액	순매출	매출액	순매출	매출액	순매출	매출액	순매출
남아프리카	618	309	563	282	193	97	434	217
노르웨이	1259	630	1466	733	1564	782	1687	731
독일	11756	5878	12122	6061	11277	5638	10832	5416
미국	51739	20885	52703	21150	53691	21427	53478	21316
영국	9253	4587	9836	4849	9366	4621	7929	3893
이탈리아	15769	7884	21882	10941	25824	12912	26149	13074
중국	10264	5132	13272	6636	15263	7631	19411	9706
프랑스	11407	4792	12148	5103	12558	5274	12557	4745
홍콩	810	373	845	388	823	379	829	381

출처: 사행산업통합감독위원회 홈페이지, 2011

그리고 2004년부터 2012년까지 년도 별 전 세계 복권시장규모의 추이는 다음 표(1-4)와 같다.

표 1-4 년도 별 세계복권 순 매출액 추이 와 전망 (단위 : 백만 U.S.$)

항목 \ 년도	2004	2005	2006	2007	2008	2009f*	2010f**	2011f**	2012f**
순 매출액	88,904	90,234	94,683	104,816	112,210	114,979	115,426	120,436	126,040
성장률(%)	1.5	1.5	4.9	10.7	7.1	2.5	0.4	4.3	4.7

출처: 복권위원회홈페이지
* 추정치, ** 전망치

앞의 표에서 년도 별 복권 판매액의 증가율을 보면 매년도 증가율은 크게 성장하고 있지는 않지만 꾸준한 성장세를 나타내고 있다. 그러나 2004년 대비 2008년까지 4 년간 증가율은 26%의 성장을 보이고 있다. 이는 년 평균 6.5% 성장을 한 것과 같다.

다음 표(1-5)는 OECD 주요 국가별 2005년도 복권판매액을 비교한 것이다. 이 표에서 확인할 수 있는 것과 같이 우리나라는 1인당 복권 구입액이 60달러 정도로 아직 다른 나라에 비해 아주 낮은 수준에 머물고 있다.

표 1-5 2005년도 OECD 13개국의 복권판매액 비교

국 가 별	GDP (10억 달러)	복권판매액 (백만 달러)	GDP대비 복권판매액(%)	1인당 구입액 (달러)
그리스	225	3071	1.36	276
네덜란드	624	1050	0.17	64
노르웨이	296	1057	0.36	230
독일	2795	11522	0.41	139
미국	12487	50444	0.40	168
스웨덴	358	1199	0.34	133
스페인	1125	12924	1.15	300
영국	2124	8391	0.40	141
이탈리아	1763	12834	0.73	221
일본	4559	9209	0.20	72
캐나다	1129	5424	0.48	168
호주	708	2895	0.41	144
한국	788	2876	0.37	60

출처: 2006년도 세계복권연감

1.2.4 복권상식

(1) 세금

복권에 당첨되었다고 해서 당첨금액을 모두 갖는 것은 아니다. 우리나라의 경우 당첨금의 액수에 따라서 다르지만 5만원이 넘으면 세금을 내는 것으로 되어 있다. 복권당첨금은 조세특례제한법에 의해 분리과세 된다. 따라서 당첨금수령 시에 원천징수를 하면 세금문제는 끝나게 된다. 과세 시에는 당첨금 전액에 대해서 과세하는 것이 아니라 당첨금에서 복권을 구입한 금액을 제한 금액에 과세한다. 세액은 당첨금액에 따라 다르다. 당첨금의 5억 원까지는 기타소득세 20%와 주민세 2%를 합한 22%이며, 5억 원이 초과하는 당첨금에 대해서는 기타 소득세 30%와 주민세 3%를 합해 33%를 원천징수하고 있다. 예를 통하여 복권에 당첨되었을 경우 당첨금에 부과되는 세금과 실제 수령액은 다음과 같다.

예제 1-1

500원에 구입한 복권이 당첨되어 10억 원의 당첨금을 타게 되었다면 실제 수령액은 725,000,165원이 된다. 그 계산 과정은 다음과 같다.

풀이 1-1

- 과세 대상 금액 = (당첨금 − 복권 구입대금) = 10억 원 − 500원 = 999,999,500원
- 5억 원에 대한 세금 = (기타소득세+주민세) = 5억×0.2+5억×0.02 = 110,000,000원
- 5억을 초과한 금액 499,999,500원에 대한 세금 = (기타소득세+주민세)
  = 499,999,500×0.33 = 164,999,835원
- 총 세금 = 110,000,000 + 164,999,835 = 274,999,835원
- 실제 수령액 = 10억 − 274,999,835원 = 725,000,165원

따라서 세금총액은 274,999,835원이고, 실제 수령액은 725,000,165원이 된다.

(2) 복권 당첨확률

복권의 당첨확률은 복권의 종류에 따라서 다르기 때문에 일률적으로 말하기는 어렵지만 우리나라의 경우 1등에서 마지막 등위까지 모두 포함한 당첨확률은 대체로 30% 정도이다. 그러나 로또(Lotto)와 같이 배당금이 많은 복권의 경우는 2%를 조금 상회하고 있어 당첨되기가 어렵다. 예로 우리나라 로또(Lotto)복권의 경우 당첨확률은 다음 표(1-6)과 같다.

표 1-6 로또복권의 당첨확률

등위	당 첨 방 법	당첨확률
1등	선택한 6개 숫자 중 6개 숫자가 모두 일치	1/8,145,060
2등	선택한 6개 숫자 중 5개 숫자가 일치하고, 보너스 숫자 1개가 일치하는 경우	1/1,357,510
3등	선택한 6개 숫자 중 5개 숫자가 모두 일치	1/35,724
4등	선택한 6개 숫자 중 4개 숫자가 모두 일치	1/733
5등	선택한 6개 숫자 중 3개 숫자가 모두 일치	1/45
등외	1등에서 5등까지를 제외한 모든 경우	9,765 /10,000
계		1

* 우리나라의 로또복권은 45개 숫자 중에서 6개의 숫자를 임의로 선택하여 기록하는 방식임

(3) 당첨금

복권의 경우 모든 복권은 당첨되었을 때 등위별 당첨금 내용이 정해져 있다. 우리나라에서 가장 인기 있는 로또(Lotto)의 경우 각 등별 당첨금은 다음 표(1-7)과 같다.

표 1-7 복권과 로또 등위별 당첨금

등위	당 첨 방 법	당 첨 금
1등	선택한 6개 숫자 중 6개 숫자가 모두 일치	총 당첨금 중 5등 금액을 제외한 60%
2등	선택한 6개 숫자 중 5개 숫자가 일치하고, 보너스 숫자 1개가 일치하는 경우	총 당첨금 중 5등 금액을 제외한 10%
3등	선택한 6개 숫자 중 5개 숫자가 모두 일치	총 당첨금 중 5등 금액을 제외한 10%
4등	선택한 6개 숫자 중 4개 숫자가 모두 일치	총 당첨금 중 5등 금액을 제외한 20%
5등	선택한 6개 숫자 중 3개 숫자가 모두 일치	500원
등외	1등에서 5등까지를 제외한 모든 경우	0
계	로또 기금	총 매상액에서 위 당첨금 모두를 제외한 금액

*우리나라의 로또복권은 45개 숫자 중에서 6개의 숫자를 임의로 선택하여 기록하는 방식임

(4) 최고 당첨금액

세계적으로 지금까지 한 사람이 받은 복권당첨금의 최고 금액은 미국 웨스트버지니아주의 시골마을 스콧디포에 사는 건설회사 사장인 휘태커(Wittaker) 씨가 당첨된 미화 3억 1490만 달러(약 3,000억 원)이다. 이것은 미국의 파워 볼(power ball : 일명 빅게임이라고 부르기도 함)에서 당첨된 것이다. 물론 이 금액은 한 사람이 받은 최고액이지만 여러 사람이 나누어 받은 당첨금을 포함하면 3번째의 금액이다. 역대 최고 금액은 빅게임복권의 3억

6300백만 달러를 2명이 나눠 가진 것이 있었고, 2위는 역시 빅게임복권에서 3억 3100만 달러를 3명이 나눠가진 것이 있었다. 휘태커 씨는 당첨금의 10%를 자신이 다니는 교회 3곳에 기부하였고, 크리스마스 직전에 경기가 좋지 않아서 일시 해고된 25명의 직원을 복직시킨 미담도 있다.

우리나라의 경우는 2003년 4월 12일 로또복권 19회에서 1등으로 당첨된 강원도 한 경찰서 직원에게 돌아간 407억이 아직까지 우리나라에서 최고 일뿐만 아니라 아시아에서도 최고 당첨금액이다. 당첨자는 세금을 제외하고 318억 원을 수령하였다. 당첨자는 12억 원을 지역 장학금으로 기탁했으며, 불우이웃돕기 성금으로 20억 원, 시민단체에 30억 원을 기탁하여 국민들에게 감동을 주기도 하였다.

(5) 복권에 대한 여론

2011년 1월 26일 기획재정부 복권위원회는 2010년도 복권 1등 당첨자 291명 가운데 147명을 대상으로 설문조사(당첨금수령 현장에서 구두설문)를 실시한 결과를 발표하였다. 당첨자중 40대가 29%로 가장 많았고, 30대가 그 다음으로 27%, 50대가 23%, 20대는 12%를 차지하고 있었다. 성별로는 남성이 82%로 여성에 비하여 다수를 차지하고 있었다.

1등 당첨자 중 42%는 배우자에게 당첨사실을 알리겠다고 대답했으나 아무에게도 알리지 않겠다는 응답도 30%에 달했다. 당첨금을 받은 뒤 현재 직장을 그만 두겠다는 응답은 7%로 나타났다. 이들은 복권당첨금이 직장을 그만둘 정도로 많지 않아 현재 생활방식에 변화를 주지 않을 것이라고 답했다.

로또복권을 1주일에 한번 이상 산다는 사람이 77%나 되었으며, 1회 구입 시 1만 원 이하가 46%로 가장 많은 것으로 나타났다. 당첨자 중에 당첨금을 주택이나 부동산 투자에 쓰겠다고 응답한 사람이 29%로 가장 많았으며, 예금이나 주식 등 재태크에 23%, 대출금상환 20% 등으로 나타났다. 한편 로또 1등 최고 당첨금은 세제 전 117 억 원이었고, 최저 당첨금은 5억 6000만원이었으며, 1인당 평균 당첨금은 29억 3000만 원이었다.

그러나 이 보다 앞선 2004년 12월에 실시한 복권에 대한 국민여론조사 결과에 따르면 우리 국민의 72%가 복권을 구입한 경험이 있는 것으로 나타났다. 그리고 복권을 구입한 사람 중 32%는 재미와 거액의 당첨금 때문에 구입하였고, 22%는 호기심 때문에 복권을 구입하는 것으로 나타났다. 좋은 꿈을 꿔서 샀다는 응답도 9%에 이르렀다. 그리고 흥미로운 것은 당첨자 중에서 3분의 1이 꿈을 꾸었으며 그 중 25%는 조상에 대한 꿈을 꾼 것으로 조사되었다.

복권구입계층은 남자가 51%, 여자가 41%로 나타나고 있으며 연령별로는 30대가 30%로 가장 많았으며, 직업은 자영업자가 20%로 많았고, 소득 수준으로는 200만원에서 3백50만 원 사이 계층이 53%로 가장 많이 구입하는 것으로 나타났다. 또한 기혼자 층이 미혼자 층에 비해 71%로 높게 나타났다.

1등 당첨금의 적정규모로는 10억 원이 35%로 가장 많았으며, 그 다음으로 50억, 100억 이상이 17%로 나타났다. 로또복권 매당 적정가격으로는 1천원이 49%로 가장 많았으며, 2천원 42%, 3천원 9% 순으로 나타났다.

이상과 같은 국내를 비롯하여 세계 각국의 복권에 얽힌 기록을 보면 다음 표(1-8) 및 표(1-9)와 같다.

표 1-8 복권 관련 국내기록

구 분	항 목	내 용	비 고
발행	최초 공식복권	올림픽복권 (올림픽후원회)	1947년 12월
	최초 정기발행복권	주택복권	1969년 9월
	최초 인터넷복권	엑스포복권	1990년 9월 1일
	최장 발행복권	인터넷 관광복권	2001년 5월 9(제주도)
로또 당첨금	1인 수령 최고 당첨금	407억 2천 3백만 원	2003년 4월 12일 제 19회 차(아시아 최고)
	1인 수령 최저 당첨금	7억 9천 7백만 원	2003년 21회 차
로또 1등 당첨자	최다 답변 연령대	40대	점유율 : 38.3%
	최다 답변 꿈 내용	조상	점유율 : 25.0%
	최고령자	85세	
	최연소자	24세	
	최다 1등 당첨 수	23명	제 21회 차
로또 당첨번호	최다 출현번호	17	출현횟수 : 25회
	최소 출현번호	28	출현횟수 : 10회
기부	최고 기부액	32억	2003년 19회 차 당첨자
로또판매	회 차당 최대 판매액	2,608억 5천 6백만 원	제 10회 차
	회 차당 최소 판매액	36억 8천 2백만 원	제 1회 차
	1일 최고 판매액	768억 6천 7백만 원	제 10회 차(2003년 2월 7일)

출처: 복권위원회 홈페이지

표 1-9 복권 관련 해외 기록

구 분	항 목	내 용	해당국가	비 고
발 행	세계 최초 복권	1530년	이탈리아	
당첨금	역대 1인 수령 최고 당첨금	3억 1490만 달러	미국	파워 볼(power ball) 게임
	역대 최고 당첨금	3억 6300만 달러	미국	2명이 수령 (power ball 게임)
구매액	국민 1인당 년 평균구매액 최고 국가	696달러	싱가포르	우리나라는 68달러('04년)
판 매	최대 판매국가	50조 7405억 원	미국	'04년 기준
	최대 판매기관	168억 4300만 달러	이탈리아	'04년 기준, LottomatiaS.P.A.
	로또 최대 판매국가	159억 4400만 달러	이탈리아	'04년 기준
	즉석복권 최대 판매국가	24억 9720만 달러	미국	'04년 기준
	추첨식복권 최대 판매국가	98억 9600만 달러	스페인	'04년 기준
	키노(KENO)복권 최대 판매국가	25억 300만 달러	미국	'04년 기준/ 2위는 그리스
	Numbers(넘버스) 최대 판매국가	89억 7400만 달러	미국	'04년 기준/ 2위는 프랑스
	가장 많이 판매되는 복권	로또 (점유율 45.9%)	세계 총계	'04년 기준/ 2위는 즉석복권 (점유율 : 20.8%)

출처: 복권위원회 홈페이지

1.3 카지노의 유래

1.3.1 카지노의 유래

카지노(Casino)란 어원이 이탈리아어인 '카사(CASA : 작은집)'라는 말에서 유래되었다. 이는 르네상스시대에 귀족들이 소유하고 있던 별관으로 댄스, 당구, 도박 등을 할 수 있는 일종의 사교 오락장이었다. 17세기경부터 시작된 카지노는 18세기와 19세기에 이르러 유럽 각 지역에서는 국가의 재원을 충당하기 위해 본격적으로 생겨나기 시작했으며, 독일, 오스

트리아 등에서 활발하였다. 그러나 혁명으로 인하여 귀족이 몰락하면서 악의 온상이라는 이유로 한때 금지되기도 했다.

초기에는 대중적인 사교장의 의미로 쓰이던 카사는 시대를 거듭하면서 귀족들의 재원마련의 장소로 변질되었다. 오늘날에는 해변 가나 온천 유원지 및 휴양지에 있는 옥내 도박장을 의미하게 되었고 많은 나라에서 재원마련이나, 관광 및 외화획득을 위해서 중요한 산업으로 육성하고 있는 추세다. 특히 전 세계 카지노 산업의 50% 이상을 차지하고 있는 북미와 유럽의 경우에는 대부분의 나라에서 카지노사업을 법적으로 허용하고 있다.

미국의 경우 서부개척시대 부터 유행했으나 그 규모는 현대의미의 카지노라고 할 만큼 크지는 못하였다. 그러다 19세기 중엽부터 남북전쟁까지 미시시피 강에는 200여 척의 호화판 도박선이 떠 있을 정도로 번성하였다. 19세기 말에 들어 뉴올리언스에서 과세를 목적으로 공식적으로 카지노 개설을 허용하였다. 현재에는 라스베가스가 있는 네바다 주를 비롯하여 뉴저지, 노스다코타 주 등 모두 26개주가 카지노를 합법화 하고 있으며, 1997년도 통계에 의하면 미국의 전체 관광수입의 20%가 카지노 수익이었던 것으로 나타났다. 특히 라스베가스의 카지노는 1930년대 경제공항을 타개하기 위한 일환으로 계획적으로 설립된 유흥지로 세계적으로 유명하며 현재 20여개의 카지노가 성업 중에 있다.

유럽에서는 지중해 연안의 나라에서 유행하고 있다. 프랑스의 칸, 니스를 비롯하여 1961년에 개설된 모나코 왕국의 몬테카를로(Monte Carlo)의 카지노는 세계적으로 유명하다. 그밖에 이탈리아의 산네모, 독일의 트라페뮌트 등이 있다. 중남미에서는 오래전부터 관광용카지노가 있었는데 우루과이의 몬테비데오나, 푸에르토리코의 샌환 등이 유명하다. 쿠바의 아바나에도 카지노가 있었으나 혁명 후에 문을 닫았다.

아시아의 경우도 일본, 홍콩, 마카오가 유명하며 특히 마카오는 1934년도에 카지노가 도입되어 도시 전체가 카지노산업이 주산업인 도시로 유명하다. 마카오는 2007년에 개관한 Venetian Macao Casino는 187억 달러를 투자하여 3,000개의 스위트룸과, 약 1만 5천 평의 카지노 엔터테인먼트 구역과 2만 8천 평의 전시 및 회의 공간, 2,000석의 쇼룸, 2만 4천 평의 쇼핑몰 등을 갖춘 대형카지노 콤플렉스를 조성하였다.

그동안 게임 산업을 도외시해왔던 영국도 세계적인 카지노 단지를 조성하여 2005년도 한 해 동안 500억 파운드(약 84조원)를 도박에 사용할 정도로 (2006년 시드니 동아)게임 산업이 발전하고 있음을 보여주고 있다. 이 외에도 작은 나라이면서 잘사는 나라로 우리에게 알려진 모나코 왕국도 주 소득원이 카지노산업에 의존하고 있다는 사실은 익히 잘 알려진 사실이다.

이와 같이 선진국을 비롯한 세계 각국에서는 관광산업 부흥과 외화획득의 한 수단으로 카지노와 연계한 세계적인 종합오락단지 건설을 계획 중에 있거나 건설 중에 있다.

다음 표(1-10)은 각 대륙별 카지노 시설현황을 보이고 있다. 표에서 확인할 수 있는 바와 같이 2006년도 현재 전 세계의 카지노 수는 2,828개에 달하며, 카지노 게임을 할 수 있는 테이블 수는 40,277개나 된다. 그리고 슬롯머신은 총 839,945개가 설치되어있으며 이 중 80% 이상이 북미에 있는 것으로 확인되고 있다.

다음 표(1-11)은 각 대륙별 카지노 산업의 매출액을 나타내고 있다. 이 표에 의하면 카지노 수는 2005년 한 해 동안 각 대륙에서 카지노산업의 매출액은 총 771억 달러에 달하고 있다.

표 1-10 세계 각 지역별 카지노 시설 설치현황(2006년 말)

지 역	국가 수	카지노 수	테이블 대수	머신 수
북미	3	1,129	19,725	671,524
유럽	39	1,097	9,739	68,794
중·남미	15	199	2,237	23,231
아시아·중동	21	151	4,457	16,022
오세아니아	6	30	1,376	15,510
아프리카	28	118	1,380	26,071
카리브 해	15	104	1,363	18,793
계	127	2,828	40,277	839,945

출처: 게임 산업백서

표 1-11 2005년도 대륙별 카지노산업의 매출액 (단위: 억U.S.$)

구 분	아메리카	아시아	유럽	중동/아프리카	합 계
매출액	567	101	93	13	771
점유율(%)	73.2	13.1	12.0	1.7	100

출처: 게임 산업백서

각 나라들이 이처럼 카지노 건설에 막대한 투자를 하는 이유는 앞에서도 언급한 바와 같이 카지노의 역기능이 있음에도 불구하고 친환경산업으로 그 파생효과가 커 고용창출은 물론 외화 가득률에서도 반도체산업이 39%, 자동차산업의 79.5%에 비하여 94%대로 타 산업의 추종을 불허하고 있기 때문이다. 미국의 경우 1984년도 50억 달러이던 카지노산업의 매출액이 1993년도에는 130억 달러, 2006년에는 종업원이 36만 명에 이르고 매출액은 324억 달러로 급성장한 예에서 알 수 있는 바와 같이 카지노 산업은 부가가치가 높은 미래 유망산업의 하나이다.

1.3.2 우리나라의 경우

우리나라도 예외일 수 없다. 1961년 1월 제정된 '복표발행 현상 기타 사행행위단속법'이 제정되면서 국내 카지노 산업 도입의 근거가 법적으로 마련되었으며 1967년 인천 올림프스 호텔에 카지노가 영업을 개시하게 된 것이 시초이다. 그 후 1970년대 속리산, 제주 칼(KAL), 해운대, 코오롱 호텔 등에 카지노가 설치되었다. 그러나 이들은 국내에 거주하는 외국인이나 해외 관광객을 대상으로 한 것이며 내국인의 출입은 허용되지 않았다. 그러다가 폐광촌 경제지원 대책의 하나로 2000년 10월 28일 강원도 정선에 강원랜드 스몰카지노가 개장되었고, 이어 2003년 메인카지노장이 개장되었다. 이로서 2011년 8월 말 현재 우리나라에 영업 중인 카지노는 내국인 대상인 강원랜드 카지노와 외국인 전용 16개 등 총 17개 업소가 운영 중에 있다. 다음 표(1-12)는 우리나라에 설치되어 있는 카지노 업소의 현황과 종업원 수를 나타내고 있다.

표 1-12 | 우리나라에 설치된 카지노 현황 (2011년4월 기준)

	서울	부산	인천	강원	경북	제주	강원랜드	계
업체 수	3	2	1	1	1	8	1	17
종업원 수	2,006	514	272	30	103	1,001	1,418	5,344
대상 고객	외국인	외국인	외국인	외국인	외국인	외국인	내국인	

출처: 사행산업통합감독위원회 홈페이지 2011, 강원랜드는 2010년 12월 31기준

우리나라의 카지노 역사는 미천하고 규모는 작아 보이지만 사행산업에서 차지하는 매출액의 비중은 2009년도에 12.5%, 2010년도에는 13.0% 로 무시할 수 없을 정도다. 다음 표(1-13)은 2005년도부터 2010년도까지 우리나라에서 외국인 전용 카지노의 매출액을 보이고 있으며, 표(1-14)는 2009년도와 2010년도 카지노매출액과 국내 전체 사행산업의 매출 총액에 대한 비율을 나타내고 있다. 또한 표(1-15)는 우리나라의 내국인 출입이 가능한 강원랜드 카지노의 경우 최근 4년간의 매출액 추이를 보이고 있다.

표 1-13 | 년도 별 외국인 전용 카지노 매출액 추이 (단위 : 억 원)

구 분		2005	2006	2007	2008	2009	2010
매출	총매출	24,801	28,367	37,265	49,946	61,628	77,353
	순매출	4,346	4,796	6,129	7,528	9,196	10,056
수입액		3,617	4,105	5,465	6,487	7,847	8,548
조세		345	276	112	352	494	573
기금		384	415	552	689	855	935
이용객 수(천명)		574	988	1,176	1,277	1,676	1,946

출처: 사행산업통합감독위원회 홈페이지, 2011

표 1-14 게임산업 총 매출액 대비 카지노 산업의 비율 (단위 : 억 원)

구 분	2009년	2010년
카지노 총 매출액	20,749	22,590
사행산업 총 매출액	165,337	173,270
사행산업 총 매출액 대비 구성비(%)	12.5	13.0

출처: 사행산업통합감독위원회 홈페이지 2011

표 1-15 강원랜드의 년도 별 매출액 및 입장객 (단위: 억 원)

구 분	2007	2008	2009	2010
매출액	10,265	10,972	11,553	12,534
입장객(천명)	2,452	2,915	3,045	3,091

출처: 사행산업통합감독위원회 홈페이지, 2011 참조하여 재구성한 것임

1.3.3 카지노 게임의 매출액 추이

앞에서 살펴본 바와 같이 전 세계적으로 보면 카지노 매출액은 천문학적인 금액이다. 카지노 산업이 가장 발전한 미국의 1984년도의 카지노 매출액은 50억 달러에 불과했으나 1993년 130억 달러, 2004년에는 290억 달러로 20년 사이에 매상액이 600% 증가하였다. 미국 이외에도 유럽이나 호주 등 카지노 산업의 선진국이라고 하는 여러 나라의 경우도 미국에 못지않게 폭발적인 증가세를 나타내고 있다. 영국에서는 한 해 동안 500억 파운드(약 84조원)을 도박에 사용하는 것으로 나타나고 있다(2006년 시드니 동아). 이는 영국 국민 모두가 한 해에 800파운드를 도박에 사용하는 금액이다. 영국의 BBC 등 주요 언론들의 보도에 따르면 이 금액은 4년 전에 비해 7배가 증가한 것이다.

다음 그림 (1-2)에서 확인할 수 있는 바와 같이 이웃나라 일본의 경우에도 최근 몇 년 동안 슬롯머신의 인구가 감소하는 경향을 보이고 있으나 아직도 년 1,600백만 명이 참여하고 있으며 매출액도 년 간 약 27조엔(약 216조 원)에 달하는 매출액을 보이고 있다.

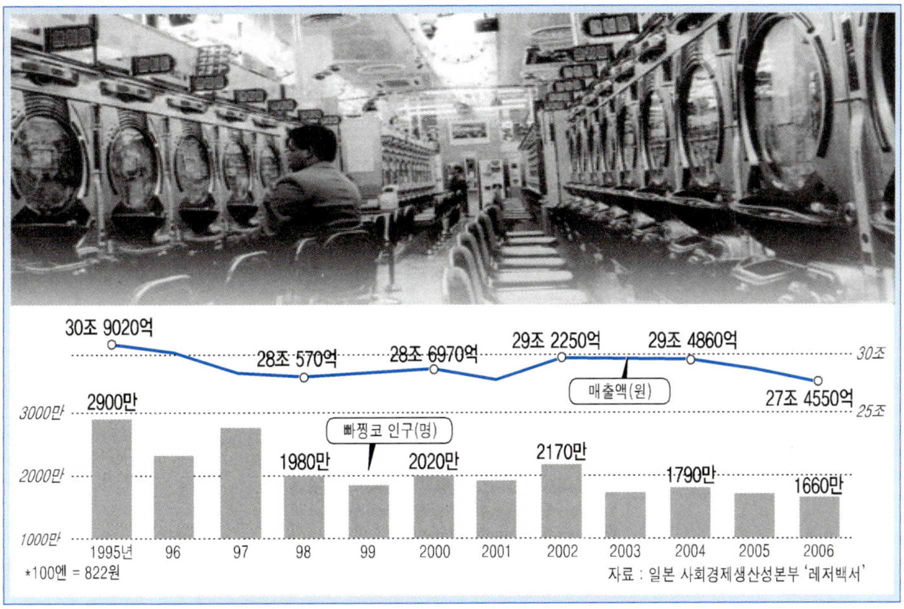

그림 1-2 일본의 슬롯머신산업의 매출액 추이

1.4 게임의 종류

현재까지 개발되어 사용되고 있는 게임은 그 수를 헤아릴 수 없을 정도로 많다. 그러나 어떤 도구를 사용하느냐에 따라서 우리에게 익숙한 게임을 대상으로 다음과 같이 7가지로 분류해 볼 수 있다.

① 카드 게임(card games)

카드 게임이란 하트(hart), 다이아몬드(diamond), 스페이드(spade), 클로버(clover)의 네 가지 그림에 각 그림별로 13장씩 총 52장으로 구성된 카드를 이용하는 게임을 총칭한다. 4가지 각 종류별로 카드는 에이스(Ace), 킹(King), 퀸(Queen), 잭(Jack), 10, 9, 8, 7, 6, 5, 4, 3, 2 등 총 13장이 있다. 특히 에이스(Ace)는 1로도 사용되는 카드이다. 52 장 외 에도 조커(Jocker)라는 카드도 들어있어 카드 게임을 다양하게 하고자 할 경우 사용되고 있다.

이와 같이 카드를 사용하여 즐기는 대표적인 게임으로는 바카라(baccarat), 블랙잭(blackjack) 및 포커(poker) 등이 있다. 각 게임에 대한 방법 및 구체적인 내용은 다음 제

5장에서 자세히 설명하고 있다.

② 주사위 게임(dice games)

주사위 게임이란 6면으로 구성된 주사위(Dice)를 이용하는 게임을 말하는 것으로 대표적인 게임으로는 크랩스(Craps), 다이사이(Taisai) 등의 게임이 있다.

③ 휠 게임(wheel games)

번호가 적혀 있는 휠(wheel)을 딜러(dealer 혹은, 물주 : croupier)가 돌리고, 동시에 휠이 돌아가는 반대방향에서 작은 금속 공(a small metal ball)을 굴린 다음 돌아가던 휠이 멈추고 나면 작은 공이 멈춰있는 칸의 번호에 따라서 승패를 결정짓는 게임이다. 동일한 휠 게임이라 해도 베팅(betting)방법에 따라서 여러 가지 방법이 있다.

대표적인 방법으로 카지노에서 가장 인기가 있는 휠 게임으로는 휠에 0과 00 그리고 1부터 36까지 38개의 칸을 가지고 있는 룰렛(Roulette)이 있다. 그리고 54개의 구획(spaces)으로 나눠져 있는 휠을 사용하는 빅식스 휠(big six wheel = wheel of fortune; 휠 오브 포춘(wheel of fortune이라고 불리기도 함) 등이 있다. 물론 나라에 따라서 칸에 적힌 내용이 다를 수 있다. 예로 호주에서 룰렛은 0과 1부터 36까지 37개의 숫자가 적힌 룰렛을 이용하여 게임을 하고 있다.

④ 릴 게임(reel games)

릴이란 기계에 일정 그림 (picture)이나 문자(letter) 혹은 숫자(number) 등이 두루마리 형태로 그려져 있는 장치를 말한다. 이와 같은 릴 몇 개를 동시에 묶어서 서로 독립적으로 돌아가게 하여 놓은 기계를 머신(machine)이라 하고 이런 기계장치를 이용해서 게임을 하는 것을 릴 게임이라 한다. 대표적인 릴 게임으로는 슬롯머신(slot machine) 및 비디오 릴 머신(video reel machine) 등이 있다.

⑤ 그룹게임(group games)

그룹게임이란 일정한 그룹의 숫자를 기록해 놓은 표에서 먼저 플레이어들이 원하는 몇 개의 숫자를 선택한 다음 베팅을 하게하고, 일정시간이 지난 후에 게임을 주최하는 측에서 표에 적혀 있는 일정그룹의 숫자 중에서 몇 개의 숫자를 임의로 선정한다. 당첨의 승패는 플레이어가 선정해 놓은 숫자와 주최 측에서 선정한 숫자의 일치하는 정도에 따라 결정된다.

한 예로 1부터 80번까지 80개의 숫자가 적혀 있는 표에서 원하는 몇 개의 숫자를 선정하여 베팅(betting)을 하게하고 일정 시간이 지난 후에 게임을 주관하는 곳에서 80개의 숫자 중에서 20개를 임의로 선정하여 발표한다. 게임의 승패는 그 20개의 숫자와 사전에 선정하여 베팅한 숫자가 몇 개나 일치하는가에 따라서 승패가 결정되고, 배당금은 몇 개의 숫자를 맞히느냐에 따라서 달라진다.

대표적인 그룹게임으로는 키노(keno)와 빙고(bingo) 같은 게임이 있다.

⑥ 스포츠게임(sport games)

스포츠란 기본적으로는 건강을 지키고 스포츠 정신을 통해서 건강한 육체와 건전한 정신을 갖는 국민을 만든다는 목적이 있다. 그러나 엘리트 스포츠가 각광을 받으면서 각종 스포츠에 프로팀이 등장하게 되었고 그 결과 스포츠 결과를 예측하여 베팅을 한 후에, 베팅한 경기가 끝나고 베팅한 경기의 결과를 얼마나 정확히 예측했느냐에 따라서 승패를 결정하는 게임이 탄생하게 되었다. 이와 같은 게임을 스포츠 게임(sport games) 혹은 스포츠 토토(TOTO)이라 한다.

세계적으로 보면 각 나라에서 어느 스포츠가 국민의 사랑을 받고 있느냐에 따라서 서로 다른 스포츠게임을 즐기고 있지만 우리나라의 경우에는 축구, 야구, 농구, 배구 등의 구기게임이 있고, 구기 외의 게임으로는 경마, 경정, 경륜 및 씨름 등이 있다. 특히 경마, 경륜, 경정과 같은 산업을 스포츠경주산업(sports racing industry)이라 부르기도 한다.

⑦ 넘버게임(number games)

넘버게임이란 복권에 적힌 숫자와 랜덤하게 추출한 번호의 일치 여부로 당첨을 결정하는 게임이다. 여기에는 로또(Lotto)와 같이 플레이어가 원하는 번호를 기입하는 복권과, 복권에 일련번호가 인쇄되어 있는 일정양의 복권을 발행하여 판매를 한 후에 추첨하여 등수를 결정하는 로터리(lottery) 형태가 있다. 따라서 로또형태는 각 등위의 사람이 여러 명이 나올 수 있으나, 고정번호 복권(lottery) 형식은 각 등위가 발행 당시에 제시한 수만큼만 나오게 되어 있다.

이와 같은 넘버게임의 대표적인 방법으로는 로터리(lottery)와 로또(Lotto) 및 즉석(scratch) 복권 등이 있다. 앞에서 언급한 그룹게임도 숫자를 이용하고 있어 넘버게임으로 분리해도 좋으나 본서에서는 따로 분리하여 기술하였다.

1.5 게임의 사회적 논점

앞에서 언급한 바와 같이 오늘날 게임 산업은 고부가가치 산업이며 친환경산업으로 황금알을 낳는 거위로 생각하고 선진국을 중심으로 해를 거듭할수록 규모가 늘어나고 있는 추세다. 이와 같은 게임 산업은 일자리 창출, 조세재원의 증대, 외화획득, 지역경제 활성화, 국민의 오락에 대한 욕구를 충족시키는 등의 목적 하에 육성 · 발전시키고 있다. 예로, 환경오염이 전혀 없는 대표적인 산업으로 테마파크, 각종 이벤트와 연계한 종합레저단지 등으로 조성되고 있는 카지노는 21세기 첨단관광산업의 중심에 놓여 있다.

우리나라의 경우 아직 게임이 국민의 정서와 거리가 있는 관계로 일반화되어 있지는 않다. 하지만 사행산업통합감독위원회가 발표한 자료에 의하면 2010년도 GDP 대비 게임 산업(사행산업)의 순 매출액은 0.65%로 나타나고 있다. 이는 GDP 10,000원 중에 65원이 게임 산업에 의해 얻어진 것이라 할 수 있다. 또한 2010년도 국방 예산이 30조 7800원인데 비해 제 게임 산업의 총 판매액이 약 17조 3000억에 이르러 그 규모가 가히 어느 정도인지 짐작할 수 있을 것이다. 특히 게임 산업은 그 어떤 산업보다 부가가치가 높을 뿐만 아니라 국가나 지방자치단체의 재정수입에도 적지 않은 공헌을 하고 있다. 다음 표(1-16)은 년도별 우리나라의 경마, 경륜, 경정, 복권 및 강원랜드의 카지노를 통하여 얻은 재정수입 기여액을 보이고 있다. 표에서 보면 2006년을 기점으로 재정 수입은 매년 증가하고 있다. 2010년도 조세 및 기금 등을 합한 금액은 총 4조 2993 억 원에 이르고 있다. 이는 게임의 매출액의 약 25%에 해당하는 것으로 조세비중이 높은 편임을 알 수 있다.

표 1-16 국내 게임 산업의 재정수입 기여 액 (단위: 억원)

년도	매출액(A)	재정수입				비중(%) B÷A
		국세	지방세	기금 등	합계(B)	
2006	121,321	2,882	11,738	16,014	30,634	25.25
2007	145,815	4,696	13,636	18,106	36,438	24.99
2008	160,014	4,067	16,429	16,947	37,443	23.40
2009	165,337	5,449	13,636	20,876	40,961	24.77
2010	173,270	6,034	15,257	21,702	42,993	24.81

출처: 사행산업통합감독위원회 홈페이지, 2011, 이용하여 재구성한 것 임

이러한 게임 산업의 순기능에 못지않게 역기능 또한 사회 비판의 대상이 되고 있기도 하다. 오락 수준을 넘어 게임에 중독됨으로써 정상적인 생활을 할 수 없게 되는 중독자들이

나타나게 된다는 것과 도박으로 가산을 탕진하는 사람들은 대부분 음주나 마약 및 범죄 등에 쉽게 유혹되어 또 다른 사회문제를 야기한다는 것이다. 또한 일확천금의 비현실적인 사고로 노동의 신성한 가치를 부정하는 풍조가 나타나게 되며, 저소득층에 속한 사람들이 부유층에 비하여 게임에 더 많이 참여하고 돈을 잃고 있어 소득분배 면에서도 문제가 있는 혐오산업이라는 반대 의견도 만만치 않은 실정이다. 따라서 친환경산업이나 고부가가치 산업이라는 말 대신에 사행산업으로 우리에게 더 익숙하게 알려진 것으로 봐도 아직은 우리나라를 포함해서 여러 나라들이 일부 계층에 국한된 기피산업으로 여기는 경향이 있다. 쿠바와 같이 사회주의를 표방하는 나라는 자국민이 게임을 하지 못하도록 법으로 철저히 막고 있다.

조사에 따르면 게임이 개방적인 영국이나 미국 및 호주의 경우도 게임을 즐기는 사람 중에 약 1~2%가 중독 증상을 보이고 있는 것으로 나타나고 있어 사회문제가 되고 있다. 따라서 선진국에서는 중독자를 치료하기 위하여 많은 투자를 아끼지 않고 있다. 미국의 경우 중독자들이 1년에 게임에서 잃는 돈이 미화 100억불에 이르는 것으로 조사되었다.

끝으로 게임에 참가하는 플레이어들이 알아두어야 할 사항이 있다. 이론상으로는 베팅한 금액을 잃을 경우 계속 더블베팅(double betting)을 하면 확률적으로 언젠가는 본전을 찾을 수 있다고 생각할 것이다. 그러나 거의 모든 카지노 게임에서는 베팅 상한 금액을 정해 놓고 있어 계속적인 더블베팅을 사실상 허용하고 있지 않다. 돈만 많이 있으면 언젠가는 본전을 찾을 수 있다는 단순한 이론은 순진한 생각이다. 따라서 게임을 오락의 한 종류로 인식하고 가벼운 마음으로 즐기는 마음 자세가 필요하다.

제1장 연습문제

1. 다음 용어를 간단히 설명하시오.

   ① 산통계(算筒契)
   ② 작백계(作百契)
   ③ 천인계(千人契)
   ④ 승찰(勝札)
   ⑤ 넘버게임(number game)

2. 다음 물음에 답하시오.

   ① 카지노의 역사를 말하시오.
   ② 우리나라의 복권의 역사를 말하시오.
   ③ 복권의 발행목적은 어떤 것들이 있는가?
   ④ 세계 유명 카지노의 홈페이지를 탐색해보고, 각 나라의 카지노의 특성을 살펴보시오.
   ⑤ 향후 10년 각국의 게임 산업에 대한 추이를 생각해보시오.
   ⑥ 게임 산업을 육성하기 위한 문제점들은 어떤 것들이 있을까요?
   ⑦ 우리나라의 로또(Lotto)에서 각 등수의 당첨확률을 구하시오.
   ⑧ 40개의 숫자에서 임의의 숫자 5개를 골라 등록하여 등록된 번호와 40개 중에서 랜덤하게 추출한 5개의 번호의 일치 여부로 등위를 결정하는 새로운 로또(Lotto)게임이 있다고 하자. 이 경우 1등은 5개의 숫자가 모두 맞는 경우 1등이라고 한다. 이 경우 1등의 확률을 구하시오.

제 2 장

게임에 필요한 기본통계

2.1 게임에 통계이론이 왜 필요한가?

통계학의 정의를 보면 자료를 이용하여 사회 현상을 규명하거나 미래를 예측하는 학문이라고 쓰여 있다. 게임에 임하는 플레이어들은 누구나 할 것 없이 내가 참여하는 게임의 결과가 어떻게 될 것인가를 궁금해 할 것이다. 게임의 결과가 어떻게 전개될 것인가를 과학적으로 규명하기 위해서 통계학적인 설명이 필요하게 된다. 따라서 게임을 즐기고 게임에 승리하기 위해서 통계학 이론을 잘 알고 있다면 많은 도움이 될 것이다. 사실 확률이론의 발생과 발전의 역사도 카드 게임과 같은 게임에서 유래되고 있음은 잘 알려진 사실이다. 통계이론이 필요한 이유를 아래와 같이 2개의 예제를 통해서 알아보자.

예제 2-1

동전을 한 개 던져 앞면(Head)이 나오면 A가 B에게 1,000원을 주고 뒷면(Tail)이 나오면 B가 A에게 2,000원을 주는 게임을 하기로 한다고 하자. 이런 게임을 하는데 여러분 중에서 B의 역할을 할 사람이 있는가? 없다면 이미 여러분은 이러한 결과를 경험을 통해서 알고 있을 것이기 때문이다. B의 역할을 하지 않으려는 이유는 무엇일까? 그 답은 동전을 한 번 던져 나타날 수 있는 경우는 두 가지로 앞면(H), 아니면 뒷면(T)일 것을 알고 있다. 그리고 이 두 가지 결과는 동전이 정상적이라면 모두 동일하게 나타날 것으로 기대한다. 따라서 이길 기회가 동일한데 내기에 건 금액은 차이가 나니 정상적인 사람이라면 B의 역할을 하지 않을 것이다.

풀이 2-1

B의 역할을 하지 않으려는 이유를 확인하기 위해서 이상의 내용을 다음과 같은 생각으로 전환해 보자. 동전을 한 번 던져 나타나는 경우는 앞면(H)과 뒷면(T) 두 가지이고, H와 T가 나타날 기회가 같으므로 이 게임을 A의 입장과 B의 입장을 표로 정리하면 다음 표(2-1) 및 표(2-2)와 같다.

표 2-1 | A에게 경기에서 나타날 수 있는 결과

동전을 던져 나타나는 경우	H 혹은 T가 나타날 확률	A가 받을 상금
앞면(H)	1/2	−1,000
뒷면(T)	1/2	+2,000

표 2-2 | B에게 경기에서 나타날 수 있는 결과

동전을 던져 나타나는 경우	H 혹은 T가 나타날 확률	B가 받을 상금
앞면(H)	1/2	+1,000
뒷면(T)	1/2	−2,000

다음은 경기로부터 A와 B에 나타나는 결과로부터 확률과 받을 상금을 곱하여 합해보자.

❶ A의 경우 $= \frac{1}{2}\times(-1,000) + \frac{1}{2}\times(+2,000) = +500$(원)

❷ B의 경우 $= \frac{1}{2}\times(+1,000) + \frac{1}{2}\times(-2,000) = -500$(원)

위 결과는 승리할 경우와 실패할 경우를 가상해서 따져보는 것으로 A의 경우라면 +500원이므로 500원을 따게 되는 것이고, B의 경우는 −500원으로 500원을 잃게 되는 것이다. 따라서 현명한 사람이라면 B의 역할을 하지 않을 것이다. 이는 곧 통계학에서 배운 기댓값과 동일한 것이다. 이상과 같이 게임의 유, 불리를 확인하기 위해서 통계학의 개념이 활용된다.

복권을 구입한 사람이라면 누구나 다음과 같은 의문점을 갖게 될 것이다.

① 복권에 당첨될 가능성은 얼마나 될까?

② 구입한 복권의 기대금액은 얼마나 될까?

③ 복권 금액의 몇 %나 구매자들에게 되돌려 줄까?

④ 복권을 발행하여 판매하는 주최 측에서는 어느 정도의 이익을 볼까?

⑤ 게임을 계속하면 어느 정도 이익(혹은 손해)를 볼까?

이상과 같은 의문점에 대해 확실한 답을 알게 되면 게임 참가에 큰 도움이 될 것이다. 다음 예제를 통해 이들 의문점을 해결하는 방법을 알아보자.

예제 2-2

한 장에 1,000원 하는 복권을 10,000장 발매하였다고 하자. 이때 1등 1명으로 당첨금은 3백만 원, 2등은 2명으로 당첨금은 1백만 원, 3등은 10명으로 당첨금은 1십만 원, 4등은 100명으로 당첨금은 5천 원, 5등은 1,000명으로 당첨금은 1,000원이라고 한다.
이 복권을 구입하는 사람은 1등 당첨금 300만원의 금액만을 보고 구입하는 경우도 있겠지만 좀 더 현명하게 게임을 하는 사람이라면 다음과 같은 점을 알고 싶어 할 될 것이다.

❶ 복권에 당첨될 가능성은 얼마나 될까?
❷ 1,000원에 구입한 복권의 기대금액(돌려받을 수 있는 금액)은 얼마나 될까?
❸ 복권판매 총 금액 중 플레이어에게 상금으로 돌려주는 금액은 얼마나 될까?
❹ 복권발행 주최 측에는 어느 정도의 이익(house margin)이 있을까?
❺ 복권을 n번 구입한 후 플레이어는 어느 정도의 이득(손해)을 보고 있을까?

풀이 2-2

❶에 대한 해답은 각 등수에 당첨될 확률을 구하는 문제로 생각할 수 있다. 당첨확률이 높으면 당첨 가능성이 높고, 낮으면 당첨 가능성도 낮게 되는 것이기 때문에 게임에 임하는 사람들에게는 매우 중요한 문제이다. 위 예제에서 복권에 당첨할 사람의 수, 등 위별 당첨금 및 당첨 가능성은 다음 표(2-3)과 같다.

표 2-3 당첨 가능성(확률) 표

	당첨자 수(명)	당첨금(원)	당첨 가능성(확률)
1등	1	3,000,000	1/10,000
2등	2	1,000,000	2/10,000
3등	10	100,000	10/10,000
4등	100	5,000	100/10,000
5등	1,000	1,000	1,000/10,000
등 외	8,887	0	8,887/10,000
계	10,000	7,500,000	1

위 표로부터 1등에 당첨될 가능성은 10,000명 중에서 1명이므로 1/10,000이라는 것을 쉽게 알 수 있다. 나머지 등수의 당첨 가능성도 같은 방법으로 구할 수 있다.

각 등수에 대한 당첨 가능성(확률)을 구했으므로 이제 복권 구입비 1,000원에 대한 기대금액을 구할 수 있게 되었다.

❷번에 대한 해답은 액면가 1,000원에 대한 기대금액을 구하는 것과 같은 것이다. 따라서 기대금액을 구하면 다음과 같다.

- 기대금액 = [(각 등수의 당첨금액) × (각 등수에 당첨될 가능성(확률)]의 합

$$= 300\text{만} \times \frac{1}{10,000} + 100\text{만} \times \frac{1}{5,000} + 10\text{만} \times \frac{1}{1,000} + 5\text{천} \times \frac{1}{100} + 1\text{천} \times \frac{1}{10} + 0 \times \frac{8,887}{10,000}$$

$$= 750\text{원}$$

복권의 기대금액이 750원 이므로 액면가 1,000원인 복권을 구입한 사람은 250원의 손해가 예상되고 있다.

❸ 10,000명이 1,000원씩을 내고 게임에 참여했고, 1,000원 당 돌려받을 기대금액이 750원이므로 플레이어에게 돌려줘야 할 총 금액은 다음과 같다.

- 돌려줘야 할 총 금액 = 10,000명×750원 = 750만원

❹ 이 물음은 전체 복권을 팔아 얻은 수익금 중에서 상금으로 돌려준 금액을 제하고 남은 금액이 얼마인가를 묻는 질문이다. 이 금액을 전문용어로는 “하우스 마진(house margin)”라 한다. 따라서 이는 다음과 같이 구할 수 있다.

- 하우스 마진 = (총 매출 금액) − (당첨금으로 돌려준 금액)
  = (1,000원×10,000매) − (750만원)
  = 1,000만원 − 750만원
  = 250만원

즉 복권을 발매해서 주최 측이 얻을 것으로 기대되는 이익은 250만 원으로 이 금액을 하우스 마진(house margin)이라 한다. 그리고 이 금액을 전체 복권 판매대금의 비율로 보면 25% (100×250/1000)가 되는데 이를 “% 하우스 마진(percent house margin)”이라 한다.

❺의 해답은 구간추정치(interval estimate)를 이용하는 문제로 다음에 다루기로 하자.

이상의 예에서 살펴본 바와 같이 게임에서 통계학의 기초 이론들이 이용되고 있다. 그러나 통계학을 모른다고 해서 미리 겁먹을 필요는 없다. 다음에 설명할 기초이론 몇 가지만 알고 있으면 충분하기 때문이다. 아니 여러분은 이미 알고 있을 것으로 생각한다. 하지만 혹 통계학을 접해보지 못한 독자를 위하여 여기서 몇 가지 이론을 설명하고자 한다. 이 기초 통계이론을 잘 이해하면 좋겠으나 이해가 되지 않는다고 해서 실망할 필요는 없다. 실제 문제를 해결하기 위해서는 활용법만 익히면 되기 때문이다.

2.2 경우의 수와 확률

게임이란 어떤 사건이 일어났느냐에 따라서 승패가 결정된다. 따라서 승패를 예측하기 위해서는 어떤 사건이 일어날 가능성에 대해서 정확히 알 수 있다면 게임에서 승리하는데 많은 도움이 될 것이다. 역사적으로 확률이론이 도박(gamble)에서 유래했다는 사실을 봐도 근거가 있는 얘기다. 한 예로 52장으로 구성되어 있는 카드로 포커게임(poker game)을 하는데 4장의 에이스를 뽑으면 에이스 포 카드(ace four cards)라 하여 포커(poker)에서는 이런 패를 갖기가 매우 어려우며 만약 에이스 포 카드(ace four cards)를 갖게 되면 게임에 이길 확률이 대단히 높다. 이처럼 게임에서는 사실 확률이라는 개념을 기본적으로 깔고 있기에 게임을 하는 사람은 학문적으로 확률을 공부했든 하지 않았든 확률의 개념을 잘 활용하고 있다. 따라서 본 절에서는 게임에 자주 활용되는 경우의 수와 확률의 기본 개념에 대해서 간단히 설명하고자 한다.

2.2.1 순열(permutation)

n개의 사물 중에서 비-복원(without replacement)으로 r개를 뽑아 일렬로 나열하는 가짓수를 계산하는 방법으로 쓰이는 것을 순열(permutation)이라 하고 표시는 ${}_nP_r$로 쓰고 읽기는 'n permutation r'이라 읽는다. 그리고 이 계산은 다음 식 (2-1)과 같다.

$$ {}_nP_r = \frac{n!}{(n-r)!} = n\times(n-1)\times\cdots\times(n-r+1) \qquad (2\text{-}1) $$

예제 2-3

100m 올림픽 경기에서 결승전에는 8명의 선수가 뛴다. 이 경우 금, 은, 동의 3가지 메달을 8명에게 수여하는 방법은 몇 가지나 되는지 알아보자.

풀이 2-3

위 예제는 8명에서 1등, 2등, 3등 3명을 추출하여 순서대로 나열하는 것과 같은 것이다. 따라서 이 문제는 바로 식 (2-1)을 이용하면 쉽게 구할 수 있는 문제다.
이 문제를 해결하기 위해서 문제로부터 n과 r의 값을 구하면 $n=8$이고, $r=3$임을 알 수 있다. 이 값을 식에 대입하여 풀면 다음과 같다.

$$_8P_3 = 8 \times 7 \times 6 = 336\text{가지}$$

2.2.2 조합(combination)

순열은 n개의 사물 중에서 r개의 사물을 비-복원(without replacement)으로 추출하여 순서대로 나열하는 가짓수를 계산하는 방법에 사용하는 것이라 하였다. 그러나 조합(combination)은 n개에서 r개를 비-복원으로 추출하는 경우 가능한 모든 가지 수를 계산하는데 사용하는 식이다. 즉 순열은 n개의 사물로부터 r개를 뽑아 순서대로 나열하는 경우의 수를 계산하는 방법으로 앞의 올림픽에서 100m 달리기 선수의 1, 2, 3등을 가리는 것과 같이 순서가 중요한 경우에 사용하는 방법이다. 그러나 20명 중에서 5명의 농구 선수를 선발하는 경우라면 같은 사람을 5번 뽑아도 5명의 선수를 확보 할 수 없으므로 이 문제는 서로 다른 5명을 선출하는 문제다. 이는 곧 20명 중에서 비-복원으로 5명을 순서를 고려하지 않고 뽑는 것과 같은 문제가 된다. 이와 같이 n개의 사물 중에서 r개의 사물을 비-복원으로 순서를 무시하고 추출하는 경우의 수를 구하는 방법을 $\binom{n}{r}$이로 쓰고 읽기는 'n combination r'로 읽는다. 이 계산은 다음 식 (2-2)를 이용한다.

$$\binom{n}{r} = {}_nC_r = \frac{n!}{r!(n-r)!} = \frac{n(n-1)(n-2)......(n-r+1)}{r!} \qquad (2\text{-}2)$$

예제 2-4

로또복권의 경우처럼 45개의 번호 중에서 6개의 숫자를 비-복원으로 추출하는 경우의 수를 구해보자.

풀이 2-4

이 문제는 순서는 의미가 없으므로 비-복원으로 45개 중에서 6개를 뽑는 경우의 수를 구하면 되는 문제이다. 따라서 식 (2-2)를 이용하여 쉽게 구할 수 있다. 식 (2-2)를 이용하기 위해서는 먼저 n과 r을 알아야 하는데 이는 문제로부터 알 수 있다. 즉 $n=45$이고, $r=6$이다. 따라서 이들을 식에 대입하여 경우의 수를 구하면 다음과 같다.

$$\binom{45}{6} = \frac{45!}{6!(45-6)!} = \frac{45\times 44\times 43\times 42\times 41\times 40}{6\times 5\times 4\times 3\times 2\times 1}$$

$$= 8{,}145{,}060 \text{ (가지)}$$

2.2.3 확률(probability)

확률(probability)이란 어떤 사건이 발생할 가능성을 0과 1 사이 값으로 표시한 값을 말한다. 확률의 고전적인 정의는 가능한 모든 사건이 발생할 경우의 수 N을 분모로, 어떤 사건(A)가 발생 가능한 경우의 수를 $n(A)$라 하면 사건 A가 발생할 확률 $P(A)$는 다음 식(2-3)과 같이 계산할 수 있다.

$$P(A) = \frac{n(A)}{N} \tag{2-3}$$

예제 2-5

앞의 [예제 2-4]에서 로또복권에서 1등에 당첨될 사건을 A라 할 때 사건 A의 확률을 구해보자.

풀이 2-5

이 문제에서 분모인 $N=45$개 숫자 중에서 6개의 숫자를 뽑는 경우이므로 $\binom{45}{6} = {}_{45}C_6$이고, $n(A)$은 6개의 숫자가 다 맞는 경우로 이 경우의 수는 1가지 경우 밖에 없다. 따라서 구하고자 하는 1등 당첨확률 $P(A)$는 다음과 같다.

$$P(A) = \frac{\binom{6}{6} \times \binom{39}{0}}{\binom{45}{6}} = \frac{1}{8,145,060}$$

2.3 확률변수(random variable)

앞에서 설명한 [예제 2-1]을 예로 들어 생각해보자. [예제 2-1]은 동전을 1회 던져 앞면(H)이 나오면 A가 B에게 1,000원을 주고 뒷면(T)이 나오면 B가 A에게 2,000원을 주기로 하는 게임이다. 이 문제에서 A가 게임에서 받을 수 있는 금액을 X(혹은 Y)라 하면 앞의 표(2-1)로부터 다음 표(2-4)를 만들 수 있다.

표 2-4 A의 경우 경기에서 이기는 경우 나타나는 현상

동전을 던져 나타나는 결과	A가 받을 상금 액(X)	$P(X=x)$
H	-1,000	1/2
T	2,000	1/2
		1

이 표에서 볼 수 있는 바와 같이 어느 시행의 결과에 실수를 대입하고 그 실수를 변수 X라 할 때 모든 X값에 대한 확률 $P(X=x)$의 합이 1이 되면 X를 확률변수(random variable)라 한다. 따라서 A가 게임에서 받을 상금은 확률변수가 된다.

실습예제 2-1

이 문제에서 B가 받을 상금을 변수 Y라 하면 Y는 확률변수가 되는지 확인해 보자.

[예제 2-2]의 경우도 각 등위에서 받을 수 있는 상금을 Y라 하면 Y는 확률변수가 됨을 확인할 수 있다. 다음 표(2-5)는 [예제 2-2]에서 각 등위별 당첨금을 나타내고 있다.

표 2-5 당첨 가능성(확률)

등 위	당첨자 수(명)	당첨금(Y)	$P(Y=y)$
1등	1	3,000,000	1/10,000
2등	2	1,000,000	2/10,000
3등	10	100,000	10/10,000
4등	100	5,000	100/10,000
5등	1,000	1,000	1,000/10,000
등 외	8,887	0	8,887/10,000
계	10,000	7,500,000	1

위 표로부터 모든 $P(Y=y)$를 합하면 1이 된다. 따라서 각 등수에 해당되는 당첨금을 변수 Y라 하면 Y는 확률변수임을 알 수 있다.

2.4 기댓값(expectation)과 분산(variance)

2.4.1 기댓값(expectation)

기댓값(expectation)이란 이론적으로 기대되는 값으로 확률변수 X의 기댓값은 $E(X)$로 표시하고 그 식은 다음 식 (2-4)와 같다.

$$\begin{aligned} E(X) &= \sum_{i=1}^{n} x_i P(X=x_i) \\ &= \mu \end{aligned} \quad (2\text{-}4)$$

위 식에서 μ는 모집단의 평균을 뜻하는 것으로 확률변수의 기댓값은 곧 모집단의 평균과 같다는 것이다. 게임에서 얻는 상금을 확률변수라 하면 이런 경우의 대부분은 1,000원, 10,000원 등과 같이 확률변수가 정수로 나타나기 때문에 이런 확률변수를 이산확률변수(discrete random variable)라고 하고 식 (2-4)를 이용하여 기댓값을 구하지만, 사람의 체중이나 신장 같이 변수가 소수점까지 나타내는 경우의 변수는 연속확률변수(continuous random variable)라 하여 이 경우의 기댓값은 식 (2-4)에 있는 합의 기호($\sum$) 대신에 적분 기호인 ($\int$)을 사용한다는 것을 기억해 두기 바란다.

예제 2-6

앞의 [예제 2-2]에서 A와 B가 게임에서 받을 수 있는 당첨금을 각각 X와 Y라 할 때 이들의 기댓값을 구해보자.

풀이 2-6

식 (2-4)를 이용하여 X와 Y의 기댓값을 구하면 다음과 같다.

$$\begin{aligned} E(X) &= \sum_{i=1}^{n} x_i P(X = x_i) \\ &= (-1{,}000) \times \frac{1}{2} + (2{,}000) \times \frac{1}{2} \\ &= 500(\text{원}) \end{aligned}$$

$$\begin{aligned} E(Y) &= \sum_{i=1}^{n} y_i P(Y = y_i) \\ &= (1{,}000) \times \frac{1}{2} + (-2{,}000) \times \frac{1}{2} \\ &= -500(\text{원}) \end{aligned}$$

게임에서 이와 같은 기댓값의 의미는 이런 게임을 수없이 반복할 경우 플레이어에게 돌아갈 것으로 기대되는 금액으로 기대평균금액(expected average amount)이라 한다. 따라서 위 예제에 나타난 $E(X) = 500$원이라는 것은 이런 게임을 계속하게 되면 A에게 돌아갈 것으로 기대되는 기대평균금액을 의미한다. 또한 Y의 기댓값 $E(Y) = -500$ 원은 이런 게임을 계속하게 되면 B에게 돌아갈 것으로 기대되는 평균금액이다. 따라서 이런 게임을 계속하면 A는 평균 500원 정도를 딸 것이고, B는 500원 정도를 잃게 될 것으로 기대된다.

실습예제 2-2

주사위를 던져서 윗면에 나타나는 숫자는 확률변수인가? 확률변수라면 기댓값을 구해보시오.

2.4.2 분산(variance)

분산(variance)은 변수 값이 평균을 중심으로 흩어진 정도를 나타내는 척도로 통계학에서 중요한 용어 중에 하나이다. 보통 확률변수 X의 모집단분산은 σ_X^2이나 $Var(X)$ 등으로 나타내어 X의 분산이라는 것을 확인할 수 있게 한다. 그러나 구분이 필요하지 않은 경우에는 σ^2으로 간단히 쓰며, 다음 식 (2–5)를 이용하여 구한다.

$$\begin{aligned} \sigma^2 &= \frac{1}{N}\sum_{i=1}^{N}(x_i - E(X))^2 P(X = x_i) \\ &= E(X^2) - [E(X)]^2 \\ &= E(X^2) - \mu^2 \end{aligned} \qquad (2\text{–}5)$$

예제 2-7

위 [예제 2–1]에서 A가 게임하여 받을 수 있는 금액 X에 대한 분산을 구해보자.

풀이 2-7

식 (2–5)를 이용하여 A가 게임에서 받을 금액 X의 분산을 구하면 다음과 같다.

$$\begin{aligned} \sigma^2 &= \frac{1}{N}\sum_{i=1}^{N}(x_i - E(X))^2 P(X = x_i) \\ &= \frac{1}{2}[(-1{,}000-500)^2 \times \frac{1}{2} + (2{,}000-500)^2 \times \frac{1}{2}] \\ &= 1{,}125{,}000(\text{원}) \end{aligned}$$

2.4.3 표준편차(standard deviation)

표준편차는 분산과 같이 평균을 중심으로 자료의 흩어진 정도를 나타내는 척도다. 분산의 제곱근으로 σ로 표현하며 이는 다음 식 (2-6)과 같다.

$$\sigma = \sqrt{\sigma^2} \tag{2-6}$$

예제 2-8

[예제 2-1]로부터 A가 게임의 결과로 받을 수 있는 당첨금을 X라 할 때 X의 표준편차 σ를 구해보자.

풀이 2-8

표준편차는 $\sigma = \sqrt{\sigma^2}$ 로부터 구할 수 있으므로 [예제 2-7]에서 구한 분산 σ^2의 제곱근을 구하면 다음과 같다.

$$\begin{aligned}\sigma &= \sqrt{1{,}125{,}000} \\ &= 1{,}060.66 \text{ (원)}\end{aligned}$$

[예제 2-8]의 결과를 보면 [예제 2-6]에서 구한 기댓값 500원에 비하여 상대적으로 크다는 것을 알 수 있다. 이처럼 표준편차가 기댓값에 비하여 큰 경우는 적은 경우에 비하여 잃고 따는 차이가 크게 되어 게임을 좋아하는 플레이어들에게는 인기가 있게 된다. 그러나 이길 경우에 돌아오는 금액도 크지만 게임에 패했을 때 잃는 금액도 그만큼 크게 된다.

2.5 구간추정(interval estimation)

추정(推定 : estimation)이라는 말의 사전적인 의미는 '미루어 짐작한다.'는 것이다. 그러나 통계학에서 추정이라는 의미는 우리가 알고자 하는 모집단의 모수(parameter), 즉 모집단평균(population mean), 모집단분산(population variance), 모집단비율(population proportion), 모집단총계(population total) 등을 표본(sample)을 이용하여 구할 경우 구하는 행위를 추정(estimation)이라 하고, 추정치를 구하기 위한 추정식을 추정량(estimator)이라 하며 추정식을 이용해서 구한 값을 추정치(estimate)라 부른다.

추정치를 한 값으로 구하는 것을 점추정(point estimation)이라 하고, 어떤 구간의 값으로 추정치를 구하는 것을 구간추정(interval estimation)이라 한다. 구체적인 내용은 통계학 관련 참고문헌(19)을 참조하기 바란다.

본서에서는 필요에 의해 구간추정에 대해서만 간단히 소개하고자 한다.

2.5.1 모집단 평균 μ의 구간 추정

모집단 평균 μ의 추정치는 곧 표본의 평균이다. 따라서 확률변수 X가 평균이 μ이고 분산이 σ^2인 분포를 따른다고 할 때 그 모집단으로부터 상당히 큰 n개(30개 이상)를 랜덤하게 표본을 뽑을 경우 표본평균 $\overline{x}$는 평균이 μ이고 분산은 σ^2/n인 정규분포(normal distribution)를 따른다고 알려져 있다. 따라서 표본평균 $\overline{x}$를 다음 식 (2-7)과 같이 표준화(standardization)하면 Z는 평균이 0이고 분산이 1인 표준정규분포(standard normal distribution)를 따르는 것으로 알려져 있다. 이상과 같은 성질을 중심극한의 정리(central limit theorem)라 하며 이 정리는 통계학에서 중요한 정리 중의 하나이다.

$$
\begin{aligned}
Z &= \frac{\overline{x} - E(\overline{x})}{\sqrt{var(\overline{x})}} \\
&= \frac{\overline{x} - \mu}{\sigma / \sqrt{n}} \sim N(0,\ 1) \qquad (2\text{-}7)
\end{aligned}
$$

또한 식 (2-7)을 이용하여 모집단평균 μ의 구간추정치는 다음 식 (2-8)을 만족하는 μ를 구하는 것이다.

$$P\left[-z_{\alpha/2} \leq \frac{\bar{x}-\mu}{\sigma/\sqrt{n}} \leq z_{\alpha/2}\right]=1-\alpha \tag{2-8}$$

단, 위 식에서 $z_{\alpha/2}$는 α값이 주어지면 표준정규분포표(standard normal distribution table)에서 구할 수 있는 값이다. 그리고 α는 유의수준(significance level)이라고 부르며 일반적으로 α값은 0.05, 즉 5%를 많이 사용한다. $\alpha=0.05$이면 $\alpha/2=0.025$이고, 이때 표준정규분포표에서 $z_{\alpha/2}$의 값을 찾으면 약 1.96이 나온다. 그리고 $z_{\alpha/2}$값은 α값이 어떤 값을 갖느냐에 따라서 달라진다. 예로 $\alpha=0.1(10\%)$이면 $z_{\alpha/2}=1.645$가 되고, $\alpha=0.01(1\%)$이면 $z_{\alpha/2}=2.58$이 된다. 이 값들은 자주 사용하는 값이므로 기억해 두면 매우 편리하다.

식 (2-8)을 만족하는 μ의 구간추정치는 식 (2-8)의 [ ] 안의 식을 μ에 관해서 정리하면 얻게 된다. 따라서 이를 정리하여 구한 μ의 구간추정치는 다음 식 (2-9)와 같다.

$$\bar{x}-z_{\alpha/2}\frac{\sigma}{\sqrt{n}} \leq \mu \leq \bar{x}+z_{\alpha/2}\frac{\sigma}{\sqrt{n}} \tag{2-9}$$

$\alpha=0.05$라면 μ의 구간 추정치는 다음 식 (2-10)과 같다.

$$\bar{x}-1.96\frac{\sigma}{\sqrt{n}} \leq \mu \leq \bar{x}+1.96\frac{\sigma}{\sqrt{n}} \tag{2-10}$$

식 (2-10)과 같은 μ의 추정치를 μ의 95% 구간추정치라 부른다. 혹 때로는 μ의 95% 신뢰구간이라고 하기도 한다. 또한 식 (2-9)에서 왼쪽의 값 $\bar{x}-z_{\alpha/2}\frac{\sigma}{\sqrt{n}}$을 하한값(lower limit), 오른쪽의 $\bar{x}+z_{\alpha/2}\frac{\sigma}{\sqrt{n}}$을 상한값(upper limit)이라고 한다. 따라서 μ의 구간추정치의 표현방법은 (2-9)와 달리 다음 식 (2-11)과 같이 표현하기도 한다.

$$\left(\bar{x}-z_{\alpha/2}\frac{\sigma}{\sqrt{n}},\ \bar{x}+z_{\alpha/2}\frac{\sigma}{\sqrt{n}}\right) \tag{2-11}$$

이 식을 게임에 적용하는 경우 $\bar{x}$의 값을 구하기 쉽지 않다. 따라서 $\bar{x}$를 구하는 대신 기댓값 $E(X)(=\mu)$을 구하여 $\bar{x}$ 대신 사용하여 구한다. 이유는 표본의 크기가 크면 근사적으로 $\bar{x} = E(X) = \mu$가 성립하기 때문이다. 따라서 μ의 95% 구간추정치는 다음과 같은 식 (2-12)를 이용해서 구한다.

$$E(X) - 1.96\frac{\sigma}{\sqrt{n}} \leq \mu \leq E(X) + 1.96\frac{\sigma}{\sqrt{n}} \tag{2-12}$$

예제 2-9

[예제 2-1]로부터 A가 게임을 100번 한다고 할 때 A가 받을 상금 X에 대한 평균의 95% 구간추정치를 구해보자.

풀이 2-9

평균을 μ라 하면 μ의 95% 구간추정치는 식 (2-12)를 이용해서 구할 수 있다. 따라서 먼저 식 (2-12)에 포함되어 있는 문자의 값을 구해야 한다. 식 (2-12)에 포함되어 있는 각각의 값을 대입하기 위해서는 문제로부터 이들의 값을 구하면 $E(X) = \mu = 500$, $z_{\alpha/2} = 1.96$, $\sigma = 1060.66$, $n = 100$이다. 따라서 이들의 값을 식 (2-12)에 대입하여 μ의 95% 구간추정치를 구하면 다음과 같다.

- $E(X) - 1.96\frac{\sigma}{\sqrt{n}} \leq \mu \leq E(X) + 1.96\frac{\sigma}{\sqrt{n}}$
- $500 - 1.96\frac{1060.66}{\sqrt{100}} \leq \mu \leq 500 + 1.96\frac{1060.66}{\sqrt{100}}$
    - $500 - 207.89 \leq \mu \leq 500 + 207.89$
        - $292.11 \leq \mu \leq 707.89$

따라서 μ의 95% 구간추정치 혹은 신뢰구간은 하한값이 292.11(원), 상한값이 707.89(원)이다. 이 의미는 A가 100번쯤 게임을 계속했을 경우 B로부터 적게는 292원, 많게는 707원쯤 돈을 따게 될 것이라는 의미를 갖는다.

실습예제 2-3

[예제 2-2]를 이용하여 평균금액의 95% 구간추정치를 구해보자.

2.5.2 모집단 총계추정

모집단 총계를 T라 하면 T는 다음 식 (2-13)과 같이 구할 수 있다.

$$T = N \times \mu \qquad (2\text{-}13)$$

그리고 그 추정치를 $\hat{T}$라 하면 이는 다음 식 (2-14)를 이용하여 구할 수 있다.

$$\hat{T} = N \times \bar{x} \qquad (2\text{-}14)$$

그리고 $E(\hat{T}) = N\mu$, $Var(\hat{T}) = N^2\, Var(\bar{x}) = N^2 \dfrac{\sigma^2}{n}$. 여기에서 $N = n$이라 하면 모집단 평균에 대한 구간추정치를 구하는 것과 동일한 방법으로 모집단총계 T의 95% 구간추정치는 다음 식 (2-15)와 같다.

$$n\mu - 1.96\,\sigma\sqrt{n} \le T \le n\mu + 1.96\,\sigma\sqrt{n} \qquad (2\text{-}15)$$

예제 2-10

예제 2-9에서 A가 이 게임을 100번 시행했을 경우 전체금액 T의 95% 구간추정치를 구해보자.

풀이 2-10

식 (2-15)에 각 값을 대입하여 구하면 다음과 같다.

- $100 \times 500 - 1.96 \times 1060.66 \times \sqrt{100} \le T \le 100 \times 500 + 1.96 \times 1060.88 \times \sqrt{100}$
- [29,206.752(원), 70,793.248(원)]

이 결과의 의미는 A와 B가 위와 같은 내기 게임을 100회 계속하면 A는 총계금액으로 보면 최소한 29,207원 이상, 70,793원 미만의 돈을 딸 수 있다는 의미를 가진다.

2.6 체비셰프의 부등식(Chebychev's Inequality)

19세기 말 러시아의 수학자 체비셰프(P. Chebychev)는 확률변수 X의 평균 μ와 분산 σ^2을 알면 그 확률변수 X가 평균 μ를 중심으로 표준편차 σ의 k배한 $k\sigma$ 내(內)에 있을 확률이 $(1-1/k^2)$보다 크다는 사실을 규명하였다. 이와 같은 이론을 체비셰프의 부등식이라 부르며 식으로 나타내면 다음 식 (2-16)과 같다.

$$P(|X-\mu| \le k\sigma) \ge 1-\frac{1}{k^2}$$
$$P(|X-\mu| > k\sigma) < \frac{1}{k^2} \qquad (2\text{-}16)$$

게임에서는 이론상의 승리확률 P와 실제 게임에서 나타나는 승리확률 P^* 사이에는 어느 정도 차이가 발생할 수 있다. 이런 문제를 해결하기 위하여 체비셰프 부등식을 활용한다. 따라서 체비셰프의 부등식을 잘 이해할 필요가 있다.

예를 들어 어떤 게임에서 한 게임당 플레이어가 이길 확률이 P라고 알려져 있는데 실제로 n회 게임을 한 결과 실제로 승리확률은 P^*로 나타났다. 이러한 경우에 $P-P^*$가 어떤 값 k 보다 클 확률은 $P(1-P)/nk^2$ 보다 작다는 것을 식 (2-16)의 두 번째 식을 이용하여 알 수 있다.

실제로 얻은 승리확률 P^*는 10,000번의 실험(표본)을 통하여 얻은 결과이므로 표본의 크기 $n=10,000$에서 구한 표본비율과 같기 때문에 P^*는 기대치 값 $E(P^*)=P$이고, 분산 $Var(P^*)=\dfrac{P(1-P)}{n}$인 정규분포를 따른다.

예제 2-11

잘 만들어진 동전을 10,000번 던진다고 가정하자. 이런 경우 이론적으로 승리확률은 0.5이다. 그러나 실제로 해보면 정확히 성공확률이 0.5가 되지 않을 수도 있다. 이러한 경우 이론 확률 0.5와 실제 확률의 차이가 0.03 이상일 확률의 극대 값(upper bound)을 구해보자.

풀이 2-11

이 문제는 식 (2-16)의 두 번째 식을 이용하여 구해보자. 이 식을 이용해 답을 구하기 위해서는 식 (2-16)의 두 번째 식을 [예제 2-7]의 내용과 동일하게 $P(|X-\mu|>k)<\frac{\sigma^2}{k^2}$ 과 같이 바꿔 쓸 수 있다. 따라서 X를 P^*로, μ를 P로 생각하면 이 식은 다음 식 (2-17)과 같이 쓸 수 있다.

$$P(|P^*-P|>k)<\frac{P(1-P)}{nk^2} \tag{2-17}$$

이 식에 문제에서 구한 각 값을 대입하면 다음과 같다.

$$P(|P^*-P|>0.03)<\frac{0.5(1-0.5)}{10{,}000\times 0.03^2} = 0.0278$$

이를 다시 표현하면 다음과 같다.

$$P(P\le 0.47)+P(P\ge 0.53)\le 0.0278$$

이 의미는 이론상의 P가 0.47보다 적거나 0.53보다 클 확률은 0.0278보다는 작다는 의미이다. 다시 말하면 10,000번 동전 전지기를 하면 앞면(혹은 뒷면)이 4,700번보다 적거나 5,300번 크게 나타날 확률이 2.78% 약 3% 미만이라는 의미를 갖는다.

제2장 연습문제

1. 다경이가 1원을 지불하고(betting) 동전 4개를 던져 4개 모두 앞면(H)이 나오면 3원, 앞면이 3개 나오면 2원, 2개 나오면 1원을 돌려받고 나머지 경우가 나오면 베팅한 돈을 잃게 되는 게임을 한다고 할 때 다음 물음에 답하시오.

   ① 게임 결과에서 받을 수 있는 금액을 X라 하면 X는 확률변수라 할 수 있는가? X가 확률변수라면 그 이유를 말하시오.
   ② 돌려받을 수 있는 기대금액을 구하시오.
   ③ 돌려받을 수 있는 기대금액의 분산과 표준편차를 구하시오.

2. 6면체 주사위를 던져 윗면에 나타난 숫자의 제곱의 값을 받기로 하는 게임을 하기로 한다고 할 때 다음 물음에 답하시오.

   ① 기대금액을 구하시오.
   ② 기대금액에 대한 표준편차를 구하시오.

3. 4면인 주사위를 3개 던져 밑면에 나타나는 숫자가 몇 개 일치하느냐에 따라서 다음 표와 같이 베팅한 금액의 배당금을 주는 게임을 하기로 한다고 할 때 다음 물음에 답하시오.

주사위를 던진 결과	배당금(원)
3개 모두 동일한 숫자인 경우	10
3개 중에 2개가 동일한 숫자인 경우	5
위 두 가지 이외의 경우	0

   ① 배당금액을 X라 할 때 X의 확률분포를 구하시오.
   ② X의 기댓값(돌려받을 금액)을 구하시오.
   ③ X의 분산과 표준편차를 구하시오.
   ④ 게임당 1원을 내고 100회 반복하는 경우 평균기대금액에 대한 95% 구간 추정치를 구하시오.
   ⑤ 게임 당 1원을 내고 이 게임을 100회 계속하는 경우 돌려받을 총 금액에 대한 95% 구간추정치를 구하시오.

4. 어느 카지노에 1부터 20번이 적혀 있는 휠이 있다. 이 휠을 돌렸을 때 각 숫자가 나타나는 확률은 동일하다. 플레이어들은 한 번의 게임에서 이길 경우 베팅한 금액의 20배 씩을 돌려받는다고 한다. 이 경우 어떤 플레이어가 7번에 10원, 18번에 100원을 베팅하였다고 할 때, 다음 물음에 답하시오.

   ① 플레이어가 베팅한 2가지 중에서 적어도 하나는 이길 확률을 구하시오.
   ② 두 가지 베팅한 금액으로부터 돌려받을 금액을 X라 할 때, X의 확률분포를 구하시오.
   ③ 이 게임을 225번 반복할 경우 총 금액에 대한 95% 구간추정치를 구하시오.

5. 동전을 1,000번 던질 경우 뒷면(T)이 나타날 확률이 0.5로부터 0.05 이상 다를 확률의 상한 값(upper bound)을 구하시오.

6. 주사위를 던져 1이 나오면 A가 건 돈의 6배를 받고, 그 외의 숫자가 나오면 A는 건 돈을 B에게 모두 잃는다고 할 때 누가 더 유리하겠는가? 그 이유를 설명하시오.

제 3 장

게임에 사용되는 주요 용어

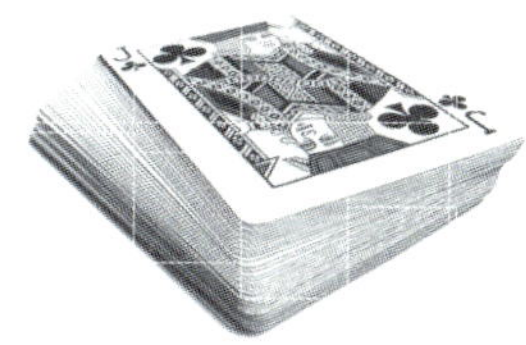

3.1 개요

게임에서 자주 사용되는 용어를 숙지하는 것은 게임을 즐겁게 그리고 원활하게 하기 위하여 플레이어들이 게임에 임하기 전에 갖추어야 할 기본 상식이다. 자동차를 몰고 도로를 주행하는 운전자가 교통법규를 잘 알아야 교통사고를 내지 않고 안전하게 목적지에 도착할 수 있듯이 플레이어들이 게임에서 사용되는 전문용어를 잘 숙지하지 못하면 게임을 하는데 의사소통이 되지 않아 게임에서 불이익을 받을 수도 있다.

카지노에 가면 딜러(dealer)와 플레이어(player)가 베팅(betting)을 하고 게임을 진행하여 승리하면 베팅한 금액의 몇 배를 돌려준다. 이런 경우 일상용어처럼 몇 배를 준다는 용어 대신에 배당률(odds) 같은 용어를 쓴다. 이런 용어를 처음 듣게 되면 무슨 뜻이며 어떤 의미를 갖는지 생소하게 되고, 더 나아가 게임에 익숙하지 못하여 즐거운 마음으로 게임에 임할 수 없게 된다.

따라서 본 장에서는 게임에서 사용되는 기본 용어 몇 가지를 알아보고자 한다.

3.2 공정한 게임(Fair Game)

게임에서 공정(fair)하다는 것은 게임을 하기 위하여 플레이어가 지불하는 비용(cost; 베팅한 금액)과 게임 후에 플레이어에게 돌아가는 기대금액(expected return)이 동일한 경우를 의미한다. 그러나 실제 게임에서 플레이어가 지불하는 비용과 기대금액에는 차이가 있기 마련이다. 그 이유는 게임을 운영하는 주체(카지노, 복권발행기관 등)가 게임을 운영하는 경비를 플레이어들이 지불한 비용 중에서 제하기 때문이다. 그러나 주최 측이 게임을 활성화하기 위해서 의도적으로 돌려줄 금액을 비용보다 많게 하는 경우나, 실수로 돌려줄 금액이 비용보다 많은 경우도 있을 수 있다. 따라서 게임을 하는 경우 아래와 같은 세 가지 경우의 결과가 나타날 수 있다.

❶ 비용(cost) − 기대금액(expected return) = 0

❷ 비용(cost) − 기대금액(expected return) < 0

❸ 비용(cost) − 기대금액(expected return) > 0

❶의 경우를 공정한 게임(fair game)이라고 하고, ❷와 같은 경우를 플레이어에게(toward player) 치우쳐(biased)있다고 하며, ❸과 같은 경우를 플레이어 반대(against player)로 치우쳐(biased)있다고 한다. 다시 말해 ❷의 경우는 플레이어에게 유리한 게임이고, ❸의 경우는 주최 측에 유리한 게임이다.

3.3 하우스 마진(House Margin)

하우스 마진(house margin: HM)이란 게임을 주관하는 주체가 게임을 주관하기 위해서 필요로 하는 경비를 뜻한다. 따라서 이는 다음 식 (3-1)과 같이 구한다.

하우스 마진 = HM

= (총 게임비용) − (플레이어에게 되돌아갈 총 기대금액) (3-1)

따라서 총 게임비용을 c, 승리할 확률을 p, 배당률을 k to 1이라 하면 구하고자 하는 HM는 다음 식 (3-2)와 같이 구할 수 있다.

$$\text{HM} = c - p(k+1)c \qquad (3\text{-}2)$$

단, μ = 돌려받을 기대금액{$=(k \times pc) + pc = p(k+1)c$}이고, c =총 비용을 나타내고 있다. 이에 관한 구체적인 설명은 다음 (3.5)절에서 하기로 한다.

예제 3-1

추석날 어느 마을에서 윷놀이 대회를 하기로 하였다. 32명이 참석하여 토너먼트 방식으로 등위를 가르기로 하였으며, 1등은 100만원, 2등은 50만원, 3등은 20만원, 4등은 10만원의 상금을 주고 나머지는 상금이 없다고 한다. 이 게임에 참가하기 위해서 플레이어들은 각각 10만원의 참가비를 지불하였다고 한다. 이 경우 하우스 마진(HM)을 구해보자.

풀이 3-1

이 게임에 참가하는 총 플레이어는 32명이고 이들이 각각 10만원의 참가비를 내야 한다. 따라서 플레이어들이 지불해야 하는 총비용은 320만원이 된다. 그리고 플레이어들에게 되돌려주는 금액(returned money=RM)의 총액은 1등에서부터 4등까지 지불하는 상금의 총액이 된다. 따라서 돌려주는 금액은 모두 180만원이다. 그러므로 구하고자 하는 하우스 마진 HM는 다음과 같다.

$$HM = c - RM = 320\text{만원} - 180\text{만원} = 140\text{만원}$$

따라서 하우스 마진은 140만원이고 이를 %로 나타내면 43.75%(100×140/320)가 된다.

다음 표(3-1)은 호주(Australia)에서 시행되고 있는 각 게임별 하우스 마진을 나타내고 있다.

표 3-1 각 게임별 하우스 마진(예)

게임 종류	하우스 마진	게임 종류	하우스 마진
블랙잭	0% ~ 8%	NSW TAB(Quinella)	15%
바카라	1.2% ~ 14.1%	NSW TAB(Doubles, extra)	20%
크랩	1.4% ~ 16.7	NSW TAB(Trifecta, Superfecta)	25%
룰렛	2.7%	NSW FootyTAB	25%
스포츠 베팅	4.7%	키노(Keno)	25%
포커머신(카지노)	8.0%	즉석복권(Instant Scratchies)	38%
포커머신(클럽, 호텔)	8% ~ 15%	NSW로또(NSW Lotto)	40%
NSW TAB(win)	14.5%		

3.4 배당률(odds)

카지노에 가보면 다양한 게임을 할 수 있도록 여러 가지 게임들이 준비되어 있다. 플레이어들이 게임에 임하는 목적은 사람마다 조금씩 다르겠지만 일반적으로는 게임에 대해서 플레이어들이 느끼는 재미와 승리할 경우 돌려받는 금액(상금, 배당금) 및 무료한 시간 때우기 등이 있을 것이다. 그러나 플레이어들이 게임에 참여하는 주요 목적 중에 하나는 상금(배당금)이 아닐 수 없다. 이때 상금이 플레이어가 게임에 임하기 위하여 지불해야 되는 비용의 몇 배나 되는지를 나타내는 단위가 있다. 이 단위를 배당률(odds)이라고 부른다.

예로, 1원(달러)을 베팅하여 승리하면 k원(달러)을 따게 된다면 'odds of k to 1'이라고 한다.

베팅한 금액에 대해서 승리할 경우 돌려받는 금액(상금)의 크기를 나타내는 배당률은 아무렇게나 결정되는 것은 아니다. 예를 들어 6면의 주사위를 던져 1이 나오면 갑(甲)이 을(乙)에게 베팅한 금액의 10배를 되돌려주는 게임을 하자고 할 때 내가 갑(甲)이라면 그런 게임을 하겠는가? 아마도 갑이 현명한 사람이라면 이런 게임은 하지 않을 것이다.

그 이유는 1이 나올 확률은 1/6이다. 따라서 주사위를 던지면 6번에 1번 정도로 1이 나올 것이므로 갑이 을에게 베팅한 금액의 10배를 주는 게임을 계속하면 갑은 을에게 많은 돈을 잃게 될 것으로 예상되기 때문이다. 따라서 배당률은 게임에서 승리할 확률에 따라서 결정되는 것을 원칙으로 하고 있으며, 배당률과 확률의 관계는 다음 〈정의 3-1〉과 같다.

| 정의 3-1 어떤 게임이 k+1번마다 1번씩 승리하는 게임이라면 배당률(odds)은 "k to 1 against" 혹은 간단히 'k to 1'이라 하고, 쓸 때는 '$k-1$'이라 쓴다. 따라서 배당률(odds)이 'k to 1 against'이면, 게임에서 승리할 확률은 1 in (k+1)이라 하고 표시는 $1/(k+1)$로 한다.

예로, 배당률(odds)이 5 to 3이라고 간단히 쓰여 있다면 이는 '5 to 3 against'를 의미한다.

따라서 6번 시행에서 1번 성공하는 게임의 경우 성공확률은 1/6이고 이는 다시 '1 in 6'과 같이 쓸 수 있으며, 이 확률을 배당률(odds)로 표시하면 '5 to 1 against'가 된다. 또한 예로 확률 '4 in 5'의 경우를 배당률(odds)로 표현하면 '0.25 to 1'이 된다. 이는 다시 '1 to 4'라 쓸 수 있다. 그러나 배당률은 항상 'to'를 중심으로 왼쪽에 있는 수가 오른 쪽에 있는 수보다 크게 표시하고 끝에 'on'을 붙여준다. 따라서 배당률이 '0.25 to 1'이면 이는 정수로 만든 '1 to 4 against'이 된다. 또한 이처럼 배당률에서 'to'의 오른쪽의 값이 왼쪽의 값보다 작은 경우 이므로 'to'의 오른쪽의 값과 왼쪽의 값을 바꾸고 끝에 'on'을 부터 [4 to 1 on]으로 쓴다.

예제 3-2

다음 확률(probability)을 배당률(odds)로 바꿔보자.

❶ '1 in 2'
❷ '1 in 4'
❸ '2 in 5'
❹ '4 in 5'

풀이 3-2

❶ '1 in 2'는 $k+1=2$이므로 배당률(odds)로 표현하면 $k=1$이 되므로 배당률로 표시하면 '1 to 1 against'이다. 이런 경우는 특별한 경우로 1원 베팅하여 승리하면 상금으로 1원을 돌려받는 게임이다. 즉, 승리할 경우 거는 만큼을 상금으로 받는다. 이런 경우를 게임에서는 'even money' 혹은 'even money bet'이라 부른다.

❷ $k+1=4$이므로 배당률(odds)로 표현하면 '3 to 1 against'가 된다. 따라서 1원을 베팅하여 승리하는 경우 베팅한 금액 1원을 포함하여 4원을 되돌려 받는다.

❸ 이 문제의 경우에는 분자에 해당하는 앞의 2를 1로 만들기 위하여 2로 양쪽 값을 다 나누어 준다. 따라서 '2 in 5'는 '1 in 2.5'와 같다. 따라서 이를 배당률(odds)로 표현하면 $k+1=2.5$이므로 '1.5 to 1 against'가 된다. 이런 경우 배당률의 수를 모두 최소의 정수로 만들어 주기 위하여 2를 곱해 주면 '1.5 to 1 against'는 '3 to 2 against'가 된다.

❹ 이 문제 역시 in 앞에 있는 값이 1이 아니다. 따라서 이 값을 1로 만들기 위하여 in 앞뒤의 값을 모두 앞의 값 4로 나눠준다. 그 결과는 '1 in 1.25'가 된다. 따라서 $k+1=1.25$이므로 이를 배당률(odds)로 표시하면 '0.25 to 1'이 된다. 그러나 배당률은 언제나 최소의 정수로 표시하여야 하므로 양쪽 값에 4를 곱하면 배당률(odds)은 '1 to 4 against'가 된다. 그런데 여기서 주의할 사항은 배당률(odds)에서 to의 뒤에 값이 앞의 값보다 크면 이를 바꿔 표현하고 against 대신 on을 쓴다. 따라서 답은 다음과 같다.

'1 to 4 against' = '4 to 1 on'

예제 3-3

다음 배당률(odds)을 확률형태인 (1-in-k+1)형태로 바꿔보자.

❶ 4 to 1 against
❷ 5 to 3 on

풀이 3-3

❶ 이 문제는 k=4이므로 [정의 1]에 의하여 사건이 일어날 확률은 1/5=0.2이다.

❷ '5 to 3 on'은 to 앞의 수가 뒤의 수보다 크므로 against로 바꾸면 '3 to 5 against'가 된다. 여기에서 5를 1로 바꾸기 위하여 3과 5를 모두 5로 나눠주면 '0.6 to 1 against'가 이는 k=0.6이므로 (k+1)=1.6이 된다. 따라서 구하고자 한 확률은 1/1.6=5/8이다.

이상과 같은 예를 통하여 확률과 'odds against'와 'odds on'은 서로 교환하여 사용할 수 있음을 알 수 있다. 예로, 만약 성공확률이 3중에 2(1 in 1.5)이라면, 실제 배당률(odds)로 표현하면 '0.5 to 1' 이나, '1 to 2' 혹은 '2 to 1 on' 등으로 표현할 수 있다. 이 세 가지 표현은 모두 동일한 의미를 갖는다.

그러나 실제로 게임에 임하여 보면 이론상의 배당률(odds)과 실제 배당률(odds)은 약간 다르다. 그 이유는 주최 측(club or casino)의 비용을 제하고 난 후에 배당을 하기 때문이다.

실습예제 3-1

확률은 배당률(odds)로 배당률은 확률로 표시해 보자.

❶ 7 in 9
❷ 9 to 4 on

3.5 하우스 마진(House margin)과 배당률(Odds)의 관계

하우스 마진(house margin)이란 게임을 주관하는 주체가 게임을 주관하기 위해서 필요로 하는 경비로 다음 식 (3-3)과 같이 구할 수 있다.

$$\text{하우스 마진} = \text{HM} = (\text{총 게임비용}) - (\text{플레이어에게 되돌아갈 총 기대금액}) \qquad (3\text{-}3)$$

따라서 총 게임비용을 c, 승리할 확률을 p, 1원 베팅해 승리할 경우 k배를 돌려받는다고 하면 구하고자 하는 HM은 다음 식 (3-4)와 같이 구할 수 있다.

$$\text{HM} = c - p(k+1)c \qquad (3\text{-}4)$$

단, μ = 돌려받을 기대금액{ $= (k \times pc) + pc = p(k+1)c$ }이고, c = 총 비용을 나타내고 있다. 식 (3-4)를 보면 하우스 마진 HM은 배당률(odds)의 배수를 나타내는 k함수로 되어 있다.

카지노나 클럽(club)은 운영하는데 운영비가 필요하다. 따라서 운영비는 게임에 참가하는 플레이어들이 지불해야 한다. 앞에서 잠깐 언급한 바와 같이, 이론상의 배당률(odds)과 실제 배당률(odds)은 차이가 나타나는데 이는 카지노(casino)나 클럽(club)에서 운영비로 비용을 제하기 때문이다. 이와 같이 카지노나 클럽을 운영하기 위하여 필요한 경비를 하우스 마진(house margin)이라고 한다.

다음과 같은 게임을 하는 경우를 생각해보자.

c = 총 게임비용

p = 게임에서 승리할 확률

k = 승리할 경우 배당률(odds) 'k to 1 against'의 k

pc = 승리할 경우 총 배당금

$(1-p)c$ = 실패할 경우 총 손실금

$(k \times pc) + pc = p(k+1)c$ = 총 기대 금액(플레이어에게 돌려줄 기대금액)

이상과 같은 내용을 이용해서 하우스 마진(HM)과 배당률(odds)의 관계를 식으로 나타내면 다음 식 (3-5)와 같다.

$$\begin{aligned}\text{하우스 마진} &= (\text{게임비용}) - (\text{플레이어에게 되돌려 줄 기대금액}) \\ &= c - p(k+1)c \\ &= (1-kp-p)c \qquad (3\text{-}5)\end{aligned}$$

이 식 (3-5)로부터 하우스 마진을 %로 나타내면 다음 식 (3-6)과 같다.

$$\begin{aligned}\%\,\text{하우스 마진} &= 100 \times \frac{(1-kp-p)c}{c} \\ &= 100(1-kp-p) \qquad (3\text{-}6)\end{aligned}$$

예제 3-4

6면인 주사위를 두 번 던져 두 눈의 합이 11 이상일 때 배당률(odds)이 '5 to 1'이고, 나머지 숫자가 나오면 아무 것도 받을 수 없다고 할 때 하우스 마진을 구해보자.

풀이 3-4

위 식 (3-6)을 이용하여 구할 수 있다. 따라서 이 식에 대입해야 할 값을 먼저 구해야 한다.

(i) 성공확률 $p=3/36$(두 숫자의 합이 11, 12인 경우는 36개 중에서 3개이므로)

(ii) odds는 '5 to 1'이므로 $k=5$

이 값들을 식 (3-6)에 대입하여 하우스 마진을 구하면 다음과 같다.

$$\begin{aligned}\%\,\text{하우스 마진} &= 100(1-kp-p) \\ &= 100(1-5\times 3/36-3/36) \\ &= 50\%\end{aligned}$$

이 게임의 경우 하우스 마진은 50%나 되어 게임주최를 하는 카지노나 클럽(club)의 수입이 과다하다. 게임을 계속하면 게임마다 카지노나 클럽은 베팅 액의 50%를 챙기는 결과를 낳는다.

실습예제 3-2

52개로 구성된 카드에서 한 장의 카드를 추출하여 사람의 얼굴이 있는 카드(Face Card; King, Queen, or Jack) 중에서 하나를 뽑으면 배당률(odds) '3 to 1'로 상금을 받을 수 있다고 한다. 이 경우 하우스 마진을 구해보자.

3.6 가격(Price)

여기에서 가격(price)이란 플레이어가 게임에서 승리한 경우 원금과 함께 돌려받게 되는 금액을 말한다. 플레이어가 게임에서 승리하게 되면 플레이어는 베팅한 금액과 베팅한 금액에 해당되는 배당금을 합한 금액을 돌려받게 되는데 이와 같이 베팅한 금액과 베팅한 금액에 해당하는 배당금을 합해서 돌려받게 되는 총 금액을 가격(price)이라고 부른다.

예를 들어 1원을 베팅하여 승리할 경우 베팅한 1원을 포함하여 x만큼을 돌려받는다고 하면 실제로 플레이어가 딴 금액은 당첨금 x에서 게임비용 1을 제외한 $(x-1)$원이다. 그리고 이 경우 배당률(odds)은 '$(x-1)$ to 1'가 된다. 따라서 배당률(odds)과 가격(price)의 관계는 다음 식(3-7)과 같다.

$$\text{가격(price)} = \text{비용} + \text{배당금} = x \qquad (3\text{-}7)$$

단, x가 2보다 큰 경우에 해당하며 만약 x가 2보다 작으면 'odds on' 상태가 된다. 따라서 이러한 경우에는 '$(x-1)$ to 1 against' 형태로 만들어 놓고 문제를 풀어야 한다.

예제 3-5

다음 주어진 배당률을 가격(price)으로 고쳐보자.

❶ 4 to 1
❷ 4 to 1 on

풀이 3-5

❶ 주어진 배당률에서 승리하는 경우 1원당 4원을 배당금으로 받을 수 있으므로 구하고자 하는 가격(price)=4+1=5가 된다.

❷ '4 to 1 on'은 '1 to 4'를 의미한다. 따라서 '1 to 4'는 '0.25 to 1'이므로 $x-1=0.25$이므로 가격(price) x = (0.25+1)=1.25가 된다.

이상에서 살펴본 배당률(odds), 가격(price) 및 확률(probability)의 세 가지 용어의 관계는 다음 그림 (3-1)과 같이 나타낼 수 있다.

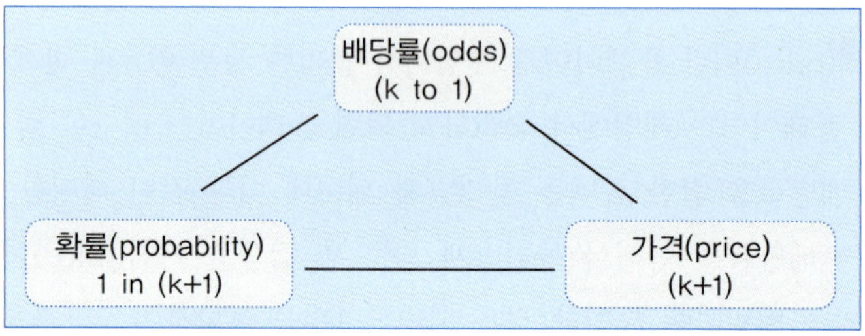

그림 3-1 배당률(odds), 가격(price) 및 확률(probability)의 관계

3.7 게임에서 앞서갈 확률

플레이어들이 게임을 하는 목적은 게임 자체를 즐기기 위한 것이기도 하지만 이왕이면 다홍치마라고 게임도 즐기고 돈도 따게 되면 일석이조가 아닐 수 없다. 따라서 플레이어들에게는 게임을 여러 번 반복했을 경우 게임에서 이기고 있을 가능성을 확인하는 것은 매우 흥미로운 일일 것이다. 이를 알아보는 방법은 게임에서는 한 게임을 여러 번 반복한 후에 플레이어가 돌려받을 기대금액(return money)이 게임에 들어간 비용 총액보다 많은가 적은가를 판단함으로서 가능하다. 비교하여 기대금액이 지불된 총 비용보다 많으면 게임에서 앞서간(ahead)다고 말하고, 기대금액이 지불된 총비용보다 작으면 게임에서 뒤지고(behind)있다고 말한다.

따라서 플레이어가 한 게임을 여러 번 반복한 후에 그 게임에서 이기고 있을 가능성은 바꿔 말하면 돌려받을 총금액(total price)에서 총 게임비용을 제하고 남은 금액이 +(plus)일 확률과 같다고 볼 수 있다.

여러 번의 게임을 마친 상태에서 플레이어가 게임에서 앞서갈(ahead) 확률은 중심극한의 정리(central limit theorem)를 이용하여 구할 수 있다. 본 절에서는 이를 간단히 설명하고자 한다.

먼저 중심극한의 정리에 대한 정의에 대해서 알아보자

> 중심극한의 정리(central limit theorem)란 간단히 말하면 확률변수 X가 평균이 u, 분산이 σ^2인 어떤 분포를 따른다고 할 때 그 분포로부터 크기 n인 표본을 추출하여 구한표본의 평균 $\overline{X}$는 n이 충분히 크면 평균은 모집단 평균 u와 같고, 분산은 σ^2/n인 정규분포를 따른다는 정리를 말한다.
>
> 따라서 $\overline{X}$를 표준화한 다음 식 (3-8)과 같은 Z는 평균이 0이고 분산이 1인 표준정규분포(Standard Normal Distribution)를 따른다.

$$Z = \frac{\overline{X} - \mu}{\sigma / \sqrt{n}} \tag{3-8}$$

중심극한의 정리를 게임에서 앞서나갈 확률을 구하는데 적용하기 위하여 플레이어가 한 게임에서 돌려받을 총금액(total price: 비용+배당금액) X는 평균이 μ이고, 분산이 σ^2을 따른다고 하고, 비용을 c라 하면 플레이어가 n회 반복한 경우 총 이득은 $\sum_{i=1}^{n}(X_i - c)$가 된다. 따라서 이득의 총계 $\sum_{i=1}^{n}(X_i - c)$는 중심극한의 정리에 의해 n이 큰 경우에는 평균 $(n\mu - nc)$이고, 분산이 $n\sigma^2$인 정규분포를 따른다. 따라서 총계의 추정치 $\sum_{i=1}^{n}(X_i - c)$를 표준화하면 다음 식 (3-9)과 같다.

$$Z = \frac{(n\overline{X} - nc) - (n\mu - nc)}{\sqrt{n\sigma^2}} = \frac{\sqrt{n}\,(\overline{X} - \mu)}{\sigma} \tag{3-9}$$

식 (3-9)에서 각 게임당 비용을 1(보통 외국의 경우 게임에 참가하는 비용이 \$1 정도이므로 n회 게임에 참가하는 비용은 \$1이 된다)로 가정하고, 단위 게임당 기대금액(기대이득)을 μ라 하면 다음 식 (3-10)과 같이 변형할 수 있다.

$$Z = \frac{\sqrt{n}(1-\mu)}{\sigma} \qquad (3\text{-}10)$$

식 (3-10)에서 $(1-\mu)$는 게임당 주최 측이 얻을 수 있는 단위금액당 하우스 마진(House Margin)이다. 이 하우스 마진을 HM이라 하면 식 (3-9)는 다음과 같은 식 (3-11)로 나타낼 수 있다.

$$Z = \frac{\mathrm{HM}\sqrt{n}}{\sigma} \qquad (3\text{-}11)$$

따라서 Z는 표준정규분포를 따르므로 Z가 0보다 클 확률 즉, 이득이 비용보다 많을 확률은 다음 식 (3-12)를 이용하여 구할 수 있다. 이를 플레이어가 앞서갈 확률(probability of ahead)이라 한다.

$$\text{플레이어가 앞서나갈 확률} = P\left(Z \geq \frac{\mathrm{HM}\sqrt{n}}{\sigma}\right) \qquad (3\text{-}12)$$

따라서 이 확률의 값은 부록(II)에 수록되어 있는 표준정규분포표(standard normal distribution table)를 이용해서 구할 수 있다.

예제 3-6

어느 게임에서 승리할 확률이 3/13이라 할 때 어떤 플레이어가 1원을 베팅해서 승리할 경우 3원(price)을 돌려받는다고 한다. 이럴 경우 플레이어가 100회의 게임을 계속할 경우 게임에서 앞서갈 확률을 구해보자.

풀이 3-6

식 (3-12)를 이용하여 100회의 게임을 끝내고 난 후에 게임에서 앞서갈 확률을 구할 수 있다. 따라서 이 식으로부터 앞서갈 확률을 구하기 위해서는 식에 포함되어 있는 HM와 σ를 구해야 한다. 따라서 문제로부터 이를 구하면 다음과 같다.

- 기대금액 = μ

$$= 3\times 3/13+0\times 10/13$$
$$= 9/13$$

- 따라서 HM = 1−기대금액 = 4/13

- $\sigma^2 = \frac{3}{13}(3-9/13)^2+\frac{10}{13}(0-9/13)^2$

$$= 1.6$$

- $\sigma = \sqrt{\sigma^2} = \sqrt{1.6} = 1.26$

- $n=100$

이상의 값을 식 (3-12)에 대입하면 구하고자 하는 앞서가는 확률(probability of ahead)은 다음과 같다.

- 플레이어가 앞서나갈 확률 = $P\left(Z\geq \frac{\text{HM}\sqrt{n}}{\sigma}\right)$

$$= P\left(Z\geq \frac{4/13\sqrt{100}}{1.26}\right)$$
$$= P(Z\geq 2.44)$$
$$= 0.0073$$

따라서 이 의미는 게임을 100회 한 후에 플레이어가 앞설(ahead) 확률은 0.73%로 매우 낮고, 뒤설(behind) 확률은 99.27%로 매우 높다는 것을 알 수 있다. 즉, 이 게임에서 플레이어는 거의 100% 게임에 패한다는 의미와 동일하다.

제3장 연습문제

1. 다음 용어를 간단히 설명하시오.

   ① 공정한 게임(fair game)
   ② 배당률(odds)
   ③ 하우스 마진(house margin)
   ④ 앞서갈 확률(Ahead probability)
   ⑤ 가격(price)

2. 두 개의 주사위를 던져 나타나는 숫자의 곱에 해당하는 금액을 돌려받게 된다고 한다. 이런 게임을 한다고 할 때 다음 물음에 답하시오.

   ① X를 돌려받을 금액이라고 할 때 X의 확률분포를 구하시오.
   ② 이 게임에서 공정한 게임을 하기 위해서 지불해야 할 비용을 구하시오.
   ③ X의 표준편차를 구하시오.
   ④ 이 게임에 참가하기 위해서 플레이어들이 15원을 지불해야 한다고 할 때 하우스 마진을 구하시오.
   ⑤ 이 게임을 64회 계속할 경우 돌려받을 평균금액에 대한 95% 구간추정치를 구하시오.

3. 각 릴에 1부터 5까지 각각 5개의 숫자가 적힌 3개의 릴로 구성된 포커머신이 있다고 한다. 이 기계를 돌려 정해진 위치에 나타난 각 릴의 숫자가 몇 개나 일치하느냐에 따라서 베팅한 금액 X의 배당률이 다음 표와 같다고 할 때 다음 물음에 답하시오.

게임 결과	배당률(odds)
3개가 모두 1인 경우	10-1
3개가 모두 5 혹은, 4 혹은, 3 혹은, 2인 경우	8-1
처음 두 개가 같은 숫자인 경우	2-1
처음 숫자가 1이고, 두 번째 숫자가 1이 아닌 경우	1-1
다른 나머지 경우	0

   ① 위 표에서 각 경우가 나타날 확률을 구하시오.
   ② 플레이어가 100원을 베팅할 경우 플레이어에게 돌아갈 금액을 X라 할 때 X의 확률분포를 구하시오.
   ③ X의 기댓값과 분산을 구하시오.

④ 각 게임당 100원을 베팅하며 60번을 계속하는 경우 총 금액에 대한 95% 구간추정치를 구하시오.

⑤ 이런 경우 하우스 마진을 구하시오.

4. 다음과 같이 표시된 확률을 배당률(odds)로 표시하시오.

① 1 in 8 ② 1 in 2 ③ 2 in 5

④ 3 in 8 ⑤ 4 in 9

5. 다음과 같은 배당률(odds)을 확률로 표시하시오.

① 3 to 1 against ② 4 to 3 against ③ 6 to 1 on

④ 9 to 5 on ⑤ 7 to 2 on

6. 다음과 같은 가격(price)일 때 이를 배당률(odds)로 바꾸시오.

① 10원 ② 8.5원 ③ 5.5원

7. 다음과 같이 배당률(odds)이 주어진 경우 가격(price)을 구하시오.

① 12 to 1 ② 5 to 2 ③ 9 to 4

8. 52개 카드에서 그림이 있는 카드(king, Queen, Jack) 중에 하나를 뽑으면 배당률(odds) 3 to 1 비율로 상금을 받는다고 할 때 이 게임을 100번, 400번 계속하는 경우 게임에서 앞서나갈 확률(ahead probability)를 구하시오.

9. 문제 8에서 몇 번 이상 게임을 계속해야 게임에서 플레이어가 앞서갈 확률이 1% 미만이 되는가를 구하시오. 또한 5% 미만이 되기 위해서는 몇 번의 게임을 계속해야 하는가?

10. 하나의 동전을 던져 앞면(H)이 나오면 10원을 받고, 뒷면(T)이 나오면 20원을 받는다고 할 때 다음 물음에 답하시오.

① 단 한 번의 게임을 할 경우 플레이어가 돌려받을 금액을 X라 할 때 X의 확률분포를 구하시오.

② X의 기대치를 구하시오.

③ X의 분산을 구하시오.

④ 이 게임에서 플레이어가 공정한 게임을 한다고 하면 플레이어가 지불해야 할 비용은 얼마인가?

⑤ 플레이어가 게임당 16원을 지불한다고 하면 하우스 마진(HM)은 얼마인가?

⑥ 이런 게임을 100번 계속한다면, 기대금액은 얼마나 될까?

⑦ 이 게임을 100번 계속하는 경우 총 금액에 대한 95% 구간추정치를 구하시오.

⑧ 이 게임에서 하우스 마진이 20%가 되기 위해서는 게임당 참가비용은 얼마로 해야 하는가?

11. 포커머신에서 하우스 마진이 10%이고, 총액에 대한 분산이 100일 경우 다음과 같이 반복하여 게임을 할 경우 플레이어가 앞서갈 확률을 구하시오.

① 100번　　② 400번　　③ 10,000번

제 4 장

로터리(Lottery)와 로또(Lotto)게임

4.1 개요

복권의 종류는 그 수를 헤아릴 수 없을 정도로 많다. 그러나 복권을 크게 분류하면 발매된 복권에 쓰여 있는 번호를 추첨하여 등위를 결정하는 추첨식복권(lottery ticket)과 발매된 복권에 당첨 등위가 기록되어 있어 즉석에서 당첨과 등위를 확인할 수 있는 즉석식복권(instant scratches)으로 분류하기도 한다. 때로는 현재 우리나라에서 발매되는 주택복권과 같이 복권에 당첨번호가 기록되어 있어 어느 정도의 기간 동안 일정한 양의 복권을 발매하고 난 후에 발매된 양의 번호에서 당첨번호를 추첨하여 등위를 결정하는 로터리형복권(lottery type ticket)과 플레이어가 주어진 번호(45개)에서 몇 개(6개)의 번호를 선택하여 비용을 지불하고 선택한 번호를 등록케 한 뒤 복권번호표를 부여받은 다음 추첨된 번호와 일치 정도에 따라서 등위를 결정하는 로또형복권(Lotto type ticket) 등으로 구분할 수 있다.

복권은 오랜 역사를 가지고 있으나 추첨식복권은 1400년대 네덜란드에서 시작했다는 설이 있으며, 오늘날과 같이 당첨금을 현금으로 지급하기 시작한 것은 1530년대 이탈리아의 피렌체 지방에서 발행된 복권이 최초로 알려져 있다. 당시 복권의 이름이 행운을 뜻하는 'Lotto'라고 부른데서 유래하여 오늘날도 복권을 로또(Lotto)라 부르는 계기가 되었다.

그 당시 복권은 로터리(lottery)형태의 복권으로 복권 이었다. 이 복권은 발매할 때 발매하고자 하는 양을 미리 정하여 복권에 일련번호를 매겨 발매를 한다. 발매가 끝나면 번호를 추첨하여 추첨된 번호와 플레이어가 구입한 복권에 쓰여 있는 번호의 일치 여부에 따라서 당첨자를 결정하고, 상품을 주는 형태의 복권이다.

최근에 이르러서는 플레이어들의 복권에 대한 욕구를 충족시키고 복권의 활성화를 위하여 플레이어들이 원하는 복권의 번호를 직접 선택하게 하는 일명 자기기입식 복권을 판매하고 있는데 이런 형태의 복권을 로또형복권(Lotto type ticket)이라 부르고 있다.

따라서 본 장에서는 로또형태와 로터리형태로 분리해서 좀 더 구체적으로 설명하고자 한다.

4.2 로터리(Lottery)

4.2.1 발행목적

로터리의 발행목적은 일반 서민의 후생 및 복지를 위할 목적으로 발행하기 시작하였다. 그 예로 주택복권은 주택이 없는 서민에게 주택을 공급해 줄 목적으로 시작된 복권이다. 이 복권은 일정 양의 복권을 발행하여 일정기간 판매를 하고 약속된 기간이 끝나면 공공의 장소에서 공개적으로 당첨번호를 선정하여 발표하는 형태의 시스템을 갖고 있다. 이와 같은 주택복권은 우리나라의 경우 1969년 9월 15일 주택은행이 처음으로 발행하기 시작했다. 당시 발행한 복권은 액면가격이 100원 이었으며, 총 50만매를 발행하여 판매하였고, 1등 당첨금은 300만원이었다. 그러나 초창기 복권은 월 1회 발행되었으나 1973년 3월부터 오늘날과 같이 주 1회 발행하여 판매하게 되었으며 오늘날까지 이어지고 있다.

4.2.2 당첨자 결정

로터리(lottery)식 복권이란 앞에서 언급한 바와 같이 일정 매수를 발매하여, 정해진 판매기간이 지나면 추첨하여 추첨된 번호와 구입한 복권의 번호가 일치하는지의 여부에 따라서 당첨과 등급을 결정하고 당첨 등급에 따라서 당첨금을 주는 형태의 복권이다.

따라서 복권을 구매한 플레이어에게는 복권을 구입하는 이외의 당첨확률에 영향을 주는 어떤 일도 할 수 없고 단지 구입 후에 당첨 여부를 기다리는 것밖에 다른 도리가 없는 게임이다. 이와 같이 플레이어의 의사가 전혀 개입할 수 없는 게임을 찬스게임(chance game) 혹은 랜덤게임(random game)이라 부르기도 한다.

대표적인 예로는 우리나라에서 1969년 9월 15일부터 발매되기 시작하여 오늘날까지 계속되고 있는 주택복권이 있다. 다음 그림 (4-1)은 주택복권의 모형이고, 그림 (4-2)는 제1회 주택복권의 문양이다.

그림 4-1 | 제 654회 주택복권의 모형

그림 4-2 | 제 1회 주택복권의 문양

4.2.3 당첨확률

다음 그림 (4-3)은 현재 우리나라에서 발매되고 있는 1,000원짜리 복권 중에 팝콘이라는 복권의 모형이다. 본 절에서는 이 복권을 대상으로 당첨 확률을 설명하고자 한다.

그림 4-3 | 추첨식복권(팝콘)의 모형

이 복권은 매회 630만매 발매하며 이 가운데 1등 1명, 2등 2명, 3등 6명, 4등 63명, 5등 6,300명, 6등 126,000명, 7등 1,260,000명이 당첨되게 되어 있다. 따라서 각 등수별 당첨금과 당첨확률은 다음 표(4-1)과 같다.

표 4-1 | 우리나라 복권의 등위별 상금(추첨식 복권; 팝콘)

등위	당첨금	당첨매수	당첨확률
1	1,000,000,000	1	1/6,300,000
2	500,000,000	2	1/3,150,000
3	10,000,000	6	1/1,050,000
4	1,000,000	63	1/100,000
5	10,000	6,300	1/1,000
6	2,000	126,000	1/50
7	1,000	1,260,000	1/5
계		1,392,372	1

4.2.4 기대금액

이 복권의 기대금액은 각 등수에 해당하는 당첨금액을 당첨확률과 곱해서 구할 수 있다. 따라서 각 등위에 해당하는 당첨금액을 X라 하면 X의 기댓값은 표(4-1)을 이용하여 다음과 같이 구할 수 있다.

$$
\begin{aligned}
&E(X) \\
&\quad = 10\text{억} \times \frac{1}{6,300,000} + 5\text{억} \times \frac{1}{3,150,000} + 1\text{천만} \times \frac{1}{1,050,000} + 1\text{백만} \times \frac{1}{100,000} \\
&\quad + 1\text{만} \times \frac{1}{1,000} + 2\text{천} \times \frac{1}{50} + 1\text{천} \times \frac{1}{5} = 577.98 \text{ 원}
\end{aligned}
$$

577.98원은 1,000원짜리 복권을 구입하는 경우 돌려받을 것으로 기대되는 금액을 의미한다. 기대금액이 577.98원으로 1,000원 미만이다. 따라서 복권 구입자가 손해를 보는 게임이다.

4.2.5 하우스 마진

하우스 마진(house margin)은 투자한 금액에서 돌려받을 금액을 뺀 값이다. 그리고 이를 %로 나타내면 아래 식 (4-1)과 같다.

$$\%\text{하우스 마진} = 100 \times \frac{\text{투자한 비용} - \text{돌려받을 기대금액}}{\text{투자한 비용}} \qquad (4\text{-}1)$$

따라서 위 복권의 경우 1,000원을 투자하여 복권 한 장을 구입하는 경우 돌려받을 기대금액이 약 578원이므로 하우스 마진은 1,000원에서 578원을 뺀 나머지 422원이 된다. 이를 백분율로 계산하기 위하여 식 (4-1)을 이용하면 % 하우스 마진은 42.2%가 된다.

실습예제 4-1

팝콘복권의 경우 돌려받을 금액의 구간추정과 게임에서 앞서갈 확률을 생각해 보자.

4.3 로또(Lotto)

4.3.1 발행목적

로또의 발행은 다양한 목적으로 발행되고 있으며, 수익금에 대한 지출도 복권 및 복권기금 법(제 23조)에 명시되어있다. 규정에 의하면 총 수익금 중에 35%는 법정배분사업에, 65%는 공익사업에 사용되게 되어있다. 공익사업에 사용되는 내용은 다음과 같은 네 가지가 있다.

❶ 임대 주택의 건설 등 저소득층의 주거안정 지원 사업
❷ 국가 유공자에 대한 복지사업
❸ 저소득층, 장애인, 성폭력피해여성 등 소외계층에 대한 복지사업
❹ 문화예술 진흥 및 문화유산보존사업, 재해 및 재난구호 사업

4.3.2 게임 방법

우리나라에서 시행하고 있는 로또게임에 참여하는 방법은 다음과 같다.

먼저 로또를 판매하는 장소(복권방)에 나가 그림 (4-4)와 같은 로또번호선택용지(슬립이라고 함)를 받아 용지에 쓰여 있는 1부터 45번까지 45개 숫자 중에서 원하는 번호 6개를 선정하여 로또번호선택용지에 검정색 펜으로 표시를 한다.

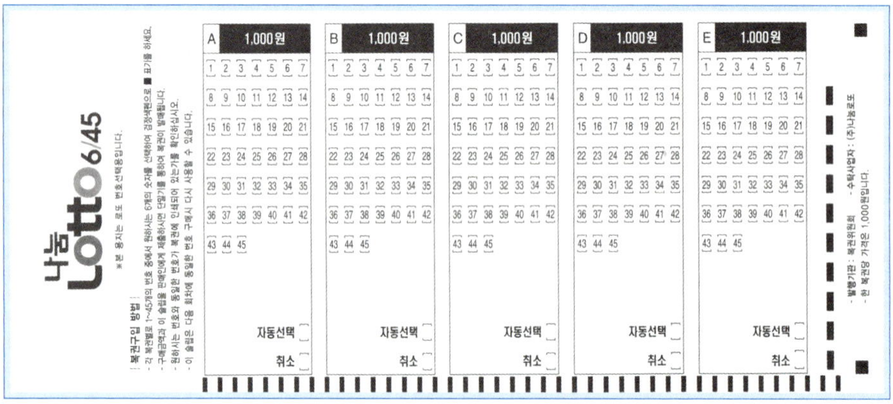

그림 4-4 Lotto의 슬립 모형

둘째, 구매금액과 슬립을 판매인에게 제출하면 단말기를 통하여 그림 (4-5)와 같은 복권이 발행된다. 복권 구매 최소금액은 1,000원으로 1,000원을 지불하면 6개의 번호가 적힌 복권 하나를 받게 된다. 한 슬립에는 5개의 복권번호를 기입할 수 있다.

그림 4-5 로또복권의 영수증 모형

그림 (4-5)와 같은 복권(영수증)을 받아 공개 추첨 일에 당첨번호가 확정되면 그 번호와의 일치 여부를 확인하여 당첨 여부를 확인하는 것으로 일단 게임은 끝나게 된다.

세계의 여러 나라가 로또 복권을 발매하고 있는데 우리와 이웃하고 있는 중국과 일본의 복권을 살펴보면 다음과 같다. 다음 그림 (4-6)은 중국 상하이 시에서 발행하는 쌍색구(雙色球)라는 로또복권의 슬립과 복권이다.

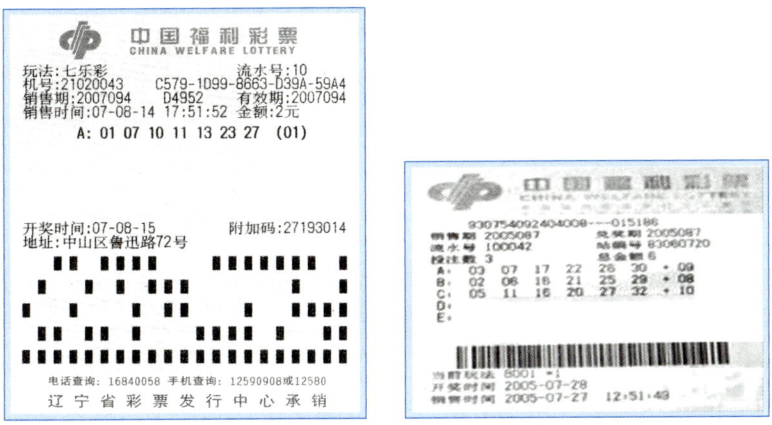

그림 4-6 쌍색구의 슬립과 복권

그리고 다음 그림 (4-7)은 일본에서 발매하고 있는 OHiLOTO 6의 슬립과 복권이다.

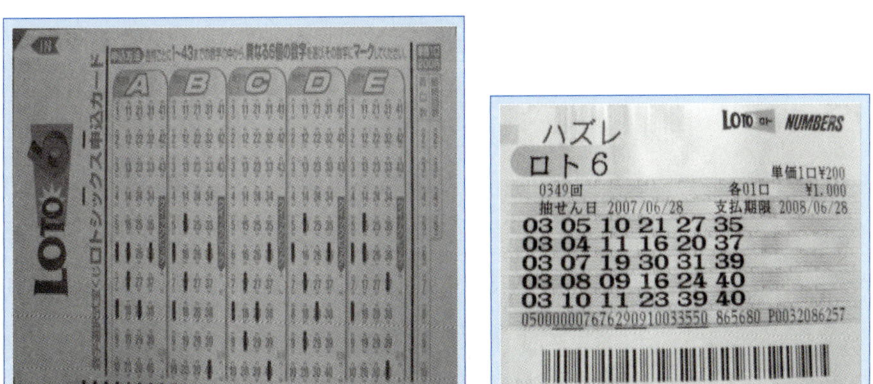

그림 4-7 일본의 LOTO 6의 슬립과 복권

4.3.3 당첨자 결정

우리나라 로또의 경우 당첨자 결정은 복권의 수탁사업자로 지정된 국민은행이 주관하여 공개된 장소에서 공정한 절차를 거쳐 진행된다. 추첨 번호는 6개의 번호와 1개의 보너스 번호를 추첨한다.

그러나 모든 나라가 서로 다르며, 같은 나라 내에서도 어떻게 등위를 정하느냐에 따라서 다양한 방법이 있다. 로또의 당첨자 결정이나 당첨확률 등은 다양할 수 있으나 그 근본은 대동소이하다. 따라서 본 절에서는 우리나라에서 시행하고 있는 로또(Lotto)를 대상으로 설명하고자 한다.

당첨번호 결정은 매주 토요일 TV프로그램을 통해 당첨번호 추첨을 하고 일간지나 온라인(on-line) 상에 당첨번호를 발표하고 있어 복권에 적혀있는 번호와 추첨번호가 일치하는지의 여부를 확인하여 당첨 여부를 확인하면 게임은 끝이 난다.

당첨번호 추첨은 공개적으로 실시하고 있으며 6개의 번호와 보너스 숫자 1개를 추출한다. 추첨번호는 1부터 45까지 적힌 공(ball)을 바구니에 넣고 잘 섞은 다음 돌려서 굴러 나오는 공에 적혀 있는 번호가 당첨번호가 된다. 플레이어가 선택한 복권의 숫자와 주최 측에서 추출한 숫자가 몇 개나 일치하느냐에 따라서 당첨자와 등위를 결정하여 당첨금을 지불하는 것으로 게임이 끝나게 된다. 6개의 당첨번호와 1개의 보너스 번호는 1부터 45번까지 적힌 공(구슬)을 바구니에 넣고 잘 섞은 다음 한 개씩 비-복원(without replacement)으로 뽑아 뽑힌 공에 적혀 있는 번호를 당첨번호로 결정한다.

4.3.4 당첨확률

많은 나라에서 시행하고 있는 로또는 그 게임의 기본방법은 거의 비슷하다. 다만 몇 개의 숫자 중에서 몇 개의 숫자를 선택하게 하느냐가 다를 뿐이다. 미국의 경우에는 주마다 조금씩 달라 인디아나주(州)의 경우 로또는 48개 숫자 중에서 6개를 선택하는 로또이고, 텍사스 주 같은 곳에서는 50개의 숫자 중에서 6개를 선택하는 로또게임을 하고 있다. 호주 NSW(New South Wales)주에서 행하는 로또는 44개의 숫자 중에서 6개를 선택하게 하고 있다. 우리나라의 로또도 1부터 45까지 45개 숫자 중에서 6개를 선택하게 되었다. 기타 여러 나라의 경우 로또의 형태는 다음 표(4-2)에서 볼 수 있는 바와 같이 선택하는 숫자는 6개로 같으나 추출 가능한 숫자는 적게는 40개에서부터 많게는 50개까지 다양하다.

표 4-2 각 국의 로또의 형태

국 가	로또의 이름	게임의 형태
호주	OZLotto	45개 번호 중 6개 번호 선택
캐나다	Lotto	49개 번호 중 6개 번호 선택
중국	쌍색구(雙色球)	33개 번호 중 6개 + 16개 중 1개
프랑스	France Nuit	49개 번호 중 6개 번호 선택
홍콩	Mark Six	49개 번호 중 6개 번호 선택
한국	로또(Lotto)	45개 번호 중 6개 번호 선택
말레시아	Lotto	42개 번호 중 6개 번호 선택
뉴질랜드	Lotto	40개 번호 중 6개 번호 선택
영국	National Lottery	49개 번호 중 6개 번호 선택
일본	OHiLOTO	43개 번호 중 6개 번호 선택
미국	POWER BALL	55개 번호 중 5개 + 42개 중 1개

이상에서 살펴본 바와 같이 나라마다 로또의 형태가 달라 당첨확률 또한 다를 수밖에 없다. 따라서 본 절에서는 우리나라의 로또를 대상으로 당첨 확률을 설명하고자 한다.

① 1등 당첨확률

1등은 45개 숫자 중에서 6개의 숫자를 선택하여 6개의 숫자가 모두 일치하는 경우이므로 다음과 같이 계산할 수 있다.

$$P(1등) = \frac{\binom{6}{6}\binom{39}{0}}{\binom{45}{6}} = \frac{1}{8,145,060}$$

② 2등 당첨확률

2등은 45개 숫자 중에서 6개의 숫자를 선택하여 5개와 보너스 번호가 일치하는 경우이므로 다음과 같이 계산할 수 있다.

$$P(2등) = \frac{\binom{6}{5}\binom{1}{1}\binom{38}{0}}{\binom{45}{6}} = \frac{6}{8,145,060} = \frac{1}{1,357,510}$$

③ 3등 당첨확률

3등은 45개 숫자 중에서 6개의 숫자를 선택하여 5개의 숫자가 일치하고 나머지 번호 하나는 보너스 번호를 제외한 38개의 숫자 중에서 1개의 숫자를 뽑는 것과 같으므로 당첨확률은 다음과 같이 구할 수 있다.

$$P(3\text{등}) = \frac{\binom{6}{5}\binom{38}{1}}{\binom{45}{6}} = \frac{228}{8,145,060} = \frac{1}{35,724}$$

④ 4등 당첨확률

4등은 45개 숫자 중에서 6개의 숫자를 선택하여 4개의 숫자가 일치하고 나머지 2숫자는 나머지 39개 숫자 중에서 2개의 숫자를 뽑는 경우와 같으므로 당첨확률은 다음과 같다.

$$P(4\text{등}) = \frac{\binom{6}{4}\binom{39}{2}}{\binom{45}{6}} = \frac{11,115}{8,145,060} = \frac{1}{733}$$

⑤ 5등 당첨확률

5등은 45개 숫자 중에서 6개의 숫자를 선택하여 3개의 숫자가 일치하고 나머지 3숫자는 39개 숫자 중에서 뽑는 경우와 같으므로 당첨확률은 다음과 같다.

$$P(5\text{등}) = \frac{\binom{6}{3}\binom{39}{3}}{\binom{45}{6}} = \frac{182,780}{8,145,060} = \frac{1}{45}$$

우리나라의 로또에서 당첨 등수는 1등부터 5등까지 있다. 1등은 선택한 6개의 번호가 모두 일치하는 경우이고, 2등은 5개의 숫자와 보너스 번호(1개임)가 일치하는 경우이다. 3등은 6개의 숫자 중에서 5개가 일치하는 경우이고, 4등은 4개가, 5등은 3개의 숫자가 일치하는 경우이다. 그리고 이들 등위에 대한 당첨금은 다음 표(4-3)에서 볼 수 있는 바와 같이 1등은 상금이 일정하게 정해진 것이 아니라 전체 당첨금의 몇 %로 정해져 있다. 이는 게임에 참가하는 플레이어들이 임의로 번호를 선택할 수 있기에 1등에 당첨되는 사람이 2명 이상일 수도 있거니와 로또를 구입하는 사람이 일정하지 않기 때문에 일정한 당첨금을 제시하는 것이 현실적으로 어려움이 있기 때문이다.

표 4-3 등위 결정방법 및 당첨금

등위	당첨방법	당첨확률	당 첨 금
1등	6개 숫자 일치	1: 8,145,060	총 당첨금 중 5등급을 제외한 금액의 60%
2등	5개 숫자 보너스 숫자 일치	1: 1,357,510	총 당첨금 중 5등급을 제외한 금액의 10%
3등	5개 숫자 일치	1: 35,724	총 당첨금 중 5등급을 제외한 금액의 10%
4등	4개 숫자 일치	1: 733	총 당첨금 중 5등급을 제외한 금액의 20%
5등	3개 숫자 일치	1: 45	5,000원

실습예제 4-2

1979년 10월부터 호주의 NSW(New South Wales)주에서 발매하고 있는 NSW 로또(NSW Lotto)는 44개의 숫자에서 6개의 숫자를 선택하여 등위를 결정하는 방식이다. 그리고 당첨방법은 다음 표(4-4)와 같다. 이 표를 이용해서 NSW 로또의 각 등위별 당첨확률을 구해보시오.

표 4-4 NSW 로또(Lotto) 등위 및 당첨방법

등 위	당 첨 방 법
1등	6개 숫자 일치
2등	5개 숫자와 2개의 보너스 번호 중 1개가 일치
3등	5개 숫자 일치
4등	4개 숫자 일치
5등	3개 숫자 일치와 2개의 보너스 번호 중에서 1개가 일치

4.4 스크래치(Scratch)형 복권

4.4.1 게임 방법

스크래치(scratch)형 복권은 일명 즉석복권이라고도 부른다. 이 복권은 말 그대로 당첨 등위를 복권에 인쇄하여 놓고 그 번호를 보이지 않게 해놓은 복권형태로, 플레이어가 복권을 구입한 다음 등위가 숨겨진 부분을 스크래치(긁어)하여 기준이 되는 그림이나 숫자가 주어진 다른 숫자나 그림과 일치하는 여부에 따라서 당첨을 즉석에서 확인할 수 있게 되어 있는 복권 형태를 말한다.

세계 각 국에는 여러 가지 형태가 있으나 다음 그림 (4-8)은 우리나라에서 현재 발매되고 있는 즉석식 복권의 일종인 스피또(Speetto)의 문양이다. 이 복권을 대상으로 게임방법, 당첨확률, 기대금액, 하우스 마진, 구간추정 및 앞서갈 확률 등을 설명하고자 한다.

그림 4-8 | 즉석복권의 문양

4.4.2 당첨자 결정

앞의 그림 (4-8)과 같은 즉석식복권의 일종인 스피또(Speetto)의 당첨자 결정은 즉석에서 결정된다. 먼저 구입한 복권에서 숫자나 그림이 숨겨진 부분을 스크래치(긁어)하면 기준이 되는 숫자나 그림이 있고 이 기준과 매치되게 만들어 놓은 숫자나 그림이 있다. 따라서 스크래치한 결과 기준이 되는 숫자나 그림과 매치되게 만들어진 숫자와 그림과의 매치 여부로 당첨자가 결정된다.

예로 그림 (4-9)의 스피또의 경우 기준이 되는 숫자는 행운숫자라는 이름으로 9가 있고, 매치가 되게 만들어진 숫자는 나의 숫자로 7, 2, 5, 9의 4가지 숫자가 있다. 따라서 위 예의 경우 기준이 되는 행운숫자 9와 매치되게 되어 있는 나의 숫자 7, 2, 5, 9 중의 숫자 중 9가 일치하므로 이 복권은 당첨이 되었다. 당첨금액은 복권에 표시되어 있는 바와 같이 오백(500)원이다.

그림 4-9 | 즉석복권 스피또(SPEETTO)의 확인된

4.4.3 당첨확률

즉석복권의 당첨확률은 발행 복권의 수와 당첨자 수의 비로 나타낼 수 있다. 앞의 스피또 복권의 경우 복권 1장당 금액은 500원이다. 그리고 발행 복권의 수는 2,000만장이며 이 중 1등이 2명, 2등이 100명, 3등이 100,000명, 4등이 700만 명이다. 따라서 등위별 당첨자 수와 당첨금 및 당첨확률은 다음 표(4-5)와 같다.

표 4-5 | 스피또의 등위와 당첨자, 당첨금 및 당첨확률

등 위	당첨금액	당첨자 수	당첨확률
1	500,000,000	2	1/10,000,000
2	1,000,000	100	1/200,000
3	10,000	100,000	1/200
4	500	7,000,000	1/2.85

예제 4-1

위의 표(4-5)를 이용하여 스피또 복권 1매의 기댓값과 하우스 마진을 구해보자.

풀이 4-1

❶ 기댓값

표(4-5)로부터 복권 1장당 가격은 500원이고, 등위는 1등부터 4등까지 있으며, 각 등위에 당첨될 확률은 표(4-5)의 맨 왼쪽 열의 내용과 같다. 이들의 값을 이용하여 복권의 기댓값을 구하면 다음과 같다.

$$\text{스피또의 기댓값} = 5\text{억}\times\frac{1}{10,000,000}+100\text{만}\times\frac{1}{200,000}+1\text{만}\times\frac{1}{200}+5\text{백}\times\frac{1}{2.85}$$
$$= 50+5+50+175.44 = 280.44\text{원}$$

❷ 하우스 마진

❶의 값으로부터 플레이어들이 돌려받을 금액은 500원당 280.44원이므로 하우스 마진은 다음과 같다.

$$\text{하우스 마진} = \text{비용} - \text{돌려받은 금액}$$
$$= 500\text{원} - 280.44\text{원} = 219.56\text{원}$$

또한 $\%\text{하우스 마진} = \frac{219.56}{500} = 43.915\%$

실습예제 4-3

스피또 100장을 구입할 경우 기대금액의 95% 구간추정치를 구하시오.

제4장 연습문제

1. 다음 용어를 설명하시오.

   ① 로또(Lotto)
   ② 로터리(Lottery)
   ③ 찬스게임(chance game)
   ④ 랜덤게임(random game)
   ⑤ 스크래치(scratch)형 복권

2. 아래 표는 중국에서 발매되고 있는 쌍색구(雙色球)라는 로또복권의 등위와 당첨방법 및 당첨금을 나타내고 있다. 이 로또는 1매당 2위안으로 빨간색(적구)으로 쓰여 있는 33개의 번호 중에서 6개와 파란색(남구)으로 쓰여 있는 16개 숫자 중에서 1개 숫자를 선정하여 금액을 지불하고 번호를 등록하여 복권을 받아 주최 측에서 선정한 번호와 일치 여부를 가지고 등위를 결정하는 로또복권이다. 이 표를 이용하여 다음 물음에 답하시오.

등위	당첨방법	당첨금
1등	33개 숫자에서 6개 숫자 + 16개 숫자에서 1개 숫자	500만 위안
2등	33개 숫자에서 6개 숫자	10만 위안
3등	33개 숫자에서 5개 숫자 + 16개 숫자에서 1개 숫자	3000위안
4등	33개 숫자에서 5개 숫자 혹은 33개중 4개 + 16개 숫자에서 1개 숫자	200위안
5등	33개 숫자에서 4개 숫자 혹은 33개중 3개 + 16개 숫자에서 1개 숫자	10위안
6등	16개 숫자에서 1개 숫자	5위안

   ① 각 등위에 당첨될 확률을 구하시오.
   ② 이 복권을 1매 구입할 경우 기대금액을 구하시오.
   ③ 하우스 마진을 구하시오.

3. 뉴스에 따르면 미국에서 6,000억 원이 넘는 복권에 당첨되었다고 한다. 그야말로 인생역전이 아닐 수 없다. 그런데 그 복권은 파워 볼(Power-ball)이라는 것으로 로또와 유사하나 당첨확률이 일반 로또보다 낮게 되어 있는 게임이다. 그리고 이 복권은 당첨자가 나오지 않으면 나올 때까지 계속 상금이 불어나는 것으로 이번의 경우도 그런 일종의 파워볼 게임이다.

예로, 첫 번째 기계에서 49개의 숫자 중에서 5개의 숫자를 선택하고, 두 번째 기계에서 42개 숫자 중에서 하나의 번호(파워 볼: Power ball)를 뽑아 처음 5자의 숫자와 하나의 파워 볼의 숫자가 일치하느냐에 따라서 당첨 여부를 결정하는 게임이다. 미국의 파워 볼 게임의 등위구성은 다음 표와 같다. 이 표를 이용하여 다음 물음에 답하시오.

등 위	등위 결정조건
1	5개의 흰 공 및 파워 볼 번호와 일치하는 경우
2	5개의 흰 공의 번호와 일치하는 경우
3	4개의 흰 공 및 파워 볼 번호와 일치하는 경우
4	3개의 흰 공 및 파워 볼 번호와 일치하는 경우
5	4개의 흰 공의 번호와 일치하는 경우
6	2개의 흰 공 및 파워 볼 번호와 일치하는 경우
7	3개의 흰 공의 번호와 일치하는 경우

① 한 번 게임에 참가할 경우 1등에 당첨될 확률을 구하시오.
② 매주 한 게임에만 참가한다고 할 때 3주 내에 등위에 들 확률을 구하시오.

4. NSW 로또(NSW Lotto)에서 매 게임당 2달러의 비용을 지불하고 500백 주(week) 동안 매주 300개의 로또를 구입한다고 할 때 다음 물음에 답하시오.

① 500주 후에 플레이어가 지불해야할 금액(outlaid)을 구하시오.
② 1주일의 게임에서 플레이어에게 돌아올 기대금액을 구하시오.
③ 1주일에 1등에 당첨될 확률을 구하시오.
④ 500주 동안 적어도 1번 이상 1등에 당첨될 확률을 구하시오.

제 5 장

카드 게임(card game)

5.1 개요

카드게임은 다음 그림 (5-1)과 같은 카드를 사용하여 할 수 있는 모든 게임을 총칭한다. 대표적인 게임으로는 포커(poker), 블랙잭(blackjack) 및 바카라(baccarat) 등이 있다. 이 외에도 수 백 가지의 카드게임이 있는 것으로 알려져 있다. 본 장에서는 카드게임 중에서 많은 사람들이 즐겨하는 포커, 블랙잭 및 바카라게임에 대해서 설명하고자 한다.

그림 5-1 카드 덱(트럼프)의 모형

5.2 카드의 유래

먼저 카드(card)의 정식명칭은 플레잉 카드(playing card)라고 하며, 익명으로는 트럼프(trump)라고도 한다. 카드는 보통 52장의 카드와 1~2장의 조커(joker)가 한 벌로 되어 있다. 52장의 카드는 스페이드(spade : ♠), 하트(hart : ♥), 다이아몬드(diamond : ♦) 및 크로버(clover : ♣) 등 4가지 종류의 그림이 그려져 있으며, 이러한 각 그림의 패를 전문용어로 슈츠(suits)라고 한다. 각 그림에는 A(에이스; ace), K(킹; king), Q(퀸; queen), J(잭; jack), 10, 9, 8, 7, 6, 5, 4, 3, 2 등 모두 13장이 있다. 따라서 모든 카드(슈츠; suits)를 합하면 52장이 된다. 킹(K), 퀸(Q), 잭(J)은 그림카드라 부르기도 하고, 경우에 따라서는 에이스(A)와 10도 그림카드로 취급하기도 한다. 특히 에이스(Ace)는 1로도 쓰고, 11로도 사용 한다. 때에 따라서는 조커(jocker)라는 카드를 이용하여 게임을 다양화하거나 재미있게 하기도 한다.

카드의 4가지 그림은 각각 서로 다른 의미를 가지고 있다. 이탈리아어로 스페이드는 검(劍, 칼), 하트는 성배(聖杯), 다이아몬드는 화폐(貨幣), 클로버는 곤봉(棍棒)의 형태로부터 모양을 따른 것이다. 그러나 오늘날 각 무늬가 나타내는 속말은 다이아몬드는 재화와 돈을, 하트는 애정과 사랑을, 클로버는 교제를, 그리고 스페이드는 파괴를 나타내는 것으로 알려져 있다.

카드의 기원에 관해서는 여러 가지 설이 있다. 지금까지 알려진 것은 동양에서 발생하여 유럽으로 전해졌다는 점에서는 의견이 거의 일치하고 있다. 동양의 기원설 중에는 3가지가 전해지고 있다. 그 하나는 BC 2세기부터 AD 2세기 사이에 중국(China)에서 점을 칠 때 쓰던 화살이 놀이나 점을 치는 막대기로 변했고, 종이가 발명되면서 카드의 초기형태가 만들어진 것으로 추정하는 중국기원설이다. 이런 형태가 실크로드를 통하여 유럽으로 전해졌다는 설인데 이 설이 가장 유력한 설로 받아들여지고 있다.

또 하나의 설은 카드가 장기와 유사점이 많다는데서 기인되는 설로 장기가 인도에서 발명되었다는 설에 근거하여 카드 역시 인도에서 발생하였다고 보는 인도기원설이다. 이 외에도 18세기 쿠르드 제블랑(Crud Jeblanc)이 제창한 것으로 서양에서 사용되었던 독일말로 타록(tarok), 프랑스어로는 타로(tarot), 이탈리아 말로는 타로키(tarocchi)라고 불리는 22장의 트럼프가 이집트의 고대 서적의 변형이라고 주장하는 이집트기원설이 있다.

어디서 어떻게 만들어졌든 카드가 유럽에 전해진 것은 대략 11~13세기 사이로 추정되는데, 13세기에는 유럽에 분명히 존재했던 것으로 확인되고 있으며, 14세기에 들어 여러

나라에 퍼져있었던 것으로 확인되고 있다. 유럽에 전해진 경로에 대해서는 집시들이 가지고 왔다는 설, 사라센인이 문예 및 오락과 함께 전했다고 하는 설, 11세기 십자군 원정 때 군인들이 가지고 왔다는 설 등이 있다.

그러나 타록은 22장의 카드를 사용하다가 후에 58장으로 늘어나 쓰이기도 하였다. 14세기 말부터 15세기 초에 걸쳐 프랑스에서 22장의 타록이 사라지고 56장의 1벌이 되는 카드로 남게 되었고, 결국 오늘날의 카드와 같은 각 그림별 13장으로 구성된 총 52장의 카드가 탄생하게 되었다.

5.3 포커(poker)

포커(poker)의 기원도 여러 가지 설이 있으나 통설로는 19세기 미국의 루이지애나(Louisiana)주의 항구도시인 뉴올리언스(New Orleans)에서 시작되었다고 한다. 포커는 매우 많은 방법이 있다. 가장 기본적인 방법은 카드 패 5장을 가지고 그 패가 이루는 약(約; 족보)을 겨루어 승패를 결정하는 게임이다. 그러나 룰에 따라서는 높은(high) 약(족보)을 가진 사람이 이기기도 하고 때로는 낮은(lower) 약(족보)를 가진 사람이 이길 수도 있다는 데에 포커의 묘미가 있다. 포커에는 크게 두 가지 방법이 있다. 한 가지는 자기가 가지고 있는 카드를 바꿀 수 있는 드로우 포커(draw poker)라는 방법과, 또 하나는 카드를 바꿀 수 없는 스터드 포커(stud poker)가 그것이다.

본 장에서는 가장 많은 사람들이 즐겨하는 세븐오디포커(seven ordinary poker)에 대해서 설명하고자 한다. 세븐오디포커는 조커를 제외한 52장의 카드를 사용하여 하는 게임으로 인원은 2명부터 많게는 8명까지 할 수 있다. 5장을 가지고 족보라고 하는 약의 높은 순서에 따라 혹은 낮은 순서에 따라서 승패를 결정하는 게임이다. 포커의 족보를 높은 것부터 차례로 들면 다음과 같다.

5.3.1 포커의 족보

① 스트레이트플러시(strait flush)

같은 카드무늬로서 수가 연속적으로 되어 있는 5장의 패를 갖는 경우를 스트레이트플러시(strait flush)라고 한다. 예를 들어 손에 들고 있는 5장의 카드가 A, K, Q, J, 10이라면 이러한 패를 로열스트레이트플러시(royal straight flush)라고 부르며 이는 세븐오디포커게임에서 최고의 족보(약)다. 다음 그림 (5-2)는 스페이드 로열스트레이트이고, 그림 (5-3)은 하트스트레이트플러시이다.

그림 5-2 스페이드 로열플러시

그림 5-3 하트스트레이트 플러시

② 포 카드(fore card)

4가지 그림의 동일한 끗수 4장을 가지는 경우를 포 카드(four card)라고 한다. 예로, 손에 들고 있는 5장의 카드 중에 에이스(Ace) 4장을 모두 갖는 경우 에이스 포 카드(Ace four card)라고 하고 13가지 포 카드 중에서는 제일 높은 족보다. 포 카드는 모두 13가지가 있다. 다음으로 K 포 카드, Q 포 카드 등으로 등수가 정해진다. 따라서 같은 포 카드라면 2 포 카드가 제일 낮은 족보가 된다. 다음 그림 (5-4)는 J(잭)포 카드다.

그림 5-4 J(잭) 포 카드

③ 풀 하우스(full house)

풀 핸드(full hand)라고도 하며 이는 같은 끗수의 카드 세 장(tree full)과 이것과 다른 끗수가 같은 카드 두 장(one pair)의 패를 가지는 경우를 풀 하우스(full house)라고 한다. 예로, 손에 들고 있는 5장의 카드가 에이스(Ace) 3장과 원 페어 2장을 가지는 경우 에이스 풀 하우스(Seven full house)라고 한다. 다음 그림 (5-5)는 세븐(7) 풀 하우스다.

그림 5-5 세븐 풀 하우스

④ 플러시(flush)

5장의 카드가 모두 같은 무늬를 갖는 경우를 플러시(flush)라고 한다. 예로, 손에 들고 있는 5장의 카드가 모두 하트카드인 경우 하트플러시(hart flush)라고 한다. 같은 플러시라면 높은 카드가 있는 순서로 등수가 결정된다. 예로 같은 플러시 일 경우에 가장 높은 카드가 A(에이스)가 들어있는 플러시와 Q가 들어있는 플러시라면, A가 들어있는 플러시가 이기는 패가 된다. 다음 그림 (5-6)은 다이아몬드 플러시이다.

그림 5-6 다이아몬드 플러시

⑤ 스트레이트(strait)

무늬는 다르지만 숫자가 연속적인 5가지 패를 가진 경우를 스트레이트(strait)라고 한다. 예로, 손에 들고 있는 5장의 카드가 다이아몬드 3과 4, 스페이드 5, 클로버 6, 하트 7을 가지고 있는 경우 스트레이트라 한다. 다음 그림 (5-7)은 10탑 스트레이트다.

그림 5-7 | 10탑 스트레이트

⑥ 쓰리카드(three card)

쓰리 오브 어 카인드(three of a kind)라고도 하며 이는 무늬가 다르지만 끗수가 같은 3장을 가지고 있는 경우를 쓰리카드(three card)라 한다. 예로 A를 3장 가지고 있는 경우 에이스 쓰리카드(ace three card)라고 한다. 쓰리카드를 때로는 간단히 트리플(triple)이라고 부르기도 한다. 다음 그림 (5-8)은 4 쓰리카드 혹은 4 트리플이다.

그림 5-8 | 4 트리플(4가 3장)

⑦ 투 페어(two pair)

무늬는 다르지만 끗수가 같은 2장의 패를 2개 가지고 있는 경우를 투 페어(two pair)라고 한다. 예로, 손에 들고 있는 5장의 카드 중에서 A가 두 장, 3을 두 장 가지고 있는 경우 에이스 투 페어라고 한다. 같은 에이스 투 페어인 경우에는 나머지 두 장의 족보에 따라서 승패를 결정한다. 다음 그림 (5-9)는 8 투 페어 카드다.

그림 5-9 | 8 투 페어

⑧ 원 페어(one pair)

무늬는 다르지만 끗수가 같은 2장을 들고 있는 경우 원 페어(one pair)라고 한다. 예로, 손에 들고 있는 5장의 카드 가운데 Q가 두 장 들고 있으면 Q원 페어라고 한다. 다음 그림 (5-10)은 9(나인)원 페어다.

그림 5-10 | 9원 페어

⑨ 노 페어(no pair)

손에 들고 있는 5장의 카드가 앞에서 설명한 8가지 중에 맞는 것이 하나도 없는 경우를 노 페어(no pair)라고 한다. 이런 경우는 5장의 카드 중에서 높은 카드 즉 A, K, Q, J 및 10, 9, 8, 7, 6, 5, 4, 3, 2 등의 순서가 곧 족보가 된다. 다음 그림 (5-11)은 노 페어이다.

그림 5-11 | 노 페어

5.3.2 게임 방법

게임은 다음과 같은 순서로 한다.

첫째, 딜러(dealer)를 결정한다.

딜러는 일반적으로 게임에 참가하는 사람들이 돌아가면서 한다.

둘째, 판돈(ante)을 건다.

판돈의 금액과 거는 방법은 게임에 따라서 참가자들이 결정하면 된다. 예로, 판돈은 참가자가 모두 일정한 금액을 거는 경우도 있으나 딜러를 돌아가면서 하는 경우에는 해당 딜러가 거는 경우도 있다.

셋째, 카드를 나눈다(도른다고도 함)

딜러는 자기 왼쪽에 앉아 있는 사람부터(시계 방향) 처음 3장을 한 장 씩 엎어서(hidden) 주고 난 다음, 3장 중 에서 1장을 뒤집어(open) 내려놓게 한다. 4장 째부터 6장 째까지는 처음 뒤집어 내려놓은 카드에 이어 계속 뒤집어(open)서 나눠 준다. 마지막 7번 째 카드는 엎어서(hidden)준다. 나눠주고 남은 카드는 딜러 앞에 엎어 놓는다.

넷째 승패를 가린다.

받은 7장 중 에서 5장의 카드를 가지고 위에서 본 족보를 따져 높은 족보를 가진 사람이 승자가 된다. 한 게임이 끝나면 딜러(dealer)가 바뀌고 같은 방법을 계속하는 게임이다.

다섯째, 베팅을 한다.

내기 포커를 하는 경우에는 베팅을 해야 한다. 베팅에도 지켜야 할 규칙이 있다. 베팅규칙은 만들기에 따라서 다양하지만 보통은 오픈된 카드의 족보가 가장 높은 사람을 중심으로 시계방향으로 돌아가며 베팅한다. 베팅을 하고 싶지 않은 경우에는 패스(pass)를 할 수 있다. 그러나 다음 플레이어가 베팅을 하면 베팅하고 싶지 않는 사람은 드롭(drop: 게임을 포기하는 것으로 die라고도 함)하거나 게임을 계속하려면 콜(call)하고 베팅을 해야 한다. 콜이라고 하는 것은 앞에서 베팅한 액수만큼 나도 베팅하겠다는 뜻이다. 만일 상대방이 베팅한 돈보다 더 많은 액수를 베팅하고자 할 경우에는 콜하고 나서, 다시 레이즈(raise)하고 베팅액수를 더 올릴 수 있다. 이런 식으로 카드를 하나씩 오픈(open) 해 가면서 베팅을 계속하거나 아니면 콜을 하여 모든 카드가 다 뒤집어(open)질 때 까지 계속한다.

5.3.3 확률계산

각 족보가 나타날 확률을 계산해 보면 다음과 같다.

① 스트레이트 플러시

각 무늬에 13장의 카드가 있으므로 13장에서 스트레이트를 만들 수 있는 경우는 {A, K, Q, J, 10}, {K, Q, J, 10, 9}부터 .... {7, 6, 5, 4, 3} {6, 5, 4, 3, 2}까지 모두 열 가지가

있다. 그리고 카드는 4가지 무늬가 있으므로 가능한 스트레이트플러시는 40가지가 된다. 또한 스트레이트플러시가 나타날 확률은 52장의

카드 중에서 5장을 뽑는 가짓수 중에서 40가지가 된다. 따라서 52장 중에서 5장을 뽑는 가짓수가 $\binom{52}{5} = 2,598,960$ 가지이므로 스트레이트 플러시가 나타날 확률은 다음과 같다.

$$P(\text{스트레이트플러시}) = \frac{40}{2,598,960} = \frac{1}{64,974} = 0.0000154$$

이 확률의 의미는 약 64,974번쯤 게임을 해야 한번 나올 수 있는 족보라는 의미이다. 같은 방법으로 각 족보에 대한 확률을 구하면 다음 표(5-1)과 같다.

표 5-1 | 각 족보가 나타날 확률

족 보	가능한 가짓수	확률(%)
스트레이트플러시	40	0.0015
포 카드	624	0.024
풀 하우스	3,744	0.144
플러시	5,108	0.197
스트레이트	10,200	0.392
트리플	54,912	2.113
투 페어	123,552	4.753
원 페어	1,098,240	42.257
노 페어	1,302,540	50.118
	2,598,960	99.99

예제 5-1

투 페어(two pair)가 나타날 확률을 구해보자.

풀이 5-1

투 페어란 손에 들고 있는 5장의 카드 중에서 두 장이 끗수가 같고 나머지 한 장은 다른 경우이다. 따라서 투 페어가 되기 위해서는 먼저 끗수가 같은 13가지 중에서 2가지를 선택하고, 다음으로는 끗수가 동일한 4장으로 되어 있는 두 개의 동일 끗수로부터 각각 2개를 선택해야 한다. 그리고 나머지 하나는 동일한 두 끗수의 8장을 제외한 44장 중에서 한 장을 뽑는 경우수가 된다. 이를 이용하여 확률을 구하면 다음과 같다.

· 투 페어가 나타날 가능한 경우 수 $= \binom{13}{2} \times \binom{4}{2} \times \binom{4}{2} \times \binom{44}{1} =$ 123,552가지

따라서 투 페어가 나타날 확률 $= \dfrac{\binom{13}{2} \times \binom{4}{2} \times \binom{4}{2} \times \binom{44}{1}}{\binom{52}{5}} = \dfrac{1}{21}$

실습예제 5-1

나머지 족보의 경우에 대해서도 나타날 확률을 구해보자.

5.4 블랙잭(blackjack)

카드를 가지고 하는 게임 중 카지노에서 가장 인기 있는 게임 중에 하나가 블랙잭(blackjack)이다. 블랙잭은 도박성이 가장 강한 게임으로 딜러와 플레이어들이 돈을 걸고 배분된 카드의 숫자의 합을 21에 가깝게 만든 사람이 승리하는 게임이다.

사용하는 카드는 조커를 제외한 52매이고 2명부터 8명까지 동시에 게임을 즐길 수 있다. 에이스(ace)는 1이나 11 중에서 유리한 쪽으로 사용할 수 있으며, K, Q, J, 10 등은 10으로 사용하며, 9 이하의 수는 카드 숫자대로 점수를 계산한다. 때로는 카드를 5내지 6개의 덱(deck)을 동시에 사용하는 경우도 있다. 다음 그림 (5-12)는 블랙잭 게임 판의 모형이다.

그림 5-12 블랙잭 게임 판 모형

5.4.1 게임 방법

블랙잭 게임은 다음 절차에 따라서 할 수 있다.

첫째, 딜러를 정한다.

먼저 딜러를 정하고 게임에 참가하는 플레이어는 정해진 한도 내에서 걸고 싶은 만큼의 돈을 건다. 카지노에서 블랙잭을 하는 경우 딜러는 카지노 소속의 딜러가 담당한다.

둘째, 카드를 나눈다.

딜러는 시계방향으로 플레이어에게 한 장씩 한 장씩 두 장의 카드를 나눈다. 플레이어에게 나눠준 카드는 모두 뒤집어(open)서 준다. 물론 딜러 자신도 카드를 갖는다. 다만 딜러가 받는 첫 번째 카드는 엎어(hidden) 놓고, 두 번째 카드는 모든 플레이어들이 볼 수 있도록 뒤집어(open) 놓는다.

셋째, 필요한 경우 카드를 추가로 받을 수 있다.

딜러 이외의 플레이어들은 점수의 합계가 21이 될 때까지 1장씩 계속하여 요구할 수 있다. 예로, 처음 받은 두 장의 카드가 Q와 5라면 15점이 된다. 이 경우 플레이어가 21점을 만들기 위하여 카드를 더 요구할 수 있다. 이 경우 요구하여 받은 카드가 6이라면 21점이 되어 최고 점수를 갖게 된다. 그러나 8자의 카드가 나왔다면 총 합이 23이 되어 21을 넘게 되므로 '0'점 처리가 되어 무조건 지게 된다. 따라서 카드를 더 요구할 경우에는 딜러의 표와 내가 가지고 있는 패의 점수를 고려하여 딜러보다 높은 점수를 유지해야 한다. 딜러의 점수보다 높은 점수를 가진 플레이어는 게임에 승리하고 낮은 점수를 가지면 패하게 되기 때문이다. 동점인 경우에는 타이(tie)가 되어 비기는 게임이 된다. 단, 딜러는 플레이어들 모두 추가를 끝낸 후에 자기가 가지고 있던 두 장의 카드를 뒤집어 놓고, 추가할 것인지 어떨지를 결정한다. 그러나 카지노 등에서 하는 정식게임에서는 딜러가 가지고 있는 2장의 카드 숫자의 합이 16점 이하이면 반드시 1장을 추가해야 하고, 17점 이상이면 추가할 수 없게 되어 있다.

넷째, 승부를 따진다.

각자의 카드를 공개하고 딜러의 점수와 비교하여 높으면 승리하고, 낮으면 지게 된다. 플레이어나 딜러 모두 21점을 초과한 경우에는 0점 처리가 되지만 이 경우 딜러가 승리하는 것으로 되어 있다. 그리고 딜러와 플레이어의 점수가 동점인 경우에는 비기게 된다.

5.4.2 게임 전략

① 히트 또는 스탠드(hit and stand)

히트(hit)란 플레이어가 카드를 더 받고자 하는 경우에 하는 행동이며, 스탠드(stand)란 카드를 더 이상 받고 싶지 않은 경우에 하는 행동이다. 히트는 딜러가 7 이상의 숫자를 오픈하고 있는 경우에는 적어도 17이 될 때까지는 카드를 받는 것(hit)이 유리하다. 그리고 딜러가 4, 5, 6일 때는 카드를 더 받지 말(stand)고, 2, 3일 경우에는 12가 될 때까지 카드를 받는 것이 유리하다. 물론 카드를 더 받고 안 받고 하는 것은 전적으로 플레이어 본인이 결정할 문제이다. 히트(hit)하고자 할 경우에는 손으로 테이블 표면을 자기 앞쪽으로 살짝 쓸어주는 신호를 하면 된다. 스탠드(stand)하고자 할 경우에는 손을 두 번 정도 좌우로 흔들어 주면 된다.

② 더블다운(double down)

더블다운(double down)이란 처음 베팅한 금액만큼 추가 베팅을 하는 것을 말한다. 더블다운을 하게 되면 추가 베팅을 하고 1장의 카드를 더 받는다. 더블다운은 딜러가 어떤 카드를 가지고 있든지 플레이어가 가지고 있는 두 장의 카드의 합이 11일 때 하면 유리하다. 그러나 플레이어가 가지고 있는 두 카드의 합이 10이나 9일 경우에는 딜러가 뒤집어(open) 놓은 카드가 2, 3, 4, 5, 6일 때 한다.

③ 스플릿(split)

처음 받은 두 장의 카드가 같은 숫자인 경우에 처음에 베팅했던 금액과 같은 금액을 베팅하고, 카드를 분리한 후에, 카드를 추가로 받게 되는 경우의 블랙잭 게임을 스플릿(split)이라 한다. 단, 에이스 카드를 스플릿 할 경우에는 추가로 한 장만을 받을 수 있다. 스플릿하여 받은 카드의 숫자가 또 같을 경우에는 재차 스플릿이 가능하다. 또한 더블다운을 할 수 있는 카드이면 더블다운도 할 수 있다. 에이스나 8이 두 장인 경우에는 스플릿 하는 것이 좋으나, 5나 10 등의 카드가 두 장인 경우에는 절대로 스플릿하지 않는다.

더블다운이나 스플릿은 승리할 수 있는 기회를 높일 수 있는 베팅이지만, 한 번에 많은 비용이 필요하므로 승리하면 이익도 크지만 실패할 경우에 손실도 크다는 사실을 염두에 두고 하는 것이 현명하다.

더 자세한 게임의 전략을 원하는 독자는 참고문헌[8]을 참고하기 바란다.

5.5 바카라(baccarat)

바카라(baccarat) 게임도 블랙잭 게임과 유사한 게임이다. 블랙잭 게임이 21점을 최고의 점수로 하는 게임이라면, 바카라는 9점을 최고의 점수로 놓고 겨루는 게임이다. 게임은 플레이어 측(player side)과 뱅커 측(banker side) 2군데 중에서 한 군데에 베팅하여 최소한 2장의 카드를 가지고 룰(rule)에 따라서 9점에 가깝게 만든 점수를 가지고 승부를 결정짓는다. 카드점수의 합이 10점에 해당하는 카드는 0점으로 처리하고, 10점을 넘은 점수는 10을 뺀 나머지의 점수를 게임점수로 한다.

베팅은 뱅커 측 베팅(banker side betting), 플레이어 측 베팅(player side betting), 타이 베팅(tie betting)이 있다. 타이 베팅은 양쪽이 비기는 것을 예상한 베팅으로 비길 경우 8대 1(8 to 1)로 돈을 딸 수 있지만 나오는 확률이 작아 카지노 측에 유리한 베팅이다.

5.5.1 게임 방법

게임 방법은 '포인트'에 앉아 있는 플레이어가 '뱅커'가 되어 게임이 시작된다. 7개(혹은 14개)의 플레이어 박스 중에서 플레이어가 앉은 자리 앞의 박스에 베팅하면 된다. 뱅커는 뱅커 박스에 앉아서 하며, 이 자리는 딜러 측에 있고 플레이어 박스와 붙어있다. 플레이어들은 뱅커 박스에도 베팅이 가능하다. 게임의 진행은 딜러가 한다. 다음 그림 (5-13)은 바카라 테이블의 구성도이다.

그림 5-13 바카라 게임의 테이블 구성도

카드에 대한 점수는 2부터 9까지는 카드에 적혀 있는 수대로 계산하고, A(에이스)는 1로 K, Q, J, 10은 '0'으로 계산한다. 예로, 받은 두 장의 카드가 '5'와 '9' 라면 합이 14가 되어

14에서 10을 뺀 '4'가 게임에 사용하는 점수가 된다. 플레이어는 점수가 1, 2, 3, 4, 5, 10이면 카드를 받아야 하고, 6과 7이면 스탠드(stand), 8과 9는 내추럴(naturals)이라 하여 이길 확률이 높다. 바카라의 게임은 처음 두 장을 기본으로 하여 9점을 만드는 게임이다. 그러나 처음 두 장의 값이 만족하지 않을 경우 3번째 카드를 받을 수 있다. 3번째 카드는 아무 때나 받을 수 있는 것이 아니라 룰에 따라서 받을 수 있다. 다음 표(5-2)는 플레이어 룰을 나타내는 표이고, 표(5-3)은 뱅커의 룰을 나타내는 표이다.

표 5-2 플레이어의 룰

플레이어의 처음 받은 2장의 수의 합	3번째 카드의 선택여부 경우
0, 1, 2, 3, 4, 5	카드를 받는다.
6, 7	카드를 받을 수 없음(Stand 라 함)
8, 9	우선적으로 승리(Natural 이라 함)

표 5-3 뱅커의 룰

뱅커 측의 2장의 점수	플레이어 측의 추가카드의 값이 다음과 같은 경우 추가카드 받을 수 있음	플레이어 측의 추가카드의 값이 다음인 같은 경우 추가카드 받지 못함
3	0, 1, 2, 3, 4, 5, 6, 7, 9	8
4	2, 3, 4, 5, 6, 7	0, 1, 8, 9
5	4, 5, 6, 7	0, 1, 2, 3, 8, 9
6	6, 7	0, 1, 2, 3, 4, 5, 8, 9
7		카드를 받을 수 없음
8, 9		Natural, 추가카드 없음

뱅커가 이길 확률이 높으므로 뱅커가 이길 경우에는 이긴 베팅 금액의 5%는 카지노의 수수료가 된다. 실제 게임에서는 스코아 카드(square card)를 이용해서 승률과 자금을 관리한다.

바카라의 종류는 미니 바카라와 메인 바카라 두 종류가 있다. 바카라에 참여할 수 있는 인원은 1명부터 12명까지 할 수 있다. 미니 바카라는 6덱으로 하며, 메인 바카라는 8덱으로 게임을 진행한다. 메인 바카라는 고액 베팅(하이롤러)을 하는 사람들을 대상으로 하는 게임으로 금액이 크기 때문에 다른 카지노와 분리되어 조용하고 고급스러운 별도의 룸에서 진행되는 경우가 많다. 고객들이 정장을 입고 게임을 즐기는 것은 물론 딜러들(그루피에라고도 함)도 턱시도를 입고 게임을 운영한다.

구체적인 게임 룰이나 전략에 대해서는 참고문헌[18]을 참조하기 바란다.

5.5.2 바카라 테이블 레이아웃

앞의 그림 (5-13)에서 볼 수 있는 바와 같이 바카라 게임을 하기 위한 테이블은 표주박을 두 개 맞대어 놓은 것 같은 모양을 하고 있다. 크기는 보통 12×4피트 정도다. 테이블의 한쪽에는 1부터 7까지 쓰여 있으며, 다른 한 쪽에는 8부터 15까지(13은 제이) 모두 14개의 숫자 {1, 2, 3, 4, 5, 6, 7, 8, 9, 10, 11, 12, 14, 15}가 쓰인 박스가 그려져 있다. 게임에 참가하는 플레이어는 14개 박스에 자리 잡고 앉아서 게임을 하게 된다.

플레이어들이 돌아가면서 뱅커(banker : 물주)의 역할을 하며 게임을 진행하는데, 뱅커가 게임에서 지게 되면 시계방향의 반대로 돌아가면서 다음 플레이어에게 슈 박스(Shoe Box)를 물려준다. 게임 중에 자기에게 뱅커의 차례가 돌아와도 뱅커가 하기 싫으면 슈 박스를 다음 사람에게 넘겨주면 된다.

뱅커가 되면 그 테이블에 정해진 최소한의 베팅 액을 걸어야 한다. 플레이어는 플레이어 측이나 뱅커 측 또는 타이(뱅커와 플레이어가 동점인 상태) 상태 등 3곳에 베팅을 할 수 있다. 뱅커를 맡고 있는 플레이어도 베팅을 어느 곳에나 할 수 있다. 이것은 뱅커의 역할이 큰 의미를 갖는 것이 아니라 단지 플레이어들에게 카드를 나눠주는 역할을 하는 것이기 때문이다. 따라서 바카라는 플레이가 간단하여 다른 카지노 게임처럼 별도의 전략이나 옵션이 필요 없는 게임이다. 그러나 일단 게임이 진행되어 카드를 나눠주기 시작하면 플레이어 측이나 뱅커 측 어디에 베팅하든 상관없이 미리 정해진 규칙에 따라서 게임이 자동적으로 진행되어 게임 자체가 1분에 2판 정도가 끝날 정도로 빠르게 진행된다. 다음 그림 (5-14)는 바카라 게임의 판 모형이다.

그림 5-14 바카라 게임의 판 모형

제5장 연습문제

1. 다음 용어를 설명하시오.

① 카드 덱(card deck)
② 스트레이트 플러시(strait flush)
③ 포 카드(fore card)
④ 풀 하우스(full house)
⑤ 플러시(flush)
⑥ 스트레이트(strait)
⑦ 원 페어(one pair)
⑧ 블랙잭(blackjack)
⑨ 더블다운(double down)
⑩ 스플릿(split)
⑪ 바카라(baccarat)
⑫ 스탠드(stand)
⑬ 내추럴(natural)
⑭ 타이베팅(tie betting)

2. 다음 문제를 풀어 보시오.

① 52장의 카드에서 무늬가 각각 다른 5장의 카드를 뽑는 가짓수를 구하시오.
② 7장의 카드를 받은 중에 세븐 포 카드(seven fore card)가 들어 있을 확률을 구하시오.
③ 보통 화투는 12가지 그림에 각각 4장의 패가 있어 48장으로 구성되어 있다. 고스톱이라는 게임이 있다. 이 게임은 보통 3명이 한 팀이 되어 6장은 바닥에 깔고, 각각 7장을 손에 들고 돌아가면서 한 장을 내고 난 후에 나머지 21장을 뒤집어 맞는 짝이 나오면 먹어가는 게임으로 3점을 먼저 난 사람이 스톱할 권한이 생겨 스톱을 하고 한판을 이기거나 고(GO)를 하여 더 많은 점수를 만들어 스톱을 할 수도 있다. 그러나 고를 했을 경우 고를 한 사람보다 다른 사람이 스톱을 먼저 하면 그 판에서 잃게 되는 모든 금액을 처음 고했던 사람이 다 지불하게 된다. 이 게임에서 처음 받은 7장의 패에 홍단 세 장이 들어 있을 확률을 구하시오. 동일한 그림 4장이 들어 있을 확률을 구하시오.
④ 카드게임에 바둑이 게임이 있다. 번호는 1, 2, 3, 4와 같이 4장이 서로 다른 숫자이어야 하고, 동시에 4장의 무늬도 서로 다르게 만들어 숫자의 높낮이에 따라서 승자를 결정하는 게임이다. 이 경우 4장으로 1, 2, 3, 4의 숫자를 가지며 무늬가 다른 가장 낮은 바둑이를 만들 확률을 구하시오.

제 6 장

주사위 게임(dice game)

6.1 개요

일반적으로 주사위는 가로, 세로, 높이가 모두 1cm인 정육면체의 모양으로 각 면에는 점이 하나부터 6개까지 표시되어 있다. 점이 하나인 경우를 '1', 점이 두 개 있는 경우를 '2' 등과 같이 숫자로 부르기도 한다. 그리고 각 면은 1과 6, 2와 5, 3과 4로 대면되어 있어 대면의 숫자의 합이 모두 7이 되도록 되어 있는 것이 보통이다. 그러나 다음 그림 (6-1)에서 볼 수 있는 바와 같이 여러 가지 모양의 주사위도 있다.

이러한 주사위의 기원은 정확하지는 않지만 이집트에서는 BC 3400년부터 현재와 같은 주사위가 존재했던 것으로 알려져 있다. 그 후 주사위는 그리스나 로마 및 지중해 연안으로 전래되었다. BC 49년 카이자르(Gaius Julius Caesar : BC 100/7/12 ~ BC 43/3/15)가 로마를 진격하기에 앞서 '주사위는 이미 던져졌다.'라고 한 말을 남기고 루비콘 강을 건너 로마로 진격한 일화는 주사위에 얽힌 명언이기도 하다. 그 후 17세기 들어 유럽에서는 복잡한 게임이 보급되었으며, 이어 미국을 비롯한 세계 각국으로 퍼지게 되었다. 인도에서는 인더스 강가에서 주사위가 발견되기도 하였다. 이 주사위는 기존의 주사위와 달리 주사위 대면이 1과 2, 3과 4, 5와 6으로 되어 있다.

중국에서는 일찍이 6각기둥 모양의 나무 조각의 각 면에 문자를 새겨 점을 치는데 사용되기도 하였고, 수나라와 당나라 때에는 현재와 같은 주사위를 사용한 쌍륙(雙六)이라는 놀이가 있기도 했으며, 당나라 현종임금은 양귀비와 둘이서 쌍륙을 즐겼다는 이야기도 전해지고 있다.

초기에 주사위는 상아로 만들어지거나 사슴뿔과 같은 동물의 뼈로 만들어졌으며 특히 상아로 만들어진 주사위가 가장 좋은 것으로 평가받았다. 그러나 오늘날에는 여러 가지 재질로 만들어지고 있다.

우리나라의 경우는 고려시대에 이런 놀이가 있었다고 전해지나 구체적인 자료가 남아 있는 것은 없으며, 조선조에 들어와 1525년 중종 임금 시대에 형조판서를 지낸 조계상(曺繼商)과 승지를 지낸 이세정(李世貞)이 자주 만나 밤을 새며 쌍륙을 즐겼다는 이야기가 전해지고 있다. 쌍륙(雙六)이란 2개의 주사위를 던져 나오는 값대로 말을 써서 궁에 먼저 들어오면 승리하는 게임으로 일명 '악삭(握槊)'이라고 불리기도 한 우리 전통놀이이다. 20세기 들어 각국에 카지노가 들어서면서 주사위를 이용한 게임의 종류가 많이 생겨나게 되었다. 그 중에서도 카지노에서 많이 즐기고 있는 크랩스(craps)게임과 다이사이(Taisai)게임 등이 잘 알려진 주사위를 이용하는 게임이다. 따라서 본 장에서는 크랩스(craps)와 다이사이(Taisai)게임에 대해서 설명하고자 한다.

그림 6-1 여러 가지 주사위

6.2 크랩스(craps)

크랩스(craps)는 12세기경 영국의 십자군(English Crusaders)들이 한 아라비아 성에 갇혀 지내면서 고안된 것이라고 알려져 있다. 이름은 1768년 '지다'의 뜻을 가진 'Crabs'라는 명칭에서 유래되었다고 한다. 그 후에 공식 룰이 정해지면서 19세기 들어 잉글랜드와 프랑스에서 유행하였다. 1840년대 미국 뉴올리언스(New Orleans)지방에 소개되었고, 1843년 크랩스(Craps)로 정식명칭을 얻게 되었다. 그 후 2차 세계대전을 거치면서 세계 모든 나라에

퍼지게 되었다. 특히 환락의 도시로 알려진 몬테카를로(Monte Carlo)와 라스베가스(Las Vegas)에 있는 카지노에 이 게임이 소개되면서 가장 유행하는 게임의 하나로 자리잡게 되었다. 우리나라의 경우 강원랜드 카지노에서도 이 게임을 즐길 수 있다.

크랩스 게임의 기본은 슈터(Shooter)라고 부르는 사람이 두 개의 주사위를 던져 주사위 윗면에 나타나는 숫자의 합에 내기를 걸어 승패를 결정하는 게임이다. 슈터는 게임에 참가하는 플레이어 중에서 돌아가며 담당한다. 베팅은 슈터가 주사위를 던지기 전에 플레이어들이 두 주사위의 눈금의 합의 수가 어떤 값이 나타나게 될 것이라고 기대되는 숫자에 돈을 걸면 게임이 시작된다. 승패를 어떻게 정하느냐에 따라서 다양한 종류의 크랩스 게임을 즐길 수 있다. 게임의 형태나 방식에 따라서 알리 크랩스(alley craps), 아미 크랩스(army craps), 뱅크 크랩스(bank craps), 블랭키트 크랩스(blanket craps), 카지노 크랩스(casino craps), 스테이지 크랩스(stage craps), 프로포지션 벧(proposition bets), 필드 벧(field bets), 컴 벧(come bets), 바이 벧(buy bets) 등이 있다. 일반적으로 크랩스 게임의 테이블 구성은 다음 그림 (6-2)와 같다.

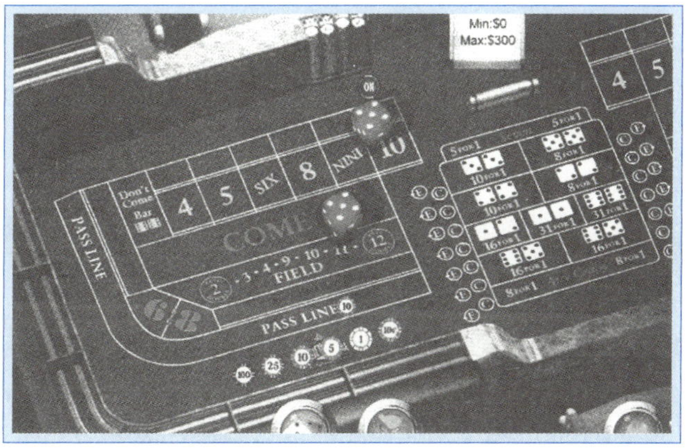

그림 6-2 크랩스의 테이블 구성도

6.2.1 게임 룰

크랩스 게임은 두 개의 주사위를 던져 주사위 윗면에 나타나는 두 개의 숫자의 합을 구해 그 합이 얼마냐에 따라서 게임의 승패가 결정되는 게임이다. 두 개의 주사위를 던져 나타나는 두 숫자의 합은 {2, 3, 4, 5, 6, 7, 8, 9, 10, 11, 12} 등 모두 11가지가 된다. 따라서 승패를 결정하는 게임의 룰은 이 11가지 숫자 중에서 어떤 숫자가 나오느냐에 따라서 승패가 결정되므로 그 룰은 다음과 같이 3가지가 있다.

① 두 개의 주사위를 던져 윗면에 나타나는 숫자의 합이 {7, 11}이면 플레이어가 승리하게 된다. 이러한 경우를 일명 내츄럴스(naturals)라고 부르기도 한다.

② 두 개의 주사위를 던져 윗면에 나타나는 숫자의 합이 {2, 3, 12}이면 플레이어가 패하게 된다. 이러한 경우를 일명 크랩스(craps)라고 부르기도 한다.

③ 두 개의 주사위를 던져 윗면에 나타나는 숫자의 합이 {4, 5, 6, 8, 9, 10}이면 포인트(point)라 하고, 이런 경우에는 승패가 결정되지 않고 다음 게임을 계속할 수 있다. 계속된 게임에서 두 개의 주사위를 던져 나타난 윗면의 숫자의 합이 {4, 5, 6, 8, 9, 10}이면 플레이어가 승리하게 되고, {7}이 나오면 패하게 된다. 그리고 그 외의 수 {2, 3, 11, 12}가 나오면 게임이 끝날 때까지 위와 같은 게임이 계속된다.

실습예제 6-1

두 개의 주사위를 준비하여 크랩스 게임을 해보시오.

6.2.2 승리확률

게임 룰에서 승리할 경우는 처음 게임에서 두 주사위 윗면에 나타난 두 숫자의 합이 {7, 11}이면 플레이어가 승리하게 되고, 포인트인 경우 다시 게임을 계속하여 {4, 5, 6, 8, 9, 10}을 얻게 되면 승리하게 된다. 이와 같은 게임을 계속 반복하여 승패가 결정되므로 이를 고려하여 승리할 확률을 구할 수 있다.

먼저 두 개의 주사위를 던져 윗면에 나타나는 두 숫자의 합은 {2, 3, 4, 5, 6, 7, 8, 9, 10, 11, 12} 등 모두 11가지가 되며 이들의 경우와 확률을 요약하면 다음 표(6-1)과 같다.

표 6-1 | 두 개의 주사위를 던져 주사위 윗면에 나타나는 두 숫자의 합과 확률

가능한 경우의 수	두 주사위에 나타난 숫자의 합	확률
(1,1)	2	1/36
(1,2), (2,1)	3	2/36
(1,3), (2,2), (3,1)	4	3/36
(1,4), (2,3), (3,2), (4,1)	5	4/36
(1,5), (2,4), (3,3), (4,2), (5,1)	6	5/36
(1,6), (2,5), (3,4), (4,3), (5,2), (6,1)	7	6/36
(2,6), (3,5), (4,4), (5,3), (6,3)	8	5/36
(3,6), (4,5), (5,4), (6,3)	9	4/36
(4,6), (5,5), (6,4)	10	3/36
(5,6), (6,5)	11	2/36
(6,6)	12	1/36
36가지 경우		1

따라서 표(6-1)을 이용하여 첫 게임에서 두 주사위를 던져 승패 혹은 계속 여부를 나타내는 경우의 확률을 구하면 다음과 같다.

① P(플레이어가 승리할 확률) = P(7 혹은 11이 나오는 경우)

$$= \frac{6}{36} + \frac{2}{36} = \frac{8}{36}$$

② P(플레이어가 패할 확률) = P(2나 3 혹은 12가 나오는 경우)

$$= \frac{1}{36} + \frac{2}{36} + \frac{1}{36} = \frac{4}{36}$$

③ P(승패가 나지 않을 경우 확률) = P(4, 5, 6, 8, 9, 10 중 하나가 나오는 경우)

$$= \frac{3}{36} + \frac{4}{36} + \frac{5}{36} + \frac{5}{36} + \frac{4}{36} + \frac{3}{36}$$

$$= \frac{24}{36} = \frac{2}{3}$$

위 확률에서 승패가 나지 않을 확률이 2/3이다. 이는 슈터(shooter)가 두 번 이상 주사위를 던질 확률과 같은 의미를 갖는다.

따라서 플레이어가 승리할 확률은 처음 게임에서 {7이나 11이 나올 확률}에 {4, 5, 6, 8,

9, 10}이 나와 게임을 계속하여 승리할 확률을 더해서 구할 수 있다. 즉 포인트(point)의 경우 다시 플레이어가 승리하기 위해서는 두 주사위를 던져 나타나는 두 주사위 윗면의 숫자의 합 {4, 5, 6, 8, 9, 10}이 {7}보다 먼저 나와야 한다. 따라서 이런 사정을 고려하여 플레이어가 게임에서 승리할 확률은 다음 식 (6-1)과 같이 구할 수 있다.

- 플레이어가 승리할 확률 = (첫 번째 던져 7이 나올 확률)
  +(첫 번째 던져 11이 나올 확률)
  +(첫 번째 포인트가 나오고, 두 번째 던진 결과 포인트가 7보다 먼저 나올 확률)

(6-1)

식 (6-1)의 우측 첫 번째 확률과 두 번째 확률은 앞에 있는 표(6-1)로부터 다음과 같이 쉽게 구할 수 있다.

(첫 번째 던져 7이 나오는 확률) = 6/36 = 1/6
(첫 번째 던져 11이 나올 확률) = 2/36 = 1/18
(첫 번째 던져 포인트가 나올 확률) = 24/36 = 2/3

그리고 식 (6-1)의 마지막 항의 확률을 구하기 위해서는 포인트 값 {4, 5, 6, 8, 9, 10}의 값이 7보다 먼저 나올 확률을 알고 있어야 한다. 이 확률은 다음과 같다.

① 4(혹은 10)가 7보다 먼저 나올 확률

- P(4가 7보다 먼저 나올 확률)=(처음에 4가 나올 확률)+(처음에 4나 7이 나오지 않고 두 번째 4가 나올 확률)+(처음과 두 번째에 4나 7이 나오지 않고 3번째 4가 나올 확률)+.......+(계속 4나 7이 나오지 않고 마지막에 4가 나올 확률)

$$= \left\{\frac{3}{36}\right\} + \left\{\frac{27}{36}\times\frac{3}{36}\right\} + \left\{\left(\frac{27}{36}\right)^2\times\frac{3}{36}\right\} + \cdots\cdots + \left\{\left(\frac{27}{36}\right)^n\times\frac{3}{36}\right\}$$

$$= \frac{3}{36}\left[1+\frac{27}{36}+\left(\frac{27}{36}\right)^2+\cdots\cdot+\left(\frac{27}{36}\right)^n\right]$$

$$= \frac{3}{36}\left\{\frac{1}{1-\frac{27}{36}}\right\}$$

$$= \frac{1}{3}$$

② 5(혹은 9)가 7보다 먼저 나올 확률

위와 같은 방법으로 계산하면 다음과 같다.

- P(5가 7보다 먼저 나올 확률)=(처음에 5가 나올 확률)+(처음에 5나 7이 나오지 않고 두 번째 5가 나올 확률)+(처음과 두 번째에 5나 7이 나오지 않고 3번째 5가 나올 확률)+……+(계속 5나 7이 나오지 않고 마지막에 5가 나올 확률)

$$\begin{aligned}
&= \left\{\frac{4}{36}\right\}+\left\{\frac{26}{36}\times\frac{4}{36}\right\}+\left\{\left(\frac{26}{36}\right)^2\times\frac{4}{36}\right\}+\cdots\cdots+\left\{\left(\frac{26}{36}\right)^n\times\frac{4}{36}\right\}\\
&= \frac{4}{36}\left[1+\frac{26}{36}+\left(\frac{26}{36}\right)^2+\cdots\cdots+\left(\frac{26}{36}\right)^n\right]\\
&= \frac{4}{36}\left\{\frac{1}{1-\frac{26}{36}}\right\}\\
&= \frac{2}{5}
\end{aligned}$$

③ 6(혹은 8)이 7보다 먼저 나올 확률

위와 동일한 방법으로 이 확률은 다음과 같이 계산할 수 있다.

- P(6이 7보다 먼저 나올 확률)=(처음에 6이 나올 확률)+(처음에 6이나 7이 나오지 않고 두 번째 6이 나올 확률)+(처음과 두 번째에 6이나 7이 나오지 않고 3번째 6이 나올 확률)+……+(계속 6이나 7이 나오지 않고 마지막에 6이 나올 확률)

$$\begin{aligned}
&= \left\{\frac{5}{36}\right\}+\left\{\frac{25}{36}\times\frac{5}{36}\right\}+\left\{\left(\frac{25}{36}\right)^2\times\frac{5}{36}\right\}+\cdots\cdots+\left\{\left(\frac{25}{36}\right)^n\times\frac{5}{36}\right\}\\
&= \frac{5}{36}\left[1+\frac{25}{36}+\left(\frac{25}{36}\right)^2+\cdots\cdots+\left(\frac{25}{36}\right)^n\right]\\
&= \frac{5}{36}\left\{\frac{1}{1-\frac{25}{36}}\right\}\\
&= \frac{5}{11}
\end{aligned}$$

이상에서 구한 확률을 이용해서 첫 번째 결과 포인트가 나오고, 두 번째 던져 7보다 먼저 다시 포인트가 나올 확률을 다음 식 (6-2)와 같이 구할 수 있다.

· (첫 번째 결과 포인트가 나오고, 두 번째 던져 7보다 먼저 다시 포인트가 나올 확률)

=(처음 던져 4, 5, 6, 8, 9, 10이 나올 확률)
× {(전체 포인트에 대한 각 포인트의 비율)
× P(7이 나오기 전에 각 포인트가 나올 확률)의 합} (6-2)

$$= \frac{2}{3}\left[\frac{1}{8}\times\frac{1}{3}\times 2+\frac{1}{6}\times\frac{2}{5}\times 2+\frac{5}{24}\times\frac{5}{11}\times 2\right]$$

$$= \frac{134}{495}$$

이제 플레이어가 승리할 확률은 위에서 구한 각각의 확률을 식 (6-1)에 대입하여 구하면 다음과 같다.

· 플레이어가 승리할 확률 = (첫 번째 던져 7이 나오는 확률)
+(첫 번째 던져 11이 나올 확률)
+(첫 번째 포인트가 나오고, 두 번째 던진 결과 포인트가 7보다 먼저 나올 확률)

$$= \frac{6}{36}+\frac{2}{36}+\frac{134}{495}$$

$$= \frac{244}{495} = 0.492929\ldots$$

이상에서 구한 것과 같이 베팅하여 이길 경우에 베팅하는 것을 윈라인 벧(win line bet)이라고 한다. 즉 윈라인 벧에 베팅하는 경우 승리할 확률이 0.492929라는 의미와 같다.

6.2.3 하우스 마진

윈 라인 벧(win line bet)의 경우 하우스 마진을 구해보자. 하우스 마진이란 앞에서 설명한 바와 같이 플레이어가 지불한 총 비용(total cost)에서 돌려받을 것으로 기대금액(expected return money) 차액을 의미한다. 따라서 하우스 마진을 구하기 위해서는 플레이어들이 지불한 총비용(c)과 기대금액을 구할 수 있는 자료가 있을 때 가능하다. 이상에서 설명한 크랩스의 경우 하우스 마진을 다음 표(6-2)와 같은 경우를 예로 들어 구해보자.

표 6-2 크랩에서 윈 라인에 베팅했을 경우 기대금액 표

결과	1,000원 베팅 시	확률	기대금액
승리	2,000원	0.4929	985.9원
패배	0	0.5071	0
총계		1	985.9원

위 표를 이용하여 하우스 마진을 구하면 다음과 같다.

$$\text{하우스 마진(HM)} = 1{,}000\text{원} - 985.9\text{원} = 14.1\text{원}$$

$$\%\ \text{HM} = \frac{14.1}{1{,}000} = 1.41\%$$

따라서 이 게임을 계속한다면 하우스 마진은 플레이어들이 지불한 총 비용(베팅금액)의 1.41%를 운영비용으로 가져가는 것이다.

예제 6-1

크랩스에서 다음과 같이 배당률(odds)을 정하여 게임을 하게 하는 경우도 있다. 이처럼 플레이어들이 아래와 같은 룰에서 베팅을 하고 그 숫자가 나오면 승리, 나오지 않으면 패하는 게임을 할 수 있다. 이와 같은 크랩스의 변형된 게임으로 매번 주사위를 던질 때마다 승패가 결정 나게 되는 게임으로 프로포지션 벧(proposition bets)이라 부른다.

① 숫자의 합이 7이면 배당률(odds)이 [4 to 1]
② 숫자의 합이 {2, 3, 12}이면 배당률(odds)이 [7.5 to 1]
③ 숫자의 합이 {2}이면 배당률(odds)이 [33 to 1]
④ 숫자의 합이 {12}이면 배당률(odds)이 [33 to 1]
⑤ 숫자의 합이 {3}이면 배당률(odds)이 [16 to 1]
⑥ 숫자의 합이 {11}이면 배당률(odds)이 [16 to 1]

프로포지션 벧의 6가지 경우에 대해서 각각 하우스 마진(HM)을 구해보자.

풀이 6-1

앞 3장에서 알아본 바와 같이 하우스 마진은 승리할 확률(p), 하우스에서 제공하는 배당률(odds)을 알면 식 (3-6)을 이용하여 하우스 마진을 구할 수 있다. 따라서 식 (3-6)에 p의 값과 k의 값을 대입하여 각각의 하우스 퍼센트 마진(% HM)을 구하면 다음과 같다.

$$\% \text{ HM} = 100(1-kp-p)$$

① 7에 베팅하는 경우 % HM

문제로부터 승리할 확률 $p=6/36$, 주어진 배당률(odds)은 '4 to 1' 따라서 $k=4$이다. 따라서 식을 이용해서 % HM를 구하면 다음과 같다.

$$\begin{aligned}\% \text{ HM} &= 100(1-kp-p)\\ &= 100(1-4\times\frac{6}{36}-\frac{6}{36})\\ &= 16.67\%\end{aligned}$$

② {2, 3 12}에 베팅하는 경우 % HM

문제로부터 승리할 확률 $p=1/9$, 주어진 배당률(odds)은 '7.5 to 1'. 따라서 $k=7.5$이다. 따라서 식을 이용해서 % HM를 구하면 다음과 같다.

$$\begin{aligned}\% \text{ HM} &= 100(1-kp-p)\\ &= 100(1-7.5\times\frac{1}{9}-\frac{1}{9})\\ &= 5.6\%\end{aligned}$$

③ {2} 및 {12}에 베팅하는 경우 % HM

문제로부터 {2}나 {12}가 나와 승리할 확률 $p=1/36$, 주어진 배당률(odds)은 '33 to 1'. 따라서 $k=33$이다. 따라서 식을 이용해서 % HM를 구하면 다음과 같다.

$$\begin{aligned}\% \text{ HM} &= 100(1-kp-p)n\\ &= 100(1-33\times\frac{1}{36}-\frac{1}{36})\\ &= 5.6\%\end{aligned}$$

④ {3} 및 {11}에 베팅하는 경우 % HM

문제로부터 승리할 확률 $p=2/36$, 주어진 배당률(odds)은 '16 to 1'. 따라서 $k=16$이다. 따라서 식을 이용해서 % HM를 구하면 다음과 같다.

$$\begin{aligned}\% \text{ HM} &= 100(1-kp-p)n\\ &= 100(1-16\times\frac{2}{36}-\frac{2}{36})\\ &= 5.6\%\end{aligned}$$

이와 같이 프로포지션 벨에서 {7}에 베팅하는 경우 % HM가 16.7%로 가장 높고 나머지는 모두 5.6%로 같다. 따라서 플레이어에게는 {7}에 베팅하고 게임을 하는 경우가 가장 불리한 게임임을 알 수 있다. 그리고 'True Odds'란 HM이 0인 경우를 의미한다.

6.2.4 게임에서 앞서갈 확률(probability of being ahead)

게임에서 앞서갈 확률은 플레이어가 n번의 게임을 하였을 경우 돈을 잃지 않고 있을 확률을 의미하는 것으로 앞 4장에서 설명한 바 있다. 이 확률은 기대금액이 정규분포를 따른다는 가정 하에 만들어지는 것으로 구하는 식은 다음과 같다.

- n번 게임을 한 후 플레이어가 앞서갈 확률 $= P\left(Z > \frac{HM\sqrt{n}}{\sigma}\right)$

예제 6-2

그랩스 게임에서 아래 표와 같은 조건으로 윈라인 벹(win line bet)에 베팅을 할 경우 100번의 게임을 한 후 플레이어가 게임에서 앞서갈 확률을 구해보자.

크랩에서 윈 라인에 베팅했을 경우 기대금액 표

결과	1,000원 베팅 시	확률	기대금액
승리	2,000원	0.4929	985.9원
패배	0	0.5071	0
총계		1	985.9원

풀이 6-2

이 문제를 해결하기 위해서는 먼저 % HM 및 n 그리고 σ 값을 알아야 한다. 문제를 해결하기 위하여 기대금액을 X라 하면 X의 기대금액과 분산은 다음과 같다.

❶ 기대금액 $= E(X) = \mu = 985.9$원

❷ 분산 $= Var(X) = \sigma^2 = \sum_{i=1}^{n}(x_i - E(X))^2 P(X=x)$

$= (2000-985.9)^2 \times 0.4929 + (0-985.9)^2 \times 0.5071$

$= 999,798.35$원

❸ 표준편차 $= \sigma = \sqrt{\sigma^2} = \sqrt{999,798.35} = 1,000$

❹ 단위 당 % 하우스 마진(% HM) = 14.1% = 0.141

❺ $n = 100$

따라서 구하고자 하는 플레이어가 앞서갈 확률은 다음과 같다.

$$P\left(Z > \frac{\mathrm{HM}\sqrt{n}}{\sigma}\right) = P\left(Z > \frac{0.141\sqrt{100}}{1{,}000}\right)$$
$$= P(Z > 0.00141)$$
$$= 0.4960$$

즉, 플레이어가 앞서갈 확률은 0.4960으로 플레이어가 100번 게임을 하면 약 50% 정도는 따고 있고, 나머지 50%는 잃고 있다는 뜻을 갖는다. 여기서 Z는 표준정규분포를 따르므로 구하고자 하는 확률은 부록 표(II)에 있는 표준정규분포 표를 이용하여 구한다.

실습예제 6-2

크랩스 게임을 10번 계속하는 실험을 하여 보시오. 이 경우 게임에서 베팅은 100원을 하는 것으로 한다. 이 경우 10번째 게임을 마친 상태에서 얼마의 금액을 보유 혹은 잃었는지를 확인해 보시오.

6.2.5 게임 방법

슈터는 시계방향으로 돌아가게 되며 스틱 맨(stickman, stick person)은 5개 정도의 주사위를 슈터에게 갖다 주면 슈터는 5개의 주사위 중에서 마음에 드는 2개의 주사위를 선택하여 던지게 된다. 크랩스는 테이블 레이아웃이 비교적 복잡하여 게임을 잘 하기 위하여 사전에 잘 알아둬야 한다. 그러나 게임 자체는 단순하여 누구나 참여할 수 있다. 베팅 방법으로는 다음과 같은 것이 있다. 이들 명칭은 게임 테이블에 쓰여 있어 눈으로 확인할 수 있다.

① 패스라인 벹(Pass Line Bet)

슈터가 주사위를 던져 두 주사위의 합이 {7, 11}이 나오면 패스라인에 베팅한 사람은 돈을 따게 되고, {2, 3, 12}가 나오면 크랩이라 하여 패스라인에 베팅한 사람은 돈을 잃게 되는 게임이다.

그러나 {4, 5, 6, 8, 9, 10}이 나오면 포인트 번호(point number)가 되어 딜러는 ON 마크에 포인트 번호를 올려놓으면, 플레이어는 플레이스 벹(place bet)과 오즈(odds)벹을 할 수 있다. 슈터는 포인트가 성립된 후에는 7이 나오기 전까지 계속 주사위를 던질 수 있으며, 주사위를 던져 포인트 번호가 나오면 돈을 따게 되고 7이 나오면 세븐아웃(7 out)이 되어 패스라인에 베팅한 사람은 돈을 잃게 되는 게임이다.

② 돈트패스라인 벧(Don't Pass Line Bet)

돈트패스라인 벧은 슈터가 처음 던진 주사위의 합이 {7, 11}이면 돈을 잃고, {2, 3}이 나오면 돈을 따게 된다. {4, 5, 6, 8, 9, 10}이 되면 이 번호들은 돈트패스라인 베팅 포인트가 되어 주사위를 다시 던져서 7이 나오면 돈을 따고, 포인트 숫자가 나오면 돈을 잃게 된다.

③ 컴 & 돈 컴 벧(Come and Don't Come Bet)

컴 & 돈 컴 벧도 패스라인 벧과 유사한 것으로 슈터가 주사위를 던져 포인트가 생기면 베팅할 수 있다. 슈터가 주사위를 던지기 전에 컴 벧에 베팅을 하여 {7, 11}이 나오면 이기게 되고, {2, 3, 12}가 나오면 지게 된다.

그러나 {4, 5, 6, 8, 9, 10}이 나와 플레이스 벧으로 옮겨지게 되면 오즈(odds) 베팅을 할 수 있게 된다. 돈 컴 벧은 컴 벧의 반대다. 슈터가 세븐아웃이 되기 전까지는 컴 & 돈 컴 벧을 계속할 수 있다.

④ 플레이스 벧(Place Bet)

크랩스 레이아웃 상단에 {4, 5, 6, 8, 9, 10}의 숫자가 쓰여져 있는 곳에 베팅을 하는 게 플레이스 벧이다. 슈터가 포인트 번호를 만든 후에 포인트를 제외한 나머지 숫자에 플레이스 베팅을 할 수 있으며 슈터가 세븐아웃 되기 전에 플레이스 베팅한 숫자가 나오면 다음과 같은 페이아웃 율이 적용된다. 페이아웃 율은 다음 표(6-3)과 같다.

표 6-3 플레이스 벧의 배당률

나타난 수	배당률(odds)
4 & 10	9 : 5
5 & 9	7 : 5
6 & 8	7 : 6

예로, 8에 600원을 베팅하였을 때 8이 나오면 700원을 받게 된다.

⑤ 필드 벧(Field Bet)

필드 벧은 크랩스 테이블의 레이아웃 중앙 밑에 필드(field)라는 칸이 있고 칸에는 {2, 3, 4, 9, 10, 11, 12} 등 7개의 숫자가 적혀 있다. 슈터가 주사위를 던지기 전에 베팅할 수 있으며 표시된 숫자가 나오면 돈을 따는 게임이다. 그러나 이 숫자가 나올 확률이 높아 배당률(odds)이 높지 않다.

⑥ 빅 6, 8 벧(Big 6, 8 Bet)

크랩스 테이블 아래쪽 모서리에 있는 부분으로 빨간색으로 크게 적혀있는 {6, 8}에 베팅하는 게임이다. 슈터가 세븐아웃 되기 전까지 {6, 8}이 나오면 건 돈과 같은 돈(이븐 : even)을 받게 된다.

⑦ 프로포지션 벧(Proposition Bet)

이 방법은 주사위를 던질 때마다 플레이어가 원하는 수에 베팅할 수 있는 방법이다. 플레이어가 선택한 번호가 나오면 승리하고, 다른 번호가 나오면 패하게 되는 베팅방법이다. 한 예로 [Craps 2]란 두 주사위의 합이 2가 나오면 승리하는 게임으로 승리하게 되면 베팅 금액의 33배를 배당받게 되는 것과 같은 게임이다.

⑧ 배당률 벧(Odds Bet)

슈터가 주사위를 던진 후 포인트가 성립되면 배당률 벧(odds bet)을 할 수 있다. 이 벧은 플레이어에게 가장 유리한 벧 중에 하나이다. 배당률 벧은 패스라인, 돈 패스 라인 등 모든 벧에 적용된다. 배당률 벧은 패스라인 벧의 경우처럼 베팅한 뒤쪽에 배당률 허용배율에다 칩을 놓아두면 된다. 카지노에 따라서 더블배당률에서 무제한 배당률 베팅을 허용하는 곳이 있으나, 대부분은 더블배당률을 무제한으로 허용하지 않고 있다.

슈터가 포인트 번호를 만들었을 때 {4, 10}일 경우는 2 : 1의 비율로, {5, 9}일 경우는 3 : 2의 비율로, {6, 8}일 경우에는 5 : 5의 비율로 돈을 받게 된다.

6.3 다이사이(Taisai)

다이사이(Taisai)게임이란 빅 앤 스몰(big and small) 혹은 식보(Sic Bo)라고 부르는 게임으로 아시아, 특히 중국인들이 선호하는 게임이다. 게임의 승패는 플레이어가 3개의 주사위를 흔들이(shaker)나 슈터(shutter)에 넣고 흔들어 나오는 주사위 숫자의 합에 의해 결정된다.

6.3.1 게임 방법

게임은 먼저 3개의 주사위를 던져 나타나리라고 예측되는 숫자에 베팅을 한 다음, 3개의 주사위를 흔들어 나타난 주사위의 눈금의 합이 베팅한 숫자와 일치하면 승리하는 게임이다. 3개의 주사위를 던져 나타나는 눈금의 합은 최소 3부터 최대 18까지 16가지 숫자가 나타난다. 3부터 18까지 나타나는 숫자의 어떤 숫자 혹은 조합에 베팅하느냐에 따라서 다양한 방법이 있다. 예로, 11부터 17과 같은 큰 숫자나 4부터 10 사이와 같은 작은 숫자에 베팅하여 승패를 결정하는 게임도 있으며, 3부터 18까지 16개 숫자 중에서 홀수, 짝수에 베팅하여 승패를 겨루는 게임도 있다.

6.3.2 확률

다이사이게임에서 실시하는 각종 베팅에 대한 확률을 구하면 다음 표(6-4)와 같다.

표 6-4 다이사이게임의 확률 및 배당률 표

베팅 종류	확률
이븐(even)/ 오즈 벹(odds bet)	108/216(1/2)
빅(big: 11-17)/ 스몰 벹(small bet : 4-10)	105/216
더블 벹(double bet, 같은 숫자 2개)	18/216
트리플 벹(triple bet)	1/216
앤니 트리플 벹(any triple bet)	6/216
토탈 넘버 벹(Total Number Bet)	
4 & 17	3/216

5 & 16	6/216
6 & 15	10/216
7 & 14	15/216
8 & 13	21/216
(9, 12) / (10, 11)	(25/216), (27/216)
도미노 벧(domino bet)	
싱글 다이스 벧(single dice bet)	
세 개의 주사위 중 하나가 일치할 때	120/216
세 개의 주사위 중에서 두 개가 일치할 때	90/216
세 개의 주사위 중에서 세 개 모두 일치할 때	1/36

6.3.3 배당률

다이사이게임의 배당률은 나라마다 다를 수 있다. 다음 표(6-5)는 우리나라에서 시행하고 있는 다이사이게임의 배당률 표를 예로 보인 것이다. 이 표에서 볼 수 있는 바와 같이 다이사이게임의 배당률은 [1 대 1] 게임에서 [1 대 150]까지 가능한 게임으로 적은 돈으로 많은 돈을 배당받을 수 있는 게임으로 인기가 많다. 또한 주사위를 던져 숫자를 맞추는 게임으로 누구나 쉽게 할 수 있기 때문에 게임의 초보자들이 많이 선호하는 게임이기도 하다.

이 게임의 시작은 딜러가 'Place Your Bet'라고 콜(call)을 하면 플레이들은 원하는 번호에 원하는 만큼의 금액을 베팅함으로써 게임이 시작된다.

표 6-5 | 다이사이 게임의 배당률 표

베팅 종류	배당률
이븐(even)/ 오즈 벧(odds bet)	1 : 1
빅(big)/ 스몰 벧(small bet)	1 : 1
페어 다이스 벧(pair dice bet)	1 : 8
트리플 벧(triple bet)	1 : 150
앤니 트리플 벧(any triple bet)	1 : 24
토탈 넘버 벧(Total Number Bet)	
4 & 17	1 : 50
5 & 16	1 : 30
6 & 15	1 : 18
7 & 14	1 : 12
8 & 13	1 : 8

9, 10, 11, 12	1 : 6
도미노 벹(domino bet)	1 : 5
싱글 다이스 벹(single dice bet)	
세 개의 주사위 중 하나가 일치할 때	1 : 1
세 개의 주사위 중에서 두 개가 일치할 때	1 : 2
세 개의 주사위 모두가 일치할 때	1 : 3

예제 6-3

❶ 3번의 트리플 벹 확률을 구해보자.

❷ 트리플 게임을 100번 연속하는 경우 평균에 대한 95% 구간추정치를 구해보자.

❸ 트리플 게임을 100회 연속하는 경우 앞서갈 확률을 구해보자.

풀이 6-3

❶ 3번의 트리플 벹이란 세 개의 주사위를 굴려 세 개의 주사위 모두 3번이 나타나는 경우이므로 이 확률은 가능한 모든 가짓수 중에서 1가지의 경우와 같다. 따라서 구하고자 하는 확률은 다음과 같다.

$$P(3\ \text{트리플}) = \frac{{}_1C_1 \times {}_1C_1 \times {}_1C_1}{{}_6\Pi_3} = \frac{1}{216}$$

❷ 100회 게임을 한 평균의 95% 구간추정치를 구하기 위해서는 먼저 기댓값과 분산을 구해야 한다. 그런데 분산을 구하기 위해서는 기댓값을 알아야 한다. 기댓값을 구하면 다음과 같다.

$$E(X) = \sum_{i=1}^{n} x_i P(X=x_i) = 150 \times \frac{1}{216} + 0 \times \frac{215}{216} = \frac{150}{216} = 0.6944$$

기댓값을 구했으므로 이를 이용해서 분산을 구하면 다음과 같다.

$$\begin{aligned} \text{Var}(X) &= \sigma^2 = \sum_{i=1}^{n} [X_i - E(X)]^2 P(X=x_i) \\ &= \left(150 - \frac{150}{216}\right)^2 \times \frac{1}{216} + \left(0 - \frac{150}{216}\right)^2 \times \frac{215}{216} = 103.6844 \end{aligned}$$

따라서 100회를 계속하는 경우 총계에 대한 구간추정치는 다음 식과 같다.

$$E(X) \pm Z_{\alpha/2} \frac{\sigma}{\sqrt{n}}$$

윗 식에 각 값을 대입하면 다음과 같은 구간추정치를 얻는다.

$$\frac{150}{216} \pm 1.96 \times \frac{10.1825}{\sqrt{100}} = \frac{150}{216} \pm 2.00$$

따라서 구하고자 하는 평균의 95% 구간추정치는 최소값 = −1.26원이고, 최대값 = 2.69원이다.

❸ 앞서갈 확률을 구하기 위해서는 HM(하우스 마진)을 구해야 한다.

$$\text{HM} = (1-kp-p) = (1-150\times\frac{1}{216}-\frac{1}{216}) = 0.3009$$

이제 앞서갈 확률을 구하기 위해서 아래와 같은 식을 이용해서 구할 수 있다.

$$P\left(Z \geq \frac{\text{HM}\sqrt{n}}{\sigma}\right) = P\left(Z \geq \frac{0.3\times 10}{10.18}\right) = P(Z \geq 0.295) = 0.3840$$

100번의 게임을 계속한 후에 플레이어가 앞서갈 확률은 38% 정도가 된다.

제6장 연습문제

1. 다음 용어를 간단히 설명하시오.

   ① 필드 벹(Field Bet)
   ② 컴 벹(Come Bet)
   ③ 윈 라인 벹(Win Line Bet)

2. 크랩스에서 숫자의 합이 7인 경우 카지노에서 제시한 배당률(odds)이 '4 to 1'일 때 하우스 마진(house margin)을 구하시오.

3. 크랩스에서 숫자의 합이 3 혹은 11인 경우에 대하여 카지노에서 제시한 배당률(odds)이 '16 to 1'일 때 하우스 마진을 구하시오.

4. 크랩스에서 각 숫자가 나타날 확률을 확인해 보기 위하여 두 주사위를 100 정도 던져 나타난 결과와 이론적으로 구한 표(6-1)의 확률과 비교하시오.

5. 카지노에서 2에 베팅하여 승리하면 베팅한 금액의 34배, 즉 배당률(odds) '34 to 1'를 제시하였다. 이 경우 다음 물음에 답하시오.

   ① 하우스 마진을 구하시오.
   ② 위 문제 (1)과 (2)의 조건과 비교하여 어떤 게임이 플레이어에게 유리하다고 생각하는가? 그 이유를 말하시오.

6. 크랩스 게임에서 매 게임 당 1원 짜리 베팅을 300번 윈 라인에 베팅하는 경우 게임을 마친 후에 앞서갈 확률을 구하시오.

7. 크랩스에서 7에 1원씩 베팅하는 경우에 대하여 다음 물음에 답하시오.

   ① 돌려받을 금액의 기댓값과 분산을 구하시오.
   ② 이 게임을 100회 계속한 후에 앞서갈 확률을 구하시오.

8. 다이사이 게임에서 세 주사위에 나타난 숫자의 합이 17 이상일 확률을 구하시오.

9. 다이사이게임에서 빅 스몰 벧(big small bet)에서 1회에 1원을 베팅하는 게임을 100회 계속하는 경우 다음 물음에 답하시오.

① 평균 기댓값을 구하시오.
② 100게임을 하는 경우 총계에 대한 95% 구간추정치를 구하시오.
③ 100회를 계속한 후에 플레이어가 앞서갈 확률을 구하시오.

제 7 장

그룹 게임(group game)

7.1 개요

그룹 게임(group game)이란 일정개의 숫자를 그룹으로 묶어놓고 참가하는 플레이어들이 주어진 숫자 그룹에서 원하는 숫자를 선택한 다음 일정금액을 베팅하여 승패를 결정하는 게임을 총칭 한다. 게임의 승패는 플레이어가 선택한 숫자와 베팅이 끝난 다음 주최 측이 선택한 숫자의 동일성 여부에 따라서 결정된다. 플레이어들의 베팅이 끝나면 주최 측(club이나 casino)에서 몇 개의 번호를 선정하여 발표하게 되는데 주최 측이 선정한 번호와 플레이어가 선택한 번호가 몇 개나 동일한가에 따라서 승패 여부가 결정된다.

그 대표적인 것으로는 키노(keno)나 빙고(bingo) 게임 등이 있다. 로또(Lotto) 또한 주어진 숫자(45개)에서 원하는 숫자를 선정하여 베팅하는 것까지는 유사하나 복권의 특성상 독립해서 분류하였다.

본 장에서는 그룹게임의 대표적인 키노에 대해서 설명하고자 한다.

7.2 키노(Keno)

키노(keno)는 기원전 100년 전 전쟁으로 부서진 도시를 건설하기 위한 복구자금을 마련하기 위하여 중국의 정릉(Cheng Leung)이라는 사람이 고안한 것으로 알려져 있다. 후에는 만리장성을 건축하는 자금을 마련하기 위해서 이용되기도 했다는 이야기가 전해지고 있다.

키노는 일명 흰 비둘기게임(white pigeon game)으로 불리기도 하는데 이유는 당첨번호를 도시 주변의 마을로부터 흰 비둘기를 이용해서 물어오게 했다는 데서 연유하고 있다.

이와 같이 중국을 무대로 전해오던 게임이 미국에 전해졌고, 호주에서는 1979년 호주의 남쪽에 위치한 섬 타스마니아(Tasmania)의 Wrest Point Casino에서 처음 시작되었다. 이후 여러 나라에서 이 게임이 많은 사람들의 사랑을 받으며 행해지고 있다.

이 게임은 게임에 참여하는 플레이어가 그림 (7-1)과 같이 80개의 숫자로 구성된 한 그룹(group)의 숫자에서 원하는 번호를 일정 개수(1부터 10까지 중에 하나나 혹은 15개)를 선택한 다음, 게임에 참가하는 비용을 지불하고 선택한 번호(1개부터 10개까지와 15개)를 등록하여 선택한 번호표(영수증)를 받게 된다. 일정 시간이 지나면 주최 측에서 당첨번호(20개)를 선정하게 된다. 당첨된 번호와 플레이어가 선정하여 등록된 번호의 일치 여부에 따라서 게임의 승패를 결정하고 상금을 얻게 되는 게임이다.

번호를 선택하는 게임이라는 면에서 보면 로또와 같은 게임으로 생각할 수 있으나, 게임이 매우 간단하여 하루에도 수백 번을 할 수 있는 것이 로또와 다른 점이다. 키노게임이 일반인들에게 공개되어 있는 나라에서는 온라인을 통하여 실시간으로 하루 종일 참여할 수 있도록 하고 있다.

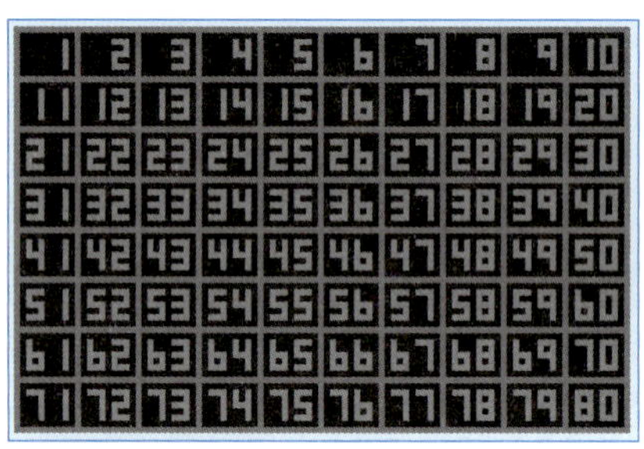

그림 7-1 키노의 번호판

7.2.1 게임 룰

어떤 게임도 마찬가지지만 키노게임에 참여하기 위해서도 룰을 잘 알고 있는 것이 필요하다. 키노게임이 단순한 게임이기에 룰 또한 매우 단순하지만 게임에서 상금을 지불하는 표(pay off table)는 다양하다. 그러나 그 기본적인 룰은 서로 매우 유사하다. 공통적인 것은 그림 (7-2)와 같은 표(keno game entry card: 이후에는 기입 표라 하겠음)에 플레이어가 원하는 번호와 참가 게임의 수 및 번호 선택의 방법 등을 기록하고 이에 해당하는 비용을 지불한 다음 이 카드를 스캐너(scanner)에 읽혀 등록하면 일단 플레이어의 할 일은 끝이 난다. 이 과정을 좀 더 구체적으로 설명하면 다음과 같다.

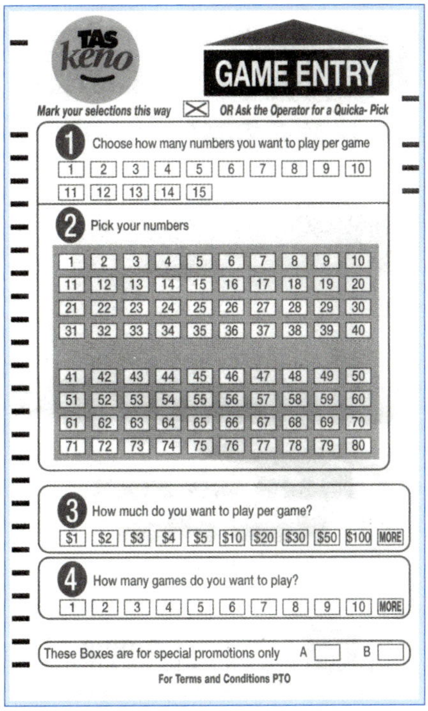
TAS keno

GAME ENTRY

Mark your selections this way ☒ OR Ask the Operator for a Quicka- Pick

1 Choose how many numbers you want to play per game

1 2 3 4 5 6 7 8 9 10
11 12 13 14 15

2 Pick your numbers

1 2 3 4 5 6 7 8 9 10
11 12 13 14 15 16 17 18 19 20
21 22 23 24 25 26 27 28 29 30
31 32 33 34 35 36 37 38 39 40

41 42 43 44 45 46 47 48 49 50
51 52 53 54 55 56 57 58 59 60
61 62 63 64 65 66 67 68 69 70
71 72 73 74 75 76 77 78 79 80

3 How much do you want to play per game?

$1 $2 $3 $4 $5 $10 $20 $30 $50 $100 MORE

4 How many games do you want to play?

1 2 3 4 5 6 7 8 9 10 MORE

These Boxes are for special promotions only A B

For Terms and Conditions PTO

그림 7-2 | 키노의 기입 표

첫째, 플레이어는 그림 (7-2)와 같은 기입 표를 준비한다.

호주에서 즐기고 있는 키노를 예로 설명하면, 기입 표에는 선택할 수 있는 숫자 80개가 40개씩 두 부분으로 나눠져 있고, 참여형태와 지불금액 및 번호 선택방식, 선택된 번호의 계속사용 여부 등을 선택할 수 있게 되어 있다.

둘째, 기입 표에 있는 80개의 번호 중에서 플레이어가 원하는 번호의 수는 1개부터 10개까지의 번호를 선택하거나 15개를 선택하여 기입 표에 기입한다. 이 경우 한 개의 번호를 선택하여 그 번호의 당첨 여부에 베팅하는 게임을 'one number game'이라 부르고, 두 개의 숫자를 선택하여 그 번호에 베팅하는 게임을 'two number game'이라 부른다. 이와 같이 몇 개의 번호를 선택하여 베팅하느냐에 따라서 다음 표(7-1)부터 표(7-11)과 같은 여러 가지 게임이 있다.

셋째, 플레이어는 선택한 번호의 수와 그에 맞는 비용을 지불한다. 지불할 수 있는 비용은 여러 가지가 있다. 그림 (7-2)에 있는 기입 표에는 1불, 2불, 3불, 4불, 5불, 10불, 20불, 30불, 50불, 100불 및 그 이상까지 선택할 수 있게 되어 있다.

넷째, 플레이어는 한 번 택한 번호로 여러 번 반복해서 사용하고자 할 경우에는 기입 표에 그 내용을 표시하면 된다.

다섯째, 네 단계가 끝나면 이 표를 스캐너에 읽혀 선택한 번호를 등록하여 영수증(receipt ticket)을 받는다. 이 영수증은 꼭 소지하고 있어야 한다. 이 영수증은 당첨된 번호를 확인하고 상금을 수령하는데 꼭 필요한 것이므로 잊어버리지 말아야 한다.

여섯째, 당첨번호를 추출한다.

당첨자 선정은 80개의 숫자 중에서 20개의 숫자를 랜덤하게 추출하여 발표하면 이 20개의 번호와 플레이어가 이미 선정하여 등록한 번호가 일치하느냐에 따라서 승패를 결정하게 된다.

끝으로 배당금을 받는다.

당첨자는 당첨자에 해당하는 사전에 공고된 배당률에 따라서 배당금을 받게 된다. 이상과 같은 일곱 단계가 끝나면 게임이 끝나게 된다.

그리고 플레이어가 번호를 직접 선택하는 대신 키노(keno)의 터미널에서 무작위(random)방법으로 자동적으로 선정해 주는 시스템이 있다. 이를 빠른 선택기능(quick pick option)이라 부른다. 이 방법은 플레이어가 번호를 선택하는 시간을 단축하기 위하여 도입되어 있는 제도이다.

당첨된 번호에 대해서 상금의 크기는 나라와 지역마다 달라 일률적으로 말할 수는 없으나 호주 시드니에 있는 스타시티카지노(Star City Casino)에서 실시되고 있는 키노의 경우 상금은 다음 표(7-1)부터 표(7-11)까지와 같다.

표 7-1 | 1 넘버 게임(1 number game)

Match	베팅	$1 bet	$2 bet	$5 bet	$10 bet
1	승리	$3	$6	$15	$30

표 7-2 2 넘버 게임(2 number game)

Match	베팅	$1 bet	$2 bet	$5 bet	$10 bet
2	승리	$12	$24	$60	$120

표 7-3 3 넘버 게임(3 number game)

Match	베팅	$1 bet	$2 bet	$5 bet	$10 bet
2	승리	$1	$2	$5	$10
3		$44	$88	$220	$440

표 7-4 4 넘버 게임(4 number game) (LUCKY)

Match	베팅	$1 bet	$2 bet	$5 bet	$10 bet
2	승리	$1	$2	$5	$10
3		$4	$8	$20	$40
4		$119	$238	$595	$1,190

표 7-5 5 넘버 게임(5 number game)

Match	베팅	$1 bet	$2 bet	$5 bet	$10 bet
3	승리	$2	$4	$10	$20
4		$14	$28	$70	$140
5		$640	$1,280	$3,200	$6,400

표 7-6 6 넘버 게임(6 number game)

Match	베팅	$1 bet	$2 bet	$5 bet	$10 bet
3	승리	$1	$2	$5	$10
4		$5	$10	$25	$50
5		$85	$170	$425	$850
6		$1,660	$3,320	$8,300	$16,600

표 7-7 7 넘버 게임 [7 number game(JACK 7 POT)] (LUCKY)

Match	베팅	$1 bet	$2 bet	$5 bet	$10 bet
0	승리	$1	$2	$5	$10
3		$1	$2	$5	$10
4		$2	$4	$10	$20
5		$8	$16	$40	$80
6		$80	$160	$400	$800
7		JACKPOT $5,000 MINIMUM			

표 7-8 | 8 넘버 게임[8 number game(JACK 8 POT)]

Match	베팅	$1 bet	$2 bet	$5 bet	$10 bet
0	승리	$1	$2	$5	$10
4		$1	$2	$5	$10
5		$8	$16	$40	$80
6		$48	$96	$240	$480
7		$835	$1,670	$4,175	$8,350
8		JACKPOT $20,000 MINIMUM			

표 7-9 | 9 넘버 게임[9 number game(JACK 9 POT)]

Match	베팅	$1 bet	$2 bet	$5 bet	$10 bet
0	승리	$1	$2	$5	$10
4		$1	$2	$5	$10
5		$5	$10	$25	$50
6		$18	$36	$90	$180
7		$90	$180	$450	$900
8		$2,500	$5,000	$12,500	$25,000
9		JACKPOT $100,000 MINIMUM			

표 7-10 | 10 넘버 게임[10 number game(JACK 10 POT)]

Match	베팅	$1 bet	$2 bet	$5 bet	$10 bet
0	승리	$2	$4	$10	$20
5		$2	$4	$10	$20
6		$10	$20	$50	$100
7		$55	$110	$275	$550
8		$580	$1,160	$2,900	$5,800
9		$10,000	$20,000	$50,000	$100,000
10		JACKPOT $1,000,000 MINIMUM			

표 7-11 15 넘버 게임[15 number game(JACK 15 POT)] (LUCKY)

Match	베팅	$1 bet	$5 bet	$10 bet
0	승리	$11	$55	$110
1		$2	$10	$20
2		$1	$5	$10
6		$1	$5	$10
7		$3	$15	$30
8		$10	$50	$100
9		$50	$250	$500
10		$330	$1650	$3300
11		$2600	$13,000	$26,000
12		$20,000	$100,000	$200,000
13		$60,000	$250,000	$250,000
14		$110,000	$250,000	$250,000
15		$250,000	$250,000	$250,000

7.2.2 성공확률

일반적으로 키노게임은 80개의 숫자 중에서 n개의 숫자를 선정하여 선정된 n개가 주최 측에서 선정한 20개의 숫자와 몇 개나 일치하느냐에 성공(당첨)과 실패(꽝)를 정하는 게임이다. 따라서 20개의 번호와 플레이어가 선택한 n개의 숫자가 일치하는 개수를 X라 하면 X가 나타날 확률을 식으로 표현하면 다음 식 (7-1)과 같이 나타낼 수 있다.

$$P(X=x)=\frac{\binom{20}{x}\times\binom{60}{n-x}}{\binom{80}{n}} \tag{7-1}$$

식 (7-1)은 80개의 숫자에서 플레이어가 선택한 X개의 숫자가 주최 측에서 선정한 20개의 수와 일치하는 확률로 다음과 같이 구한 것이다.

$$P(X=x)=\frac{\binom{20}{x}\times\binom{80-20}{n-x}}{\binom{80}{n}}=\frac{\binom{20}{x}\times\binom{60}{n-x}}{\binom{80}{n}}$$

예제 7-1

키노에서 1넘버게임의 경우 승리할 확률을 구해보자.

풀이 7-1

1넘버게임(one number game)이란 80개 중에서 1개의 수를 선택하여 그 번호가 당첨되면 승리하고 나머지 번호가 나타나면 실패하는 게임이다. 따라서 이 게임에서 $N=80$이고, $n=1$이며, $X=1$인 경우이므로 위 식 (7-1)을 이용하여 승리할 확률을 구하면 다음과 같다.

$$P(X=1) = \frac{\binom{20}{1}\times\binom{60}{0}}{\binom{80}{1}} = \frac{20\times 1}{80} = 0.25$$

혹은 '1 in 4'라고 표현한다.

(i) 이 내용을 배당률(odds)로 표현하면 다음과 같다.
"3 to 1 against"가 된다.

(ii) 그리고 가격(price)은 (k to 1 odds)에서 ($k+1$)이 됨으로 위 예제에서 $k=3$이므로 가격(price) = 4가 된다.

7.2.3 하우스 마진

하우스 마진이란 플레이어가 지불하는 총 비용에서 플레이어에게 되돌려 주는 상금의 총액을 뺀 차이를 하우스 마진이라 한다. 그리고 하우스 마진을 %로 표시한 것을 퍼센트 하우스 마진(% House Margin)이라 하고 이를 구하기 위해서는 제 3장에서 설명한 식 (3-6)을 이용하여 쉽게 구할 수 있다.

예제 7-2

1넘버 게임에서 주최 측이 내놓은 배당률(odds)이 "2 to 1"이라 할 때 퍼센트 하우스 마진(% HM)을 구해보자.

풀이 7-2

위 예제에서 이론적인 배당률(odds)은 "3 to 1"이나 주최 측에서 제공하는 실제 배당률(odds)이 '2 to 1'이라고 한다. 따라서 이 경우 게임에 성공확률은 $p=0.25$이고, $k=2$이므로, %로 표시한 하우스 마진은 앞의 식 (3-6)을 이용하여 다음과 같이 구할 수 있다.

$$\begin{aligned}\%\ \text{하우스 마진} = \%\ \text{HM} &= 100(1-kp-p)\\ &= 100(1-2\times0.25-0.25)\\ &= 25\%\end{aligned}$$

7.2.4 앞서갈 확률(probability of being ahead)

게임에서 앞서갈 확률(probability of being ahead)이란 n번의 게임을 한 후에 돈을 잃지 않고 있을 확률, 즉 돈을 따고 있을 확률을 의미한다. 이와 같은 확률을 앞서갈 확률(probability of being ahead)이라고 한다. 이 확률은 앞에서 설명한 바와 같이 플레이어가 비용을 지불하고 게임에 참가할 때 하우스 마진(HM)과 기대 금액(ER) 및 표준편차 σ을 이용하여 앞에서 설명한 식 (3-11)을 이용하여 구할 수 있다.

$$P(n\text{번 게임 후의 플레이어가 앞서갈 확률}) = P\left(Z > \frac{\text{HM}\sqrt{n}}{\sigma}\right)$$

단, % HM = 1−ER(%)이다.

예제 7-3

앞의 1 넘버게임에서 100번의 게임을 하고 난 후에 플레이어가 앞서갈 확률을 구해보자.

풀이 7-3

문제로부터

-. 시행횟수 $n=100$
-. 기대 이득 = ER = $(3\times0.25)+(0\times0.75) = 0.75$
-. % HM = $1-0.75 = 0.25$
-. $\sigma^2 = (3-0.75)^2\times0.25+(0-0.75)^2\times0.75 = 1.6875$
-. $\sigma = \sqrt{\sigma^2} = \sqrt{1.6875} = 1.299$

이므로 이를 식 (3-11)에 대입하면 다음과 같다.

$$P\left(Z > \frac{\text{HM}\sqrt{n}}{\sigma}\right) = P\left(Z > \frac{0.25\sqrt{100}}{1.299}\right)$$
$$= P(Z > 1.92)$$

따라서 표준정규분포표에서 이 식을 만족하는 값을 찾으면 구하고자 하는 플레이어가 앞서갈 확률은 0.027, 즉 2.7% 정도가 된다. 이 의미는 100번의 게임을 계속하면 플레이어가 약 97번 이상은 게임에서 뒤지고(즉 잃고 있다), 약 3번 정도는 앞서나간다(따고 있다)는 의미를 갖는다.

실습예제 7-1

2 넘버게임의 경우 100번의 게임을 계속하는 경우 플레이어가 앞서갈 확률을 구해보자.

7.3 빙고(Bingo) 게임

빙고(bingo) 게임은 lotto라고 하는 어린이들이 숫자를 가지고 하는 놀이를 변형하여 개발한 게임의 일종이다. 빙고게임에는 숫자를 맞추는 것 외에도 그림을 맞추는 게임 등 다양한 종류의 게임이 있을 수 있다. 다음 그림 (7-3)과 같이 가로, 세로 5개씩 총 25개의 칸(말)을 가진 네모 판을 만들어 한 가운데 칸은 비워 놓고 나머지 24개의 칸을 가로 세로 및 대각선으로 5개의 숫자 혹은 그림을 먼저 맞추는 사람이 승리하는 게임이다.

예로 25개의 칸에서 한 가운데를 비워놓고 나머지 24개의 칸에 숫자를 넣어 빙고게임을 생각해보자. 먼저 1부터 75의 숫자를 적어놓고 참가한 플레이어에게는 각각 다른 카드를 나누어 준다. 플레이어들은 숫자가 적혀있는 상자 주위에 둘러앉아 공이나 화살 같은 것을 던져 공개적으로 숫자를 선택한다. 숫자가 선택되면 플레이어들은 각자가 손에 가지고 있는 카드에 적힌 숫자와 선택된 숫자와 동일하면 손에 있는 카드를 뽑아내게 된다. 이런 작업을 계속하여 손에 있는 카드를 먼저 뽑아내는 사람이 승리하게 되는 게임이 빙고 숫자게임이다. 미국에서는 5를 이미 하는 키노(keno) 혹은 비노(beano) 및 럭키(Lucky), 포춘(Fortune) 등으로 부르기도 한다.

다음 그림 (7-3)은 각국의 국기를 가지고 하는 빙고 게임이고, 그림 (7-4)는 숫자를 가지고 하는 빙고 게임을 보이고 있다.

그림 7-3 각 나라 국기로 만든 빙고

그림 7-4 숫자로 만든 빙고

7.3.1 성공확률

① 빙고가 될 확률

5×5(25칸) 빙고 게임의 경우 25개의 숫자를 임의로 써 넣는 빙고게임의 경우를 예로 생각해보자. 빙고가 될 경우는 가로줄로 나오는 경우와 세로줄로 나오는 경우 그리고 대각선으로 나오는 경우가 있다. 따라서 이들을 감안하여 빙고가 이뤄질 확률은 다음과 같이

구할 수 있다.

① 25개의 숫자를 임의로 써 넣는 경우의 수 = 25!

② 가로줄로 빙고가 나오는 경우의 수 = 빙고로 지정된 숫자의 순서는 관계없으므로 그 수를 배열하는 경우의 수(5!) × 빙고가 완성된 줄 외의 나머지 20칸에 숫자를 나열하는 방법의 수(20!) × 5(가로줄이 5개이므로) =

5!×20!×5

③ 세로줄로 빙고가 나오는 경우의 수

= 가로의 경우 빙고가 나오는 경우의 수와 동일

= 5!×20!×5

④ 대각선으로 빙고가 나오는 경우의 수

= 5!×20!×2!(대각선은 두 줄뿐이므로)

따라서 5×5(25칸) 빙고에서 빙고가 이뤄질 확률은 다음과 같다.

- P(빙고가 이뤄질 확률)

$$= \frac{②+③+④}{①} = \frac{5!20!(5+5+2)}{25!} = \frac{2}{8,855}$$

② n명이 빙고를 하는데 x명이 빙고를 맞출 확률

n명이 5×5(25칸) 빙고 게임에서 x명이 빙고를 만들 확률은 다음 식 (7-2)와 같은 이항분포함수식을 이용해서 구할 수 있다.

$$f(x) = {}_nC_x\left(\frac{2}{8855}\right)^x\left(1-\frac{2}{8855}\right)^{n-x}, \text{ 단, } x = 0, 1, 2, 3, \ldots, n \quad (7\text{-}2)$$

예제 7-4

10명이 함께하는 5×5(25칸) 빙고 게임에서 1명이 성공할 확률을 구해보자.

풀이 7-4

위 식 (7-2)를 이용하여 구할 수 있다. 즉 식 (7-2)에서 $n=10$이고, $x=1$인 경우이다. 따라서 이 값들을 식에 대입하여 확률을 구하면 다음과 같다.

$$\begin{aligned} f(x) &= {}_nC_x\left(\frac{2}{8855}\right)^x\left(1-\frac{2}{8855}\right)^{n-x} \\ &= {}_{10}C_1\left(\frac{2}{8855}\right)^1\left(1-\frac{2}{8855}\right)^{(10-1)} \\ &= 0.0225 \\ &= 2.2252\% \end{aligned}$$

제7장 연습문제

1. 다음 용어를 간단히 설명하시오.

① 키노(keno)
② 흰 비둘기 게임(white pigeon game)
③ 3 넘버게임(three number game)
④ Lucky Jack 7 pot
⑤ Jack 10 pot
⑥ 빙고(Bingo)

2. 현서가 1,000원을 지불하고 1 넘버게임을 하였다. 이 게임의 배당률(odds)이 '2 to 1'이라 할 때 다음 물음에 답하시오.

① 돌려받을 금액을 X라 할 때 X의 분포를 구하시오.
② X는 확률변수인가? 그 이유를 말하시오.
③ X의 기댓값과 분산을 구하시오.
④ 위와 같은 게임을 100번 계속하는 경우 이득(profit)에 대한 95% 구간추정치를 구하시오.
⑤ 10만원을 게임당 1,000원씩 베팅하는 것과 100원씩 베팅하는 것 중 어느 것이 플레이어에게 더 유리한가?

3. Jack 7 Pot에 대해서 다음 물음에 답하시오,

① 맞는 번호가 하나도 없을 경우의 확률을 구하시오.
② 7개 번호가 모두 맞을 확률을 구하시오.

4. 15 넘버게임에서 15개 번호가 모두 맞을 확률을 구하시오.

5. 5 넘버게임에서 상금표를 이용해서 다음 물음에 답하시오.

① 2, 3, 4, 5개의 번호가 맞을 확률을 구하시오.
② 1,000원을 베팅할 때 이 게임에서 되돌려 받을 금액을 구하고 % 하우스 마진을 구하시오.

제 8 장

휠 게임(wheel game)

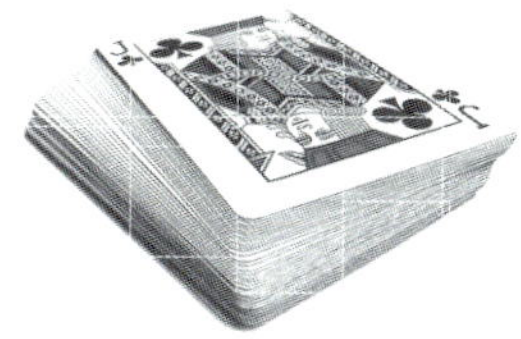

8.1 개요

휠 게임(wheel game)이란 휠(wheel)을 이용하여 게임을 하는 모든 게임을 총칭한다. 따라서 휠 게임을 이해하기 위해서는 휠(wheel)의 원리를 이해하면 쉽다. 휠이란 자동차 바퀴 같이 생긴 원판을 뜻한다. 게임은 원판을 여러 부분으로 나누어 상금의 내역을 기록한 다음 회전을 시킨 후에 당첨 칸을 결정하여 승패를 결정하는 게임이다. 예로, 우리나라의 주택복권 당첨자를 선정하기 위하여 원판에 0부터 9까지 번호를 적어 놓고 활을 쏘아 활이 꽂히는 번호를 당첨번호로 결정하는 것은 같은 좋은 예라 할 수 있다.

휠을 이용하는 대표적인 게임으로는 룰렛(roulette)게임 및 빅 식스 휠 게임(big six wheel) 등이 있다. 또한 룰렛게임이라 해도 어떤 베팅 방식으로 게임을 하느냐에 따라서 마팅겔 방법(Martingale System), 칼럼 및 다즌 방법(Column or Dozen System), 및 스프링클링 방법(Sprinkling System) 등 여러 가지 게임이 개발되어 있다.

본 장에서는 룰렛게임과 빅 식스 휠 게임에 대해서 설명하고자 한다.

8.2 룰렛(Roulette Game)

룰렛(Roulette)이란 돌아가는 작은 바퀴라는 뜻을 가진 프랑스어에서 유래한 용어로 도박(gambling)의 일종이다. 룰렛은 바퀴모양의 원반을 0부터 36까지 37개의 구획(유럽식)

혹은 0과 00 그리고 1부터 36까지 38개 구획(미국식)으로 나눠져 있는 원반을 돌려 돌아가는 원반 위에 돌아가는 반대방향으로 구슬을 굴려 원반이 멈춰선 후에 구슬이 어느 구획에 멈춰 있느냐에 따라서 게임의 승패를 결정하는 게임이다. 원반은 그림 (8-1)에서 볼 수 있는 바와 같이 18가지 숫자 {1, 3, 5, 7, 9, 12, 14, 16, 18, 19, 21, 23, 25, 27, 30, 34, 36}은 빨간색(red)로 쓰여 있으며, '이를 제외한 나머지 18가지 숫자 {2, 4, 6, 8, 11, 13, 15, 17, 20, 22, 24, 26, 28, 29, 31, 33, 35}는 검은색(black)으로 쓰여져 있다. 그리고 '0'은 녹색(green)으로 쓰여 있다.

그림 8-1 룰렛의 모형

룰렛게임의 기원은 확실한 것은 아니지만 제비뽑기의 한 방법으로 다음 그림 (8-2)와 같은 다츠 놀이판을 돌리던 것이 발전하여 오늘 날의 룰렛이 만들어진 것으로 유추하고 있다.

그림 8-2 다츠 놀이판

룰렛게임은 16세기 말부터 유럽의 상류사회에서 연회 때 손님 접대의 한 방법으로 사교적으로 룰렛을 하는 풍습이 유행하기 시작하였다. 그러나 많은 사회적인 비난과 폐단으로 19세기 들어 금지하는 나라가 늘어났다. 그 반면에 남부 유럽의 모나코의 몬테카르로(Monte Carlo), 미국의 네바다 주에 있는 라스베가스(Las Vegas), 포르투갈 식민지였던 마카오(Macao) 등 세계적으로 유명한 관광지를 중심으로 오히려 더욱 유행하기 시작하였다. 최근 들어서는 몇 개의 나라를 제외하고는 거의 모든 나라에서 전 국민에 개방한 것은 아니지만 관광지를 중심으로 관광객을 대상으로 제한적으로라도 개방되어 있다.

룰렛게임은 딜러가 돌아가는 회전판의 반대방향으로 구슬을 굴려 어떤 숫자에 가서 멈춰설 것인가를 맞추는 게임이다. 정확히 맞히면 베팅한 금액의 36배까지 받을 수 있는 게임이다. 이와 같은 게임 외에도 원판 위에 쓰인 숫자가 색으로는 빨간색(red), 검은색(black)이 반반으로 되어 있고, 숫자로는 홀수 및 짝수가 반반으로 있어 때로는 빨간색과 검은색 혹은 짝수나 홀수에 베팅하여 승리하는 경우 베팅한 금액만큼 따는 게임도 한다.

게임 룰은 베팅할 때는 현금으로 하는 대신 그림 (8-3)과 같은 칩(chip)이라고 하는 것으로 교환하게 되어 있다. 칩은 가격에 따라서 색깔별로 구분되며, 또한 여러 가지 형태가 있다.

그림 8-3 | 칩의 모형

베팅할 때 주의할 점은 베팅하고자 하는 숫자의 칸에 정확히 놓아야 한다. 조금이라도 다른 구획의 선에 닿으면 배당률을 100% 다 받지 못하게 된다. 구슬이 휠에서 돌고 있을 때 딜러가 '레이아웃' 위로 손을 저으면 더 이상 베팅할 수 없다. 베팅한 숫자를 정확하게 맞추었을 경우에는 딜러가 '마커'를 '레이아웃'에서 거둘 때까지 손을 대서는 안 된다.

8.2.1 게임 테이블

룰렛 게임을 하기 위하여 플레이어들이 모여 원하는 숫자에 베팅 금액을 올려놓을 수 있는 다음 그림 (8-4)와 같은 테이블이 있다. 이 테이블을 룰렛의 게임 테이블(game table)이라 한다. 룰렛 게임을 할 때 이 테이블을 중심으로 플레이어들이 둘러서서 게임을 한다. 테이블 한 끝에서 딜러가 휠을 돌리고, 다른 한쪽에서는 게임에 참가하는 플레이어들이 예상하는 번호에 베팅하고자 하는 만큼의 칩(chip)을 원하는 곳에 놓게 되어 있다.

룰렛 게임에서 사용하고 있는 회전판(휠)에 적혀있는 숫자는 37개만으로 되어 있진 않다. 미국에서 시행하고 있는 경우처럼 38개의 숫자를 가지고 있는 경우도 있다.

다음 표(8-1)은 게임에서 이기는 경우 베팅한 금액에 대하여 돌려받을 수 있는 배당률(odds)의 한 예를 나타내고 있다. 본 장에서는 37개의 숫자가 있는 경우를 예로 설명하고자 한다.

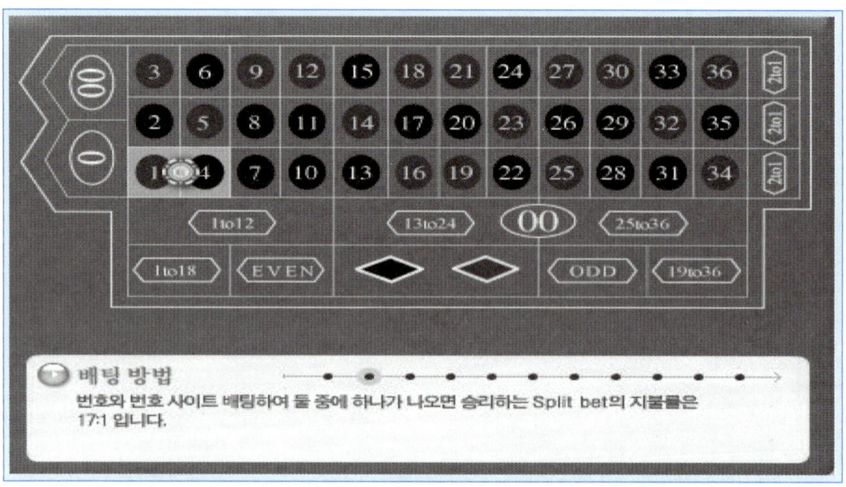

그림 8-4 38개의 숫자가 있는 룰렛 게임 테이블 모형

표 8-1 | 베팅에 대한 배당률

베팅 형태	배당률(odds)
1넘버 스트레이트 업 벧(1 number, straight up bet)	35 to 1
2넘버, 스플릿 벧(2 numbers, split bet)	17 to 1
3넘버, 스트리트 벧(3 numbers, street bet)	11 to 1
4넘버, 코너 벧(4 numbers, corner bet)	8 to 1
6넘버, 식스 라인 벧(6 numbers, six-line bet)	5 to 1
Dozen, 1st 1-12, 2nd 13-24, 3rd 25-36 Column, 12 numbers	2 to 1
홀수, 짝수, 레드 블랙(Even, Odd, Red, Black), 1-18, 19-36	1 to 1

휠을 돌려 주사위가 '0'에 멈춰서면, columns, dozens, even에 베팅한 플레이어는 베팅한 금액을 잃게 되고, "0"을 포함(covering)하는 베팅은 다른 넘버의 기준에 의해서 지불된다.

(1) 스트레이트 업 벧(A straight up bet)이란 한 번호를 골라 베팅하여 게임 결과가 그 베팅한 번호와 일치하는 경우 승리하는 베팅방법이다.

(2) 코너 벧(A corner bet)이란 4개의 숫자를 선정하여 베팅하고 게임 결과 이 4 숫자 중에 하나가 게임결과 나타난 숫자와 일치하면 승리하게 되는 베팅방법이다. 예로 5, 6, 8, 9와 같이 4개의 숫자에 베팅하는 경우를 말한다.

(3) 식스라인 벧(A six-line bet)이란 12개의 행(row)에서 2개의 행(row)을 선택하여 베팅하고 게임 결과가 이 2개의 행에 있는 숫자 중 하나와 일치하면 승리하게 되는 베팅방법이다. 예로 4, 5번째의 행을 선택하여 베팅을 하였다면, 4, 5번째 행에 포함되어 있는 10부터 15까지 6숫자가 베팅을 한 숫자가 된다. 따라서 게임 결과 10부터 15의 숫자에 주사위가 멈추게 되면 승리하게 된다.

(4) 컬럼 벧(A column bet)이란 3개의 열(column) 중 하나를 선택하여 베팅하고 게임결과 베팅한 열(column)에 있는 숫자 중에 하나와 일치하면 승리하는 베팅방법이다. 예로, 2번째 열(column)에 베팅하였다면 게임 결과가 2, 5, 8, 11, 14, 17, 20, 23, 26, 29, 32, 35가 나오면 승리하게 된다.

(5) 더즌 벧(A dozen bet)이란 'A column bet'과 유사하다. 다만 'A dozen bet'이란 1-12, 13-24, 25-36까지의 각 12숫자에 베팅하는 방법이다.

(6) 스플릿 벹(A split bet)이란 두 개의 인접한 숫자를 택하되 선(line)이 다르게 되도록 베팅하는 방법이다. 예로 13, 14에 베팅하는 것이 그 예 중에 하나이다.

(7) 스트리트 벹(A street bet)이란 12개의 행(row)에서 하나의 행을 선택하여 베팅하는 방법이다. 예로 7번째 행(19, 20, 21)에 베팅을 하게 되면 게임 결과 주사위가 {19, 20, 21}의 번호 중에서 하나와 일치하게 되면 승리하게 된다. 이 경우 베팅하고자 하는 액수의 칩은 21번 위에 놓으면 된다.

(8) 이븐머니 벹(even money bet)이란 게임에서 승리할 경우 베팅한 금액에 해당하는 금액만큼을 돌려받게 되는 베팅방법으로 다음과 같은 베팅방법이 있다.

ⓐ 레드 앤 블랙 벹(Red and Black bet)이라고 하는 베팅방법이 있다. 이 방법은 룰렛 게임 기구에 쓰여 있는 숫자 36개 중(0은 제외) 18개는 빨간색이고, 18개는 검정색으로 쓰여 있어 빨간색으로 쓰인 숫자가 나타날 확률과 검정색이 쓰인 숫자가 나타날 확률이 동일하기 때문에 베팅의 배상도 1대 1이 되는 것과 같은 이치의 베팅방법이다.

ⓑ 오드 앤 이븐 벹(Odd and Even bet)이라고 하는 베팅방법이다. 이 방법도 'Red and Black' 방법과 동일한 이유이다. 즉 36개 숫자 중에 반은 짝수(even)이고, 반은 홀수(odd)이기 때문에 베팅한 금액에 대한 배상도 1대 1로 하는 것이다.

ⓒ 로 오어 하이 벹(Low or High bet)의 베팅방법은 36개의 숫자 중에서 1부터 18까지는 'Low(낮은 수)'로, 19부터 36은 'High(높은 수)' 숫자로 하여 둘 중의 하나에 베팅하는 방법이다.

따라서 한 번의 게임으로 여러 가지 형태의 베팅이 승리할 수 있다. 예로, 한 번 돌려(spin) 하여 주사위가 [7]에 멈췄다면 다음과 같이 베팅한 경우가 승리하게 된다.

❶ [7]에 스트레이트 업 벹(straight-up bet) 한 경우
❷ 7을 포함한 코너 벹(corner bet), 예로 4, 5, 7, 8에 베팅하는 경우
❸ 7을 포함한 식스라인 벹(six-line bet), 예로 4부터 9, 혹은 7부터 12에 베팅한 경우
❹ 7을 포함한 컬럼 벹(A column bet), 따라서 이 예의 경우 첫 번째 열에 베팅하는 경우
❺ 7을 포함한 더즌 벹(A dozen bet), 예로 1부터 12에 베팅한 경우
❻ 7을 포함한 스플릿 벹(A split bet), 예로 6, 7 혹은 7, 8에 베팅하는 경우

❼ 7을 포함한 스트리트 벹(A street bet), 예로 7, 8, 9에 베팅하는 경우

❽ 레드 앤 블랙 벹(A Red and Black bet) 베팅에서 Red에 베팅한 경우(7은 Red임)

❾ 오드 오어 이븐 벹(Odd or Even bet)에서 Odd(홀수)에 베팅한 경우

❿ 로 오어 하이 벹(Low or High bet)에서 Low(낮은 수)에 베팅한 경우(7은 low 숫자에 속함)

8.2.2 하우스 마진

하우스 마진은 게임을 운영하는데 필요한 경비(수수료)로 룰렛의 경우 각 베팅형태에 따른 하우스 마진을 구하면 다음과 같다.

① 스트레이트 업 벹(straight up bet)

스트레이트 업 벹은 플레이어가 37개 숫자 중에서 원하는 하나의 숫자를 선택하여 베팅을 하고 휠을 돌려 던진 주사위가 멈춰서는 숫자가 선택하여 베팅한 숫자와 일치하면 승리하는 게임이다. 따라서 표(8-1)과 같이 배당률(odds)이 '35 to 1'로 주어져 있다. 따라서 $k=35$이고, 게임에 이길 확률 $p=1/37$이다. 이상과 같은 값을 하우스 마진을 구하는 식 (3-6)에 대입하여 하우스 마진을 구하면 다음과 같다.

$$\begin{aligned}\% \text{ HM(house margin)} &= 100(1-kp-p)\\ &= 100(1-35\times 1/37-1/37)\\ &= 2.7(\%)\end{aligned}$$

② 더즌 벹(dozen bet)

더즌 벹은 37개 숫자 중에서 12개 숫자를 선택하여 베팅을 하는 방법이다. 따라서 성공 확률 $p=12/37$이고, 주어진 배당률(odds)은 표(8-1)과 같이 '2 to 1'이다. 따라서 $k=2$이다. 이상과 같은 값을 식 (3-6)에 대입하여 HM을 구하면 다음과 같다.

$$\begin{aligned}\% \text{ HM(house margin)} &= 100(1-kp-p)\\ &= 100(1-2\times 12/37-12/37)\\ &= 2.7(\%)\end{aligned}$$

③ 컬럼 벧(A column bet)

컬럼 벧은 룰렛 테이블에서 볼 수 있는 바와 같이 3개의 열(column)에서 하나를 선택하여 베팅하는 방법이다. 따라서 성공확률 $p = 12/37$임을 알 수 있다. 또한 이 경우 하우스에서 제공한 배당률(odds)은 '2 to 1' 이다. 따라서 $k = 2$이다. 이 값을 식 (3-6)에 대입하여 HM를 구하면 다음과 같다.

$$\begin{aligned}\%\ \text{MH(house margin)} &= 100(1 - kp - p) \\ &= 100((1 - 2 \times 12/37 - 12/37) \\ &= 2.7(\%)\end{aligned}$$

이상과 같은 방법으로 각각의 벧에 대해 HM을 구하면 다음 표(8-2)와 같다.

표 8-2 룰렛의 경우 각 베팅 방법에 따른 하우스 마진

베팅 형태	선택하는 번호의 수	배당률(odds)	% HM(house margin)
스트레이트 업 벧	1개	35-1	2.7%로 모두 동일함
스프리트 벧	2개	17-1	
스트리트 벧	3개	11-1	
코너 벧	4개	8-1	
식스라인 벧	6개	5-1	
컬럼 벧	12개	2-1	
더즌 벧	1-12, 13-24, 25-36 중 하나	2-1	
로우 벧	1-18	1-1	
하이 벧	19-36	1-1	
레드 벧	18개의 빨간 색깔의 수	1-1	
블랙 벧	18개의 검정 색깔의 수	1-1	
오드 벧	18개의 홀수	1-1	
이븐 벧	18개의 짝수	1-1	

실습예제 8-1

이븐 벧(even bet)의 경우 HM을 구해보자.

8.2.3 구간추정

돌려받을 금액에 대한 구간추정치를 구하게 되면 그 게임을 계속하는 경우 결과적으로 경기 후의 이득(혹은 손해)이 어떻게 나타나는지 알 수 있다. 앞에서 설명한 '스트레이트 업 벨(straight-up bet)'에 100원을 베팅하고 게임을 1,000번 계속하는 경우 95% 구간추정치를 구해보자.

우선 문제를 해결하기 위하여 확률변수가 뭔가를 정의해야 한다. 문제의 성격으로 확률변수는 게임에서 성공할 경우와 실패하는 경우의 돌려받을 금액이 된다. 따라서 'strait-up bet'에 100원을 베팅하고 구간추정치를 구하기 위해서 이 게임에서 승리나 실패를 했을 경우 돌려받을 수 있는 금액을 변수 X라 놓고 X에 대한 확률분포는 다음 표(8-3)과 같다.

표 8-3 스트레이트 업 벨의 확률분포표

	x	$P(X=x)$	$xP(X=x)$
	0	36/37	0
	3,600	1/37	97.30
계		1.0	97.30

따라서 위 표 8-3의 값을 이용하여 X의 기댓값 μ와 표준편차 σ를 구하면 다음과 같다.

$$\begin{aligned}\mu &= \sum_{i=1}^{n} x_i P(X=x_i) \\ &= 0\times 36/37 + 3600\times 1/37 \\ &= 97.30(\text{원})\end{aligned}$$

$$\begin{aligned}\sigma^2 &= \sum_{i=1}^{n} (x_i-\mu)^2 P(X=x) \\ &= (0-97.30)^2\times\frac{36}{37} + (3600-97.30)^2\times\frac{1}{37} \\ &= 340,803.50(\text{원})\end{aligned}$$

$$\sigma = \sqrt{\sigma^2} = \sqrt{340803.50}$$

$$= 583.78(원)$$

따라서 X의 기댓값은 97.30원이고, 표준편차는 583.78원이다. 따라서 $\mu =$ 97.30원, $\sigma =$ 583.78원, 반복횟수 $n =$ 1,000, 비용 $C = 100$원이다. 이제 n번 게임을 했을 경우 총계 T의 95% 구간추정치를 나타내는 식은 다음 식 (8-1)과 같다.

$$(n\mu - 1.96\,\sigma\sqrt{n} - nC, \quad n\mu + 1.96\,\sigma\sqrt{n} - nC) \tag{8-1}$$

식 (8-1)에 각 값을 대입하면 구하고자 하는 T의 95% 구간추정치는 다음과 같다.

$$\begin{aligned}&[1{,}000 \times 97.30 - 1.96 \times 583.80\sqrt{1{,}000} - 1{,}000 \times 100,\\ &\qquad 1{,}000 \times 97.30 + 1.96 \times 583.80\sqrt{1{,}000} - 1{,}000 \times 100]\\ &= [-38885.30,\ 33484.30]\end{aligned}$$

따라서 구간추정치의 하한 값은 -38885.30원이고, 상한 값은 33,484.30원이다. 이 의미는 이 게임을 1,000번 계속한다면 38,885원 이상을 잃고 있을 확률이 2.5% 정도이고, 33,484원 이상을 따고 있을 확률이 2.5% 정도 되리라는 것을 알 수 있다. 그리고 95% 정도는 그 사이의 값을 따거나 잃고 있을 것이라는 것도 유추할 수 있다.

실습예제 8-2

Corner bet의 경우 10원을 베팅하는 corner bet 게임을 1,000 계속한다고 할 경우 이득에 대한 95% 구간추정치를 구해보자.

8.3 빅 식스 휠(Big Six Wheel=wheel of fortune)

휠 오브 포춘(wheel of fortune)이라고 불리기도 한다. 갬블링을 위해 만들어진 바퀴모양의 기계로 휠 내부에 숫자 표시가 되어 있는 기계이다. 이를 회전시켜 멈추게 한 후 그 결과에 따라서 게임의 승자와 패자가 결정되는 게임으로 휠을 이용하여 게임을 하고 있는 점에서 휠 게임의 일종이다. 빅 식스 휠 게임이 일반적인 룰렛과의 차이점은 일반적인 룰렛이 0(혹은 0과 00)과 1부터 36까지 37개(혹은 38개)의 숫자가 적혀있는 휠을 이용하는 게임인데 반하여 빅 식스 휠은 원형의 보드(board)나 휠(wheel)로 일반적으로 금속판에 의하여 몇 개(예; 54개)의 구획(spaces)으로 나눠져 있으며 수직으로 서는 점이다. 플레이어(player)는 테이블 위에 그려져 있는 6가지 구역에 임의로 베팅할 수 있게 되어 있다. 여기서 6가지 구획이란 54개의 칸을 1, 3, 5, 11, 23, 47 등 6개의 번호가 부여되어 있다. 이를 6가지 구획이라 한다. 전체 54개 칸 중에 이들 6가지 숫자가 몇 개 있느냐에 따라서 나타날 확률이 다르다. 플레이어들은 자기가 원하는 금액을 원하는 구획에 베팅(betting)하고 휠을 돌려 나온 결과가 플레이어가 베팅한 구역과 일치하게 되면 그 플레이어는 승자가 되어 베팅한 금액에 따라서 상금을 받는 게임이다.

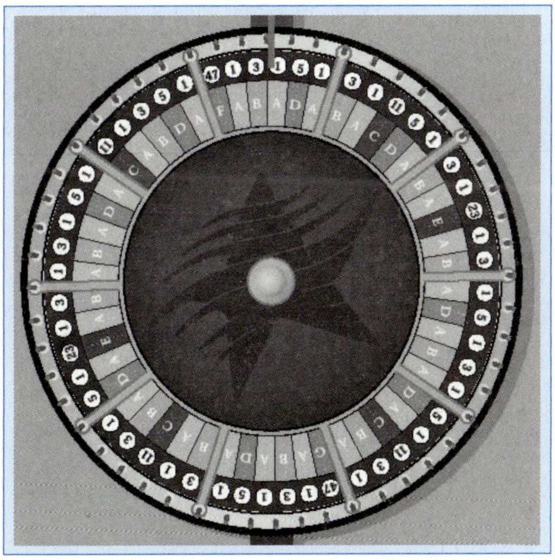

그림 8-5 빅 휠의 모형

좀 더 구체적인 내용을 원하면 참고문헌[18]을 참고하기 바란다.

제8장 연습문제

1. 다음 용어를 설명하시오.

   ① 휠 게임(wheel game)
   ② 다츠 놀이판(dots play plate)
   ③ 쿠루피어(Croupier)
   ④ 칩(chip)
   ⑤ 스트레이트 업 벹(A straight up bet)
   ⑥ 코너 벹(A corner bet)
   ⑦ 더즌 벹(A dozen bet)
   ⑧ 스플릿 벹(A split bet)
   ⑨ 스트리트 벹(A street bet)
   ⑩ 이븐 머니 벹(Even money bet)

2. 더즌 벹(A dozen bet)의 하우스 마진을 구하시오.

3. 스트레이트 업 벹(A straight bet)에서 100원을 걸었을 경우 다음 물음에 답하시오.

   ① 플레이어가 돌려받을 금액의 기댓값을 구하시오.
   ② 돌려받을 금액의 표준편차를 구하시오.

4. 넘버 {2, 3, 5, 6}의 코너 벹(corner bet)을, 32와 33에 스플릿 벹(split bet)을, 그리고 1 컬럼 벹(1 column bet)을 각각 1,000원을 내고 동시에 게임을 한다고 하자. 이 경우 다음 물음에 답하시오.

   ① 이러한 게임을 하는 경우에 각 게임당 돌려받을 금액에 대한 기댓값을 구하시오.
   ② 이 게임에서 ①의 결과를 이용해서 하우스 마진을 구하시오.
   ③ ②의 결과로부터 이 게임이 플레이어에게 유익한 게임이라고 생각하는가? 그 이유를 말하시오.

5. 어떤 플레이어가 1,000원을 내고 이븐머니(even money bet)을 하였다. 이 경우 다음 물음에 답하시오.

① 돌려받을 금액에 대한 기댓값을 구하시오.
② 돌려받을 금액의 표준편차를 구하시오.

6. 5번 문제에서 매 게임당 1,000원을 내고 게임을 계속하는 경우 100게임 후에 플레이어가 앞서나갈 확률을 구하시오.

7. 현서가 매 게임 당 1,000원을 내고 200번의 스트레이트 업 벧(A strait up bet) 게임을 할 경우 이 게임 후에 플레이어가 앞서나갈 확률을 구하시오.

제 9 장

릴 게임(reel game)

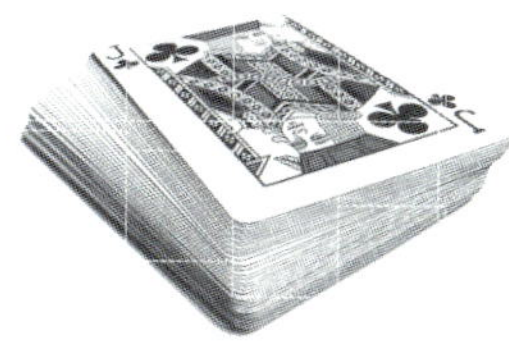

9.1 개요

릴 머신(reel machine)이란 얼레 같이 둥근 원통 위에 그림이나 어떤 문양이 그려져 있어 릴을 돌리면 릴에 그려져 있는 그림이나 모양이 바뀌도록 되어있는 기계의 일종이다. 게임에 사용되는 기계에는 릴을 여러 개(최소한 3개 이상) 함께 묶어 놓았다. 이처럼 몇 개의 릴을 묶어 게임에 사용하는 기계장치를 일명 슬롯머신(slot machine) 혹은 포커머신(poker machine)이라고 하고, 이런 기계를 이용하여 행하는 모든 게임을 릴 게임(reel game)이라 한다.

슬롯머신(slot machine)이란 동전을 넣고 기계를 조작하여 소정의 짝을 맞추면 상금을 타는 자동게임기로 초기에는 일반적인 동전을 투입하여 사용하는 자동판매기의 의미를 지니고 있었다. 그러던 것이 오늘날 슬롯머신은 게임기계로, 자동판매기는 벤딩머신(vending machine)으로 불리우고 있다.

슬롯머신은 1898년 미국의 찰스 페이(Charles Fey)가 고안한 것으로 알려져 있다. 처음 제작된 기계는 'Liberty Bell'이라 불리는 제작사에서 3개의 릴(reel)이 있는 간단한 형태의 것이었다. 그러나 현재에는 릴이 5개까지 있는 슬롯머신도 나와 있으며 그 모형도 각양각색이다. 특히 컴퓨터의 발달로 기계들이 다양한 기능을 갖게 됨은 물론 게임을 하는데 매우 편리하게 만들어져 있다.

현재 전 세계적으로는 100만대 이상이 설치되어 있으며, 가장 많은 사람들이 참여하는 게임으로 알려져 있다. 100만여 대중 약 50%가 북미에 설치되어 있고, 약 20%는 호주에 설치되어 있다. 그리고 1년 동안 약 900억 달러라는 돈이 슬롯머신 게임에 사용되고 있다.

이처럼 슬롯머신이 널리 퍼져있는 이유는 슬롯머신으로부터 얻는 부가가치가 엄청나기 때문이다. 예로, 호주의 뉴사우스 웨일즈(NSW; New South Wales) 주 정부는 슬롯머신 한 대당 1년에 평균 8,000 호주 달러를 벌어들이는 것으로 알려져 있다. 다음 그림 (9-1), 그림 (9-2)는 서로 다른 슬롯머신의 모형이다.

그림 9-1 슬롯머신의 모형

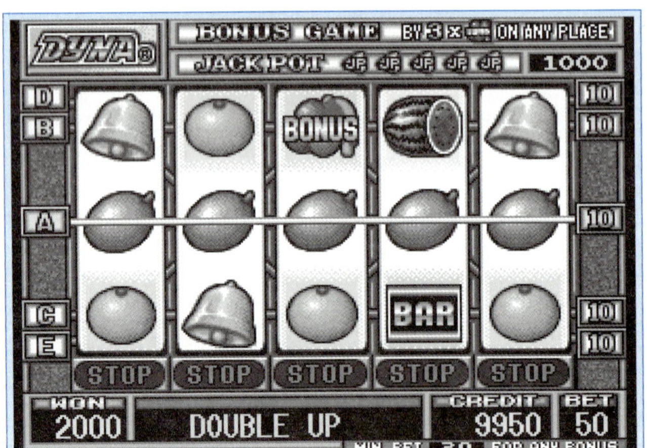

그림 9-2 5개의 그림이 있는 슬롯머신의 모형

본 장에서는 릴 게임 중에서 우리에게 잘 알려진 슬롯머신(slot machine)에 대해서 설명하고자 한다.

9.2 슬롯머신(Slot Machine)

9.2.1 게임 방법

슬롯머신은 동전이나 칩(chip)을 넣을 수 있는 투입구가 있다. 이 투입구에 칩을 넣고 조작을 하면 각 릴에 그려져 있는 그림이나 문자 혹은 숫자 등이 나타나게 되어 있는데 이들 그림의 일치하는 정도에 따라서 투입한 금액의 배당률에 해당하는 칩(혹은 동전)이 나오게 되어 있다. 옛날에는 기계에 붙어 있는 바(bar)를 댕겨서 조작하는 기계였으나 현재에는 간단하게 버튼(button)을 누르면 조작되게 만들어져 있어 조작이 매우 편리하게 되어 있다.

각 릴에 1, 2, 3의 3개의 숫자가 쓰여 있는 3개의 릴이 묶여진 기계가 있다고 할 때 이 기계에 원하는 만큼의 동전이나 칩을 넣고 돌린 결과 표(9-1)과 같은 결과를 얻었다면 가운데 칸, 즉 윈 칸(win line)에 [2, 2, 2] 3자가 모두 동일하게 맞았다. 이처럼 3개의 릴에 쓰여 진 글자가 모두 동일하거나 아니면 3개 중에서 2개가 동일하거나에 따라서 돌려받는 금액을 다르게 하여 게임을 하는 것을 슬롯머신게임(slot machine game)이라 한다. 물론 3개의 릴이 묶여져 있지만 각 릴은 서로 독립적(independent)이고 무작위(random)적으로 돌아가다가 멈추게 고안되어 있다.

표 9-1 3개의 릴로 구성된 슬롯머신 개형

	릴 1	릴 2	릴 3
	1	3	1
윈 라인	2	2	2
	3	1	3

이러한 슬롯머신게임에는 게임의 결과에 따라서 돌려주는 배당률이 다음 표(9-2)와 같이 주어져 있다.

표 9-2 승리할 경우 주어지는 배당률

게임결과	확 률	배당률(Odds)
세 개의 숫자가 모두 같을 경우	1/9	3 to 1
처음 두 개의 숫자가 같을 경우	2/9	1 to 1(even money)
위와 다른 결과가 나오는 경우	6/9	없음(nil)
합 계	1	

따라서 게임에 참가하고자 하는 사람은 이러한 내용을 고려해서 게임에 임해야 한다.

9.2.2 각 결과가 나타날 확률

각 릴에 1, 2, 3 세 숫자가 있는 슬롯머신이므로 윈 라인에 나타나는 모든 경우의 수는 각 릴에서 3개의 숫자가 독립적으로 나타나게 되어 있으므로 $3 \times 3 \times 3 = 27$가지가 된다. 따라서 각 결과가 나타날 확률은 다음과 같다.

① 3 숫자가 모두 일치할 확률

세 숫자가 윈 라인에 나타나 일치할 경우의 수는 {1, 1, 1}, {2, 2, 2}, {3, 3, 3} 등 3가지이다. 따라서 가능한 가짓수 27개 중에서 3가지이므로 구하는 확률은 3/27 = 1/9이다.

② 처음 두 숫자가 같을 확률

처음 두 숫자가 같을 경우의 수는 다음과 같다. {1, 1, 2}, {1, 1, 3}, {2, 2, 1}, {2, 2, 3}, {3, 3, 1}, {3, 3, 2} 등 총 6가지이다. 따라서 가능한 가짓수 27개 중에서 6개이므로 구하고자 하는 확률은 6/27 = 2/9이다.

③ 세 숫자가 모두 같거나, 처음 두 숫자가 같은 경우 제외한 경우 확률

이 확률은 1에서 세 숫자가 모두 같을 확률과 처음 두 숫자가 같을 확률을 뺀 값과 같다. 따라서 이 확률은 다음과 같다.

$$1 - 1/9 - 2/9 = 2/3$$

이상과 같은 각 경우가 나타날 확률을 정리한 내용이 표(9-3)의 두 번째 열에 있다.

9.2.3 기댓값과 분산

위와 같은 슬롯머신게임에서 플레이어가 100원을 가지고 게임을 시작한다고 하면 게임의 각 결과에 따라서 다음 표(9-3)과 같은 결과를 얻을 수 있다.

표 9-3 게임에서 돌려받을 금액

게임결과	확 률	배당률(odds)	돌려받을 금액
3개의 숫자가 모두 같을 경우	1/9	3 to 1	40
처음 두 개의 숫자가 같을 경우	2/9	1 to 1	20
위와 다른 결과가 나타나는 경우	6/9	0	0

① 기댓값

$$E(X) = \sum_{i=1}^{n} x_i P(X = x_i)$$
$$= (40 \times 1/9) + (20 \times 2/9) + (0 \times 6/9)$$
$$= 88.90(\text{원})$$

② 분산

$$\sigma^2 = \sum_{i=1}^{n} (x_i - E(X))^2 P(X = x_i)$$
$$= (400 - 88.90)^2 \times 1/9 + (200 - 88.90)^2 \times 2/9 + (0 - 88.90)^2 \times 6/9$$
$$= 18{,}769.30(\text{원})$$

$$\sigma = \sqrt{\sigma^2} = \sqrt{18{,}769.30} = 139(\text{원})$$

9.2.4 하우스 마진

하우스 마진은 게임 비용에서 돌려받을 금액을 제한 값이므로 다음과 같다.

$$\text{HM} = 100 - 88.90 = 11.10(\text{원})$$

$$\%\text{HM} = \frac{100 - 88.90}{100} \times 100 = 11.10\%$$

9.2.5 구간추정

위와 같은 포커게임을 100번 계속하는 경우 돌려받을 총액에 대한 신뢰도 95%인 구간추정치를 생각해보자. 앞에서 n 시행하는 경우 총 비용에 대한 95% 구간추정치는 다음 식과 같다.

$$(n\mu - 1.96\sqrt{n} - nC, \quad n\mu + 1.96\sqrt{n} - nC)$$

위에서 기댓값 $\mu =$ 88.90이고, $C = 100$원, $n = 100$이므로 각 값을 윗 식에 대입하면 구하고자 하는 95% 구간추정치는 다음과 같다.

$$\{100 \times 88.90 - 1.96\sqrt{100} - 100 \times 100,\ 100 \times 88.90 + 1.96\sqrt{100} - 100 \times 100\}$$
$$= \{-1129.6,\ -1090.4\}$$

따라서 이 게임을 100회 계속하면 많게는 1,130원 정도 잃게 되고, 적게는 1,090원 정도를 잃게 된다. 결국 이 게임은 100회 계속하고 돈을 따는 경우는 없다고 볼 수 있다.

9.2.6 앞서갈 확률

게임을 n회 계속한 후에 베팅한 금액을 잃지 않고 있을 확률을 앞서갈 확률이라 한다. 여기서 위와 같은 게임을 100번 계속한 경우 앞서갈 확률을 구해보자. 앞의 슬롯머신게임에서 100원을 비용으로 하는 게임을 100회 계속하는 것이므로 먼저 기댓값 $\mu =$ 88.90원이고 표준편차 $\sigma = 137$원이다. 또한 하우스 마진은 11.1%임을 알고 있다. 따라서 식 (3-11)을 이용하여 앞서갈 확률을 구하면 다음과 같다.

$$\begin{aligned} P(\text{게임에서 앞서갈 확률}) &= P\left(Z > \frac{HM\sqrt{n}}{\sigma}\right) \\ &= P\left(Z > \frac{0.111\sqrt{100}}{137}\right) \\ &= P(Z > 0.008) \\ &= 0.5\% \end{aligned}$$

앞서갈 확률이 1%도 채 되지 않는다. 이 말은 이런 게임을 100번 하고 나면 1,000명 중에서 5명 정도가 잃지 않고 있다는 의미를 갖는다.

9.3 케이지 버드(K. G. BIRD) 게임

기본적인 슬롯머신의 형태나 내용을 변형하여 다양한 게임을 즐길 수 있다. 그 중 하나가 케이지 버드(K. G. BIRD) 게임이 있다. 이 게임은 호주의 게임선도 회사의 하나인 Aristocrat Leasure Industries에서 만든 기계로 플레이어가 다양한 선택을 하면서 게임을 즐길 수 있다. 이 게임에서는 매 게임 당 1과 5 라인 중에서 선택하여 게임할 수 있으며, 각 라인 당 1부터 5까지 5가지의 베팅금액 중에서 선택적으로 베팅할 수 있게 되어 있다. 다른 기계들은 한 번에 투입할 수 있는 베팅금액이 1센트(cent), 2센트, 5센트, 10센트, 20센트 및 1달러가 있으나, 이 기계는 5센트(cent) 한 종류뿐이다.

따라서 슬롯머신은 일반적으로 1달러짜리 코인을 사용하게 되어 있어 5센트짜리 베팅금액을 선택하는 게임의 경우 1불당 20번을 할 수 있고, 만약 1센트짜리 베팅금액을 선택한 게임의 경우라면 100번의 게임을 할 수 있다.

9.3.1 게임 방법

케이지 버드(K. G. BIRD) 게임은 버튼을 사용하여 게임을 할 수 있게 되어 있다. 따라서 게임의 시작부터 끝까지 버튼을 이용하여 다음과 같은 과정을 따라서 할 수 있다.

1단계 〉〉 먼저 플레이어가 시작버튼을 누르면 'Good Luck'이라는 메시지가 뜬다. 그리고 게임이 끝나고 나면 다음과 같은 메시지 중에서 하나가 나타나게 된다.

- SHOW-OFF : 게임의 결과가 좋은 경우를 뜻함
- YOU WIN : 승리 축하
- LUCK'S ON YOUR SIDE : 귀하에 행운이

- YOU'RE LUCKY-LET'S PLAY AGAIN : 게임을 다시 하시오.
- THE REELS HAVE ROLLED YOUR WAY : 게임 실패
- HOW DO YOU DO IT : 게임을 계속할 것인지 아닌지를 물어봄

2단계 〉〉 매 게임이 끝나면 화면(display) 밑에 'WIN'이라고 하는 사인과 함께 플레이어가 받을 전체 크레디트(credit)을 보여준다. 예로, 20 크레디트(credits)을 걸고 게임을 했는데 10 크레디트가 화면에 나타났다면 플레이어는 10 크레디트를 잃었다는 의미이다.

3단계 〉〉 케이지 버드(K. G. BIRD) 기계는 동시에 3개의 행(raw)과 5개의 열(column)을 볼 수 있고, 각 열은 25개의 아이콘(icons)이 있다. 이들 아이콘은 다음과 같이 8가지의 그림과 2개의 숫자 등 모두 열 가지가 있다. 물론 다른 내용도 있을 수 있다.

① 새(BIRD)
② 고양이(CAT)
③ 약탈자(ROBBER)
④ 개(DOG)
⑤ 왕(KING)
⑥ 여왕(QUEEN)
⑦ 잭(JACK)
⑧ 10
⑨ 9
⑩ 다이너마이트(DYNAMITE)

5개의 각 릴은 서로 독립적으로 돌아가며 아이콘이 나타나게 되어 있다. 그리고 각 릴에 있는 아이콘은 다음 표(9-4)와 같이 구성되어 있다.

표 9-4 K.G. BIRD 포커기계의 아이콘 정열의 예

릴 1	릴 2	릴 3	릴 4	릴 5
새	새	새	새	새
왕	10	9	여왕	잭
여왕	9	10	왕	10
10	9	10	개	약탈자
9	여왕	약탈자	여왕	9
잭	고양이	9	10	여왕
9	10	10	약탈자	잭
여왕	여왕	개	잭	9
잭	약탈자	잭	10	약탈자
왕	10	9	고양이	여왕
다이너마이트	개	고양이	왕	왕
여왕	왕	10	10	9
왕	9	왕	약탈자	다이너마이트
잭	다이너마이트	9	잭	잭
여왕	10	잭	여왕	왕
왕	잭	다이너마이트	다이너마이트	10
약탈자	개	9	10	고양이
잭	여왕	여왕	왕	9
여왕	9	잭	약탈자	왕
개	개	9	여왕	10
잭	10	10	잭	9
왕	여왕	잭	왕	개
여왕	약탈자	9	약탈자	잭
고양이	9	왕	잭	10
잭	여왕	10	9	왕

그리고 각 릴에는 다음 표(9-5)와 같이 각 아이콘이 배치되어 있다.

표 9-5 K. G. BIRD 기계의 각 릴별 아이콘의 배치 빈도 표

아이콘	릴 1	릴 2	릴 3	릴 4	릴 5
새(BIRD)	1	1	1	1	1
고양이(CAT)	1	1	1	1	1
로버(ROBBER)	1	3	1	4	2
개(DOG)	1	3	1	1	1
왕(KING)	5	1	2	4	4
여왕(QUEEN)	6	5	1	4	2
잭(JACK)	6	1	5	4	4
10	1	5	5	4	4
9	2	4	7	1	5
다이너마이트(DYNAMITE)	1	1	1	1	1
계	25	25	25	25	25

또한 각 아이콘의 빈도는 다음 표(9-6)과 같다.

표 9-6 K. G. BIRD 기계의 아이콘별 빈도 표

아 이 콘	빈 도
새(BIRD)	5
고양이(CAT)	5
로버(ROBBER)	11
개(DOG)	7
왕(KING)	16
여왕(QUEEN)	18
잭(JACK)	20
10	19
9	19
다이너마이트(DYNAMITE)	5
계	125

9.3.2 결과의 확률

케이지 버드(K. G. BIRD) 게임에서 각 결과에 대한 확률을 구하기 위해서는 먼저 위에서 언급한 각 아이콘의 종류와 빈도 및 릴별 아이콘 구성 빈도 등을 알고 있어야 한다. 예로,

릴 3에서 새(bird)가 나타날 확률은 1/25이다. 이유는 릴 3에 그림이 모두 25개 있고 그 가운데 새는 하나가 그려져 있기 때문이다. 같은 방법으로 숫자 9가 나타날 확률은 7/25이다.

예제 9-1

케이지 버드(K. G. BIRD) 게임에서 5개의 릴의 동일 행(row)에 고양이(cat)가 나타날 확률을 구하시오.

풀이 9-1

25가지 아이콘이 있는 5개의 각 릴에 고양이 그림은 1개뿐이다. 따라서 5개의 릴의 동일한 행(row)에 모두 고양이 그림이 나타날 확률은 다음과 같이 구할 수 있다.

$$P(\text{5개의 고양이 그림이 동일 행에 나타날 확률}) = \frac{1}{25}\times\frac{1}{25}\times\frac{1}{25}\times\frac{1}{25}\times\frac{1}{25} = \frac{1}{9{,}765{,}625}$$

예제 9-2

케이지 버드 게임에서 각 라인에 고양이(cat) 그림이 나타날 확률을 생각해보자.

풀이 9-2

포커머신의 화면에는 각 릴에 3개의 그림이나 숫자가 나타나게 되어 있다. 따라서 각 릴에 고양이 그림이 나타날 가짓수는 3가지가 된다. 다른 나머지 릴의 경우도 동일하다. 따라서 이 확률을 구하면 다음과 같다.

$$P(\text{각 릴에 고양이 그림이 나타날 확률}) = \frac{3}{25}\times\frac{3}{25}\times\frac{3}{25}\times\frac{3}{25}\times\frac{3}{25} = \frac{243}{9{,}765{,}625}$$

예제 9-3

5개의 릴 중에서 처음 3개의 릴에 적어도 왕(king)이 하나 이상과 채워지고, 릴 4번은 왕과 새가 아니며, 릴 5번은 아무거나 나타날 확률을 구하시오.

풀이 9-3

첫 번째 릴에 왕이 5개, 새가 1개 있고, 두 번째 릴에는 왕이 1개, 새가 1개 있으며, 세 번째 릴에는 왕이 2개, 새가 1개 있으므로 이들 순서와 조합을 감안해서 확률을 구하면 다음과 같다.

$$P(\text{왕, 왕, 새}) = \frac{5}{25}\times\frac{1}{25}\times\frac{2}{25} = \frac{10}{15,625}$$

$$P(\text{왕, 새, 왕}) = \frac{1}{25}\times\frac{1}{25}\times\frac{2}{25} = \frac{2}{15,625}$$

$$P(\text{새, 왕, 왕}) = \frac{1}{25}\times\frac{1}{25}\times\frac{2}{25} = \frac{2}{15,625}$$

$$P(\text{왕, 새, 새}) = \frac{1}{25}\times\frac{1}{25}\times\frac{1}{25} = \frac{1}{15,625}$$

$$P(\text{새, 왕, 새}) = \frac{5}{25}\times\frac{1}{25}\times\frac{1}{25} = \frac{5}{15,625}$$

$$P(\text{새, 새, 왕}) = \frac{5}{25}\times\frac{1}{25}\times\frac{1}{25} = \frac{5}{15,625}$$

$$P(\text{왕, 왕, 왕}) = \frac{5}{25}\times\frac{1}{25}\times\frac{2}{25} = \frac{10}{15,625}$$

그리고 4번째 릴에는 왕이나 새를 제외한 것이 나타나야 하므로 이를 구하면 다음과 같다.

$P(\text{릴 4에 왕과 새가 나타나지 않을 확률}) = \frac{20}{25}$이고, 마지막 릴 5에는 어떤 것이 나와도 무방하므로 그 확률은 다음과 같다.

$P(\text{릴 5에 아무거나 나타날 확률}) = 1$이다. 따라서 처음 3개의 릴에 모두 왕일 확률은 다음과 같다.

$$P(\text{처음 3개가 왕일 확률}) = \frac{35}{15,625}\times\frac{20}{25}\times 1 = \frac{700}{390,625}$$

이상과 같은 방법으로 게이 지 버드(K. G. BIRD)게임의 결과의 확률을 구하면 다음 표(9-7)과 같다. 그리고 1원을 지불하고 이 게임을 하는 경우 배당금은 표(9-7)의 6번째 열의

값과 같다. 예로, 5개의 릴에 모두 새(Bird)가 나타나면 5,000원의 상금을 얻게 된다. 따라서 각 릴에 새가 각각 하나씩 들어 있으므로 5개의 릴에 모두 새가 나타날 확률은 $\left(\frac{1}{25}\right)^5$으로 1/9,765,625가 된다.

예제 9-4

케이지 버드 게임에서 새가 나와서 돈을 딸 확률을 구하시오.

풀이 9-4

새는 각 릴에 1개씩 들어 있다. 그리고 새가 나와 돈을 딸 경우는 5개의 릴에 모두 새가 나오거나, 처음 4개 혹은 처음 3개의 릴에 새가 나올 경우이므로 이 3가지 경우의 확률을 구하면 다음과 같다.

⚀ P(5개 릴에 모두 새가 나올 확률) $= \left(\frac{1}{25}\right)^5 = \frac{1}{9{,}765{,}625}$

⚁ P(5개의 릴에 처음 4개에 새가 나올 확률) $= \left(\frac{1}{25}\right)^4 \times \left(\frac{24}{25}\right) = \frac{24}{9{,}765{,}625}$

⚂ P(5개의 릴에 처음 3개에 새가 나올 확률) $= \left(\frac{1}{25}\right)^3 \times \left(\frac{24}{25}\right)^2 = \frac{576}{9{,}765{,}625}$

따라서 새가 나와 돈을 딸 확률은 이 3가지 경우의 확률을 다 합하면 되므로 이는 다음과 같다.

$$P(\text{새가 나와 돈을 딸 확률}) = \frac{1}{9{,}765{,}625} + \frac{24}{9{,}765{,}625} + \frac{576}{9{,}765{,}625}$$
$$= \frac{601}{9{,}765{,}625}$$

표 9-7 게이지 버드(K. G. BIRD) 게임의 결과에 따른 상금(payouts)의 예

릴 1	릴 2	릴 3	릴 4	릴 5	상금(만원)	확 률
새	새	새	새	새	5,000	1/9,765,625
새	새	새	새		1,000	24/9,765,625
고양이	고양이	고양이	고양이	고양이	2,500	31/9,765,625
고양이	고양이	고양이	고양이		250	367/9,765,625
고양이	고양이	고양이			50	4,025/9,765,625
약탈자	약탈자	약탈자	약탈자	약탈자	250	239/9,765,625
약탈자	약탈자	약탈자	약탈자		50	1,738/9,765,625
약탈자	약탈자	약탈자			20	7,500/9,765,625
개	개	개	개	개	250	63/9,765,625
개	개	개	개		50	713/9,765,625
개	개	개			20	8,625/9,765,625
왕	왕	왕	왕	왕	200	899/9,765,625
왕	왕	왕	왕		20	3,580/9,765,625
왕	왕	왕			10	17,500/9,765,625
여왕	여왕	여왕	여왕	여왕	200	1,259/9,765,625
여왕	여왕	여왕	여왕		20	9,218/9,765,625
여왕	여왕	여왕			10	41,500/9,765,625
잭	잭	잭	잭	잭	100	2,099/9,765,625
잭	잭	잭	잭		20	8,380/9,765,625
잭	잭	잭			10	41,500/9,765,625
10	10	10	10	10	100	1,799/9,765,625
10	10	10	10		20	7,180/9,765,625
10	10	10			5	35,500/9,765,625
9	9	9	9	9	100	1,439/9,765,625
9	9	9	9		20	5,497/9,765,625
9	9	9			5	68,425/9,765,625
9	9				2	148,750/9,765,625
다이너 마이트	다이너 마이트	다이너 마이트	다이너 마이트	다이너 마이트	50	7,775/9,765,625
릴에 관계없이 5개의 릴 중에서 4개의 다이너마이트					20	123,0961/9,765,625
릴에 관계없이 5개의 릴 중에서 3개의 다이너마이트					2	779.160/9,765,625
기 타					0	8,437,743/9,765,625
계						1

예제 9-5

앞의 표 9-7을 이용하여 다음 문제를 풀어보자.

❶ 케이지 게임을 한 번 할 경우 돌려받을 금액의 기댓값
❷ 케이지 게임을 한 번 할 경우 돌려받을 금액의 분산과 표준편차
❸ 케이지 게임을 한 번 할 경우 퍼센트 하우스 마진(%MH)
❹ 케이지 게임을 200번 할 경우 총 기대금액의 95% 구간추정치
❺ 케이지 게임을 200번 한 후 게임에서 앞서갈 확률

풀이 9-5

❶ 1번의 게임을 할 경우 돌려받을 금액의 기댓값을 X라 할 때 X의 기댓값은 다음과 같이 구할 수 있다.

$$\begin{aligned} E(X) &= \mu = \sum_{i=1}^{n} x_i P(X=x_i) \\ &= (5{,}000\times 1/9{,}765{,}625) + (1{,}000\times 24/9{,}765{,}625) + \ldots\ldots \\ &\quad + (2\times 779{,}160/9{,}765{,}625) + (0\times 8{,}473{,}743/9{,}765{,}625) \\ &= 8{,}793{,}565/9{,}765{,}625 \\ &= 0.900(\text{원}) \end{aligned}$$

❷ 1번의 게임을 할 경우 돌려받을 금액의 분산과 표준편차는 다음 식을 이용해서 구할 수 있다.

$$\begin{aligned} \mathrm{Var}(X) &= \sigma^2 = \sum_{i=1}^{n}(x_i-\mu)^2 P(X=x_i) \\ &= \sum_{i=1}^{n}(x_i-0.900)^2 P(X=x_i) \\ &= (5{,}000-0.900)^2\times\frac{1}{9{,}765{,}625} + (1{,}000-0.900)^2\times\frac{24}{9{,}765{,}625} + \ldots\ldots \\ &\quad + (2-0.900)^2\times\frac{779{,}160}{9{,}765{,}625} + (0-0.900)^2\times\frac{8{,}473{,}743}{9{,}765{,}625} \\ &= 55.49(\text{원}) \end{aligned}$$

❸ 1번의 게임을 할 경우 퍼센트 하우스 마진(%MH)은 다음 식을 이용해서 구할 수 있다. 따라서 식을 이용해서 구하면 다음과 같다.

$$\% \text{ HM} = \frac{\text{총 비용} - \text{돌려받은 금액}}{\text{총 비용}} \times 100$$

$$= \frac{1-0.900}{1} \times 100$$

$$= 10\%$$

❹ 200번의 게임을 하는 경우 총 기대금액의 95% 구간추정치는 다음 식을 이용해서 구할 수 있다.

$$(n\mu - 1.96\sigma\sqrt{n} - nC,\quad n\mu + 1.96\sigma\sqrt{n})$$

문제로부터 $n=200$, $C=1$, $\mu=0.900$이므로 이 값을 위 식에 대입하면 구하고자 하는 총 기대금액의 95% 구간추정치는 다음과 같다.

$$[200\times0.900 - 1.96\times7.45\sqrt{200} - 200\times1,$$
$$200\times0.900 + 1.96\times7.45\sqrt{200} - 200\times1]$$
$$= [-226.5,\ 186.5]$$

❺ 200번의 게임을 한 후 게임에서 앞서갈 확률은 다음 식을 이용해서 구할 수 있다.

$$P(\text{게임에서 앞서갈 확률}) = P\left(Z > \frac{\text{HM}\sqrt{n}}{\sigma}\right)$$

식에 각 값을 대입하면 다음과 같다.

$$P(200\text{회의 게임 후에 앞서갈 확률}) = P\left(Z > \frac{\text{HM}\sqrt{n}}{\sigma}\right)$$
$$= P\left(Z > \frac{0.1\sqrt{200}}{7.45}\right)$$
$$= P(Z > 0.1898)$$
$$= 0.4247$$

제9장 연습문제

1. 다음 용어를 설명하시오.

 ① 릴 게임(reel game)
 ② 슬롯머신(slot machine)
 ③ 벤딩 머신(vending machine)
 ④ 케이지 버드(K. G. BIRD) 게임
 ⑤ 크레디트(credits)

2. 어떤 카지노에 다음과 같은 3개의 릴에 각각 3개의 그림이 있는 포커게임 기계가 있고, 아래 표와 같은 배당률 표가 있다고 할 때 다음 물음에 답하시오.

3개의 릴이 있는 포커게임기

	릴 1	릴 2	릴 3
	수박	수박	수박
승리라인 ⇨	오이	오이	오이
	호박	호박	호박

배당률 표

게임 결과	배당률(odds)
3개 모두 동일한 그림	3 to 1
처음 두 개가 동일한 그림	1 to 1
위 두 가지를 제외한 경우	없음

 ① 각 게임 결과에 대한 확률을 구하시오.
 ② 게임당 참가비가 100원이라고 할 때 기대금액을 구하시오.
 ③ 하우스 마진을 구하시오.
 ④ 난수표를 이용해서 이 게임을 10번 반복할 경우 실제로 나타나는 결과를 이용하여 돌려받을 기대금액을 구하시오.

3. 케이지 버드(K. G. BIRD) 게임의 싱글라인(single line) 게임에서 다음과 같은 결과가 처음 릴부터 차례로 나타날 확률을 구하시오.

① 개, 왕, 고양이, 9, 새
② 여왕, 10, 9, 로버, 9
③ 여왕, 여왕, 여왕, 왕, 왕
④ 새, 여왕, 여왕, 왕, 왕
⑤ 왕, 왕, 왕, 왕, 왕

4. 100원의 비용을 지불하고 하는 포커 게임에서 돌려받을 기대금액이 90원이고, 그 표준편차가 700원이라 할 때 다음 물음에 답하시오.

① 하우스 마진을 구하시오.
② 이 게임을 100번, 500번, 1000번 계속하는 경우에 대하여 앞서갈 확률을 구하시오.
③ 이 게임을 1000번 한 후에 돌려받을 금액에 대한 95% 구간추정치를 구하시오.
④ 이 게임을 몇 번 이상하면 앞서갈 확률이 5% 이하가 되는가?

5. 다음 표는 케이지버드(K. G. BIRD) 게임에서 1원을 베팅하고 1회 게임을 하는 경우 승리하면 받을 수 있는 배당금을 나타낸 표이다. 이를 이용하여 다음 물음에 답하시오.

릴에 나타난 결과	상금(만원)
새 5	10,000
새 4	1000
고양이 5	2500
고양이 4	250
고양이 3	50
약탈자 5	250
약탈자 4	50
약탈자 3	20
개 5	250
개 4	50
개 3	20
왕 5	200
왕 4	20
왕 3	10

릴에 나타난 결과	상금(만원)
여왕 5	200
여왕 4	20
여왕 3	10
잭 5	100
잭 4	20
잭 3	10
10 이 5	100
10 이 4	20
10 이 3	5
9 가 5	100
9 가 4	20
9 가 3	5
9 가 2	2
다이너마이트 5	50
릴에 관계없이 5개의 릴 중에서 4개의 다이너마이트	20
릴에 관계없이 5개의 릴 중에서 3개의 다이너마이트	2
기타	0

① 각 결과가 나타날 확률을 구하시오.

② 기댓값을 구하시오.

③ 하우스 마진을 구하시오.

④ 돌려받을 수 있는 금액 X의 표준편차를 구하시오.

⑤ 100번 게임을 반복하는 경우 총 이익금에 대한 95% 신뢰구간을 구하시오.

⑥ 이 게임을 200번 계속하는 경우 앞서나갈 확률을 구하시오.

제 10 장

스포츠 게임(sport game)

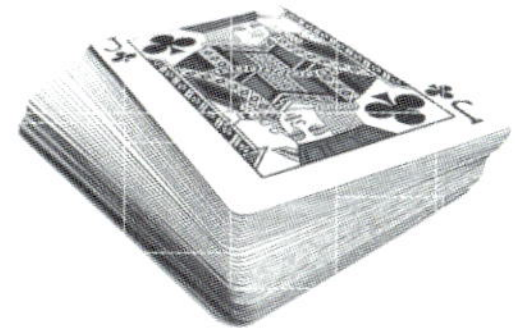

10.1 개요

스포츠 게임(sport game)이란 일명 스포츠토토(sport toto)라고도 하며, 운동경기가 개최되기 전에 투표용지에 승리할 것으로 예상되는 경기결과를 기입한 후에 예상한 경기결과와 실제 경기결과의 맞힌 정도에 따라서 순위가 결정되는 일체의 게임을 총칭한다. 또한 순위에 따라서 배당금을 받는 레저게임이다. 우리나라의 경우 경마, 경륜, 경정을 제외한 축구, 야구, 농구, 배구, 골프, 씨름 경기에 대한 게임(토토)의 공식명칭은 체육진흥투표권(體育振興投票權)이라고 부른다.

스포츠토토의 구체적인 종류는 어떤 팀이 승리할 것인가를 예측하는 승부식(勝負式)과, 경기에서 팀별로 총 몇 득점이 날지를 예측하는 점수식(點數式) 그리고 팀의 승리와 팀별 점수를 동시에 예측하는 혼합식(混合式) 등이 있다.

우리나라에서 현재 시행하고 있는 스포츠 관련 게임으로는 축구, 농구, 배구, 야구, 씨름 경기를 대상으로 발매하는 게임과 말 경주를 대상으로 발매되는 경마(horse racing), 조정 경기를 대상으로 발매하는 경정(boat racing), 그리고 자전거 경기를 대상으로 발매하는 경륜(cycle racing) 등이 있다.

스포츠토토와 기존의 로또나 각종 복권과 다른 점은 기존 복권이 전적으로 우연에 의해서 당첨이 결정되는 것에 비하여 스포츠토토(sport toto)는 게임에 참여하는 참여자가 과거의 경기내용과 결과 등을 분석하여 결과를 예측하고 베팅하는 게임이다. 이런 의미에서 스포츠게임을 지적게임(skill game) 혹은 예측게임이라고 부르기도 한다. 따라서 스포츠게임은 스포츠에 관심이 있는 사람들에게 스포츠 관람뿐만 아니라 게임에 참가하게 하여 더

적극적으로 게임을 즐기게 하는 장점을 가지고 있다.

스포츠토토의 1회당 구입금액은 100원이며, 1인당 총 구매 액은 10만원을 한도로 제한하고 있다. 나이제한도 있어 19세 이하는 투표권을 구입할 수는 있어도 당첨 시 배

당금을 받을 수 없다. 일반적으로 게임의 대상이 되는 경기와 발매일정은 2달 전에 결정되며, 발매는 게임 7일 전부터 시작된다. 그리고 발매 마감은 최초 경기시작 10분전이다. 발매 종료시점에는 항목별 투표율과 총매출액 및 등수별 배당률 등 투표현황을 공표한다.

스포츠토토의 판매로 얻은 수입금의 사용처를 보면 전체 판매금액의 50%는 당첨자에게 돌려주는 환급금으로 쓰이고, 25%는 위탁운영비로 쓰이며, 나머지 25%는 체육진흥기금으로 쓰이고 있다. 현재 우리나라에서 시행하고 있는 대표적인 스포츠 게임으로는 축구, 야구, 농구, 배구, 골프, 씨름 등이 있으며, 이상과 같은 스포츠 외에도 경마, 경륜, 경정 및 개를 이용한 그레이하운드 경주(greyhound racing) 등도 있다.

스포츠토토에도 환급방식에 따라서 프로토(proto)라는 방식이 있는데 토토의 환급방식은 매출액의 일정비율을 배당률로 정하여 당첨자들의 수에 따라서 배당액이 달라지는 조정환급률방식 임에 반해 프로토 방식은 환급률이 정해져 있는 고정배당률방식을 택하고 있는 점이 큰 차이점이다.

이와 같은 스포츠게임은 국민체육진흥공단 사업부에서 국민체육진흥을 목적으로 2001년 2월 15일 스포츠토토(주)를 공개입찰방식에 의해 수탁업자로 선정하여 당해 연도 10월에 축구와 야구를 대상으로 축구토토와 야구토토를 발매하게 된 것이 시초이다. 그 후 2002년 4월에는 월드컵토토를 발매하였으며, 2003년 농구토토에 이어 2004년도에는 민속 씨름에 대한 씨름토토까지 발행하게 되어 2007년 현재 6가지 경기에 대한 토토가 발행되고 있다. 다음 그림 (10-1)은 2001년부터 2006년까지 연도별 토토매출총액에 대한 추이와 참가자의 수를 나타내고 있다.

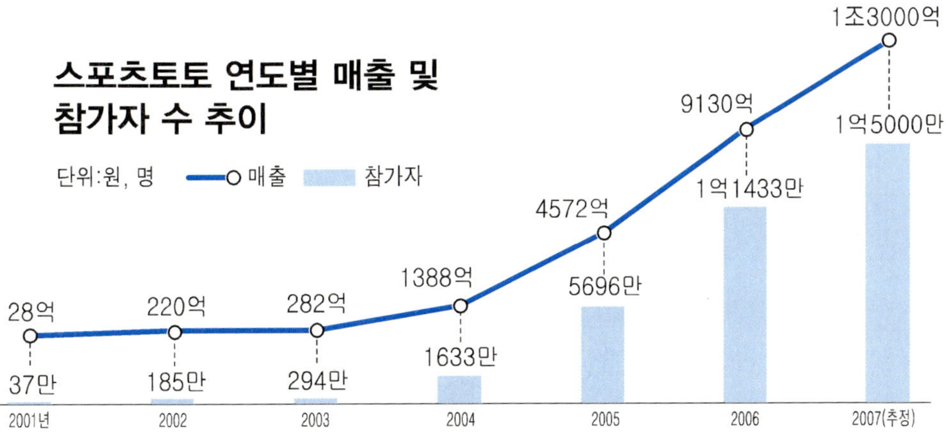

그림 10-1 년도별 토토의 매출액과 참가자 추이

외국의 경우는 오래전부터 축구의 발생지라고 하는 영국을 비롯하여 프랑스, 이탈리아, 스페인, 스웨던, 노르웨이, 네덜란드 및 호주 등 선진국에서 자국의 스포츠 발전과 공익기금 조성을 목적으로 성공적으로 운영되고 있다.

본 장에서는, 구기게임과 경마(horse racing)를 중심으로 설명하고자 한다.

10.2 축구토토

축구란 한 팀이 11명 씩 두 팀이 편을 이뤄 전반 45분 후반 45분 총 90분간 경기를 벌려 골을 많이 넣는 팀이 승리하는 경기이다. 이 런 경기의 결과를 맞춰서 상금을 타는 게임을 축구토토(soccer toto)라 부른다. 축구토토에는 어떻게 규칙을 정하여 게임을 하느냐에 따라서 홈팀의 승리, 무승부, 패배 중에 하나를 알아맞히는 '승무패 게임'과, 게임을 하는 두 팀의 게임결과를 알아맞히는 '매칭게임' 등이 있다. 본 절에서는 승무패 게임에 대해서 설명하고자 한다.

10.2.1 축구경기의 유래

축구경기는 BC 7세기 경 고대 그리스에서 행해졌던 에피스키로스(Episkyros)라고 하는 볼을 차고 던지던 경기에서 유래되었다는 설과, 이보다 먼저 중국에서 있었다는 설이 있다. 로마시대에 이르러서는 군대의 경기로 보급되어 오다가 로마가 영국을 침공했을 때 하르파스(Harpastum)란 경기를 보급시켰는데 이것이 훗날 근대 축구의 기원이 되었다고 한다.

1800년대에 이르러 경기규칙이 만들어지게 되었고, 1863년 12월 8일 공인된 규약과 경기 규칙이 만들어 지면서 현대 축구는 탄생되었다. 이로부터 40여년이 지난 1904년 국제축구연맹(FIFA ; Federation Internationale de Football Association)이 조직 되면서 축구는 국제적인 경기로 자리 잡게 되었다.

우리나라의 경우도 오랜 옛날부터 동물의 내장(오줌통 등)이나 볏짚을 뭉쳐 만든 공으로 축구와 유사한 놀이가 있었으나 현대 축구는 1882년 영국의 군함이 인천항에 입항하여 공을 차고 놀다가 떠난 뒤에 공을 주고 간 것이 공차기의 계기가 되었다고 전해지고 있다. 1896년 대한축구구락부라는 팀이 최초로 창설되었다. 1921년 2월에는 공식축구경기로 제 1 회 전조선축구경기가 개최되었고, 1933년 9월 19일 조선축구협회가 발족되어 축구를 보급하고 발전시켰다. 1947년 FIFA에 가입하기에 이르렀고, 1948년 런던올림픽에 참가하였다. 1954년에 아시아축구연맹에 가입하여 1956년에는 아시아축구선수권 우승, 1969년 킹스컵 우승에 이어 2002년 한일 월드컵을 개최하기에 이르렀으며 세계 4강이라는 신화를 창조하기도 하였다. 2010년 남아프리카공화국에서 열린 월드컵에서도 세계 16강의 위업을 달성한 축구강국으로 부상하였다.

10.2.2 축구경기방법

축구경기 방법을 잘 아는 것은 축구 토토를 하기 위한 기본이다. 축구경기를 어떻게 하는지 모르는 상태에서 축구 토토를 하는 것은 공부하지 않고 시험을 치르는 것과 같다 할 수 있다. 축구경기는 가로 64m이상 75m이하, 세로 100m 이상 110m 이하인 직사각형의 운동장에서 각 팀 11명 총 22명이 전반 45분 후반 45분 총 90분 경기를 하여 골을 많이 넣은 팀이 승리하는 게임이다. 그리고 골수가 동일하게 끝난 경기를 무승부라 한다. 득점은 볼이 양 골포스트 사이와 크로스바의 아래 골라인을 완전히 통과했을 때 골(goal)이라 하여 득점으로 인정된다.

10.2.3 대상경기

축구토토의 대상경기는 아무 경기나 가능한 것은 아니다. 승무패 게임의 대상경기는 국내 K-리그, 잉글랜드 프리미어리그, 스페인 프리메라리그, 이탈리아 세리에A 경기 등 14경기를 대상으로 하며, 스페셜 게임에는 국내축구경기 2, 3경기를 대상으로 하고 있다. 또한 매치게임은 국내축구경기 1게임을 대상으로 한다.

10.2.4 게임 참가방법

축구경기를 대상으로 하는 토토에는 승무패게임, 매치게임, 스페셜 게임 등이 있다. 매치게임은 홈팀과 원정팀의 전반전의 점수와 최종점수를 맞추는 게임이고, 스페셜 게임은 홈팀과 원정팀 2경기나 3경기의 최종점수를 맞추는 게임이다.

이 중 승무패 게임의 참가방법은 다음과 같이 할 수 있다.

(1) 참가하려고 하는 경기에 대한 정보를 확인한다.

대상경기, 경기시간, 중계일정, 총 발매금액, 적중 상금액 등을 확인한다.

(2) 홈팀이 승리할 것인지, 무승부로 끝날 것인지, 패할 것인지를 예측하여 투표권에 표기한다. 표기 방법에는 단식과 복식이 있다. 복식은 승무패에 대한 결과를 중복하여 표기할 수 있으며, 단식은 하나만 표기하는 방법이다. 단, 연장전이나 승부차기는 제외한다. 선택이 귀찮을 경우에는 자동선택방법도 있다.

(3) 구입금액을 기입한다.

투표지에는 최소 100원부터 최대 10만원까지 표시할 수 있게 되어 있다. 또한 1인 1회에 구매한도 도 10만원이다.

(4) 결재금액을 확인한 후 구입한다.

온라인상에서 쇼핑 카드감기나 계속구매하기 등을 클릭하여 결재할 수 있다.

이상의 네 가지 외에 게임에 얼마나 많은 사람들이 참여하고 있는지 확인하는 것도 좋다.

끝으로 축구토토의 슬립 모형은 다음 그림 (10-2)와 같다.

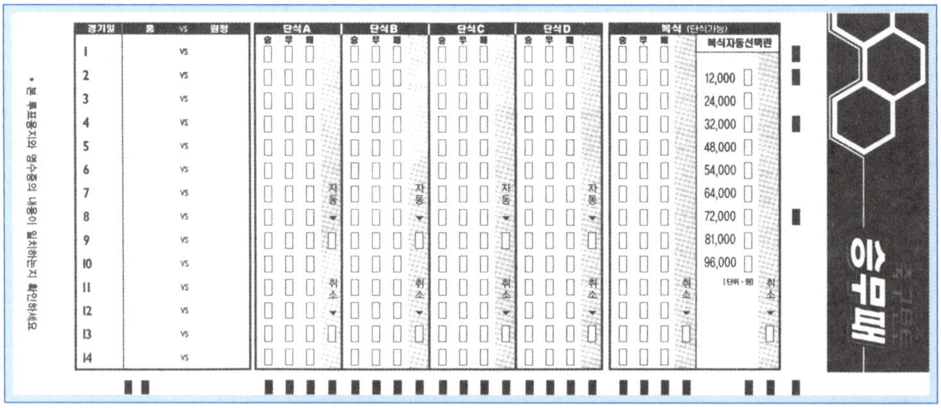

그림 10-2 축구토토 슬립의 모형

예제 10-1

그림 (10-2)와 같이 복식게임 1게임에 투표를 했을 경우 모두 적중할 확률을 구해보자.

풀이 10-1

위 투표지에 나타난 게임은 모두 14게임이고, 각 게임의 결과는 승, 무, 패 3가지 중에서 1개를 선택하는 게임이므로 14개 모두를 적중할 확률은 다음과 같이 구할 수 있다.

$$P(\text{14개 팀 모두 적중}) = \left(\frac{1}{3}\right)^{14} = 1/59{,}049\text{가 된다.}$$

실습예제 10-1

위 [예제 10-1]에서 10개를 맞출 확률과 하나도 맞추지 못할 확률을 구해보자.

10.3 야구토토

야구(base ball)란 한 팀이 9명 씩 두 팀이 편을 이뤄 9회에 걸쳐 공격과 수비를 번갈아 가며 9회를 하여 득점을 많이 얻은 팀이 승리하는 경기다. 야구경기 결과를 맞춰서 상금을 타는 게임을 야구토토(baseball toto)라 부른다. 게임규칙을 어떻게 정하여 게임을 하느냐에 따라서 홈팀의 승리, 무승부, 패배 중에 하나를 알아맞히는 승무패 게임과, 게임을 하는 두 팀의 게임결과를 알아맞히는 매칭게임 등이 있다. 본 절에서는 매칭게임에 대해서 설명하고자 한다.

10.3.1 야구경기의 유래

야구경기의 기원에 대해서는 두 가지 설이 있다. 하나는 13세기경 시작된 크리켓이 발달하여 야구가 되었다는 것과, 1839년 미국 뉴욕크주 쿠퍼즈타운 더블디 소장이 창안했다는 설이다. 어찌 되었든 미국에 자리 잡은 야구는 1845년에 이르러 야구협회라는 최초의 팀이 만들어 지면서 현재와 같은 다이아몬드형의 필드가 만들어지게 되었다. 1846 1팀 9명으로 하는 규칙도 만들어 졌으며, 1858년 전국야구선수권협회가 설립되어 야구를 관리하기에 이르렀다. 1869년 레드스토킹(Red Stocking) 이라는 최초의 프로팀이 출범하였고, 19세기 말에는 내셔널리그와 아메리칸리그가 결성되어 오늘에 이르고 있다.

우리나라의 경우는 1905년 미국인 선교사 길레트가 황성기독교청년단 회원들에게 야구를 가르친 것이 그 시초다. 1923년 5월 23일 조선야구협회가 발족 되었고, 1926년 동아일보주최 제 1 회 4구락부(경신, 중앙, 서울, 고려) 리그전이 열렸다. 1930년 9월 13일 조선야구심판협회가 발족하였으며, 1945년 해방이 되면서 조선야구협회를 다시 정비 하였다. 1970 현재의 대한야구협회가 탄생하여 오늘에 이르고 있다. 1982년에는 프로야구의 창설로 야구토토의 지평을 여는 계기가 되었다. 그동안 야구의 성장은 아시아야구를 제패해왔으며, 2008년 베이징올림픽에서 우승은 우리나라의 야구가 세계를 제패한 쾌거였다.

10.3.2 야구경기방법

야구경기 방법을 잘 아는 것은 야구토토를 하기 위해 매우 중요하다. 야구경기를 어떻게 하는지 모르는 상태에서 야구토토를 하는 것은 눈감고 길을 걷는 것과 같은 것이다. 야구경기는 공을 배트로 쳐서 야구경기장을 돌아옴으로서 점수를 얻는 경기이다. 총 9회를 두 팀이 수비와 공격을 번갈아가며 투수라고 하는 선수가 공을 던지고 타자가 타석에서 공을 때려 1루, 2루, 3루, 홈으로 되어 있는 야구 경기장을 돌아오면 점수를 나게 된다. 야구경기장은 각 루간 27m로 총 108m이다. 각 팀의 회당 공격 기회는 3아웃이 될 때까지 이며, 볼 카운트는 볼과 스트라이크로 3스트라이크는 원 아웃(one out)이 되고, 4볼은 출루를 하게 된다. 타자가 친 공이 수비수에 의해 땅에 닿기 전에 잡히면 아웃이 된다. 구체적인 내용은 참고문헌[11]을 참고하기 바란다.

10.3.3 대상경기

야구경기를 대상으로 하는 게임으로는 14경기의 승패 결과를 맞히는 야구토토에는 '승1패게임', 2~3경기의 최종득점결과를 맞히는 '스페셜게임' 및 1경기 홈팀과 원정팀의 홈런수와 최종 득점 대를 맞히는 '매치게임 등이 있다. 대상경기는 승1패게임의 경우는 국내외 프로야구 최종승부를 대상으로 하며, 스페셜 게임은 국내 프로야구 2, 3경기를 대상으로 하고, 매치게임은 국내프로야구 1게임을 선택 최종스코어를 맞히는 게임을 한다. 1회 시작부터 최종경기 종료까지 적용되며, 연장전이 벌어질 경우에는 이도 포함된다. 더블헤더 경기에서는 첫 번째 경기를 적용하여 결과로 사용한다.

10.3.4 게임방법

야구토토 게임의 참가 방법도 축구토토와 전반적으로 유사하다. 본 절에서는 야구토토 중 그림 (10-3)과 같은 슬립을 이용하는 매치게임을 대상으로 게임 참가방법을 소개한다.

(1) 대상경기 확인 및 선택

(2) 홈런 0, 1, 2 와 최종점수대 예상표기(복수표기 가능)

(3) 구입금액 선택

각 항목에 표기한 개수를 모두 곱한 후(총 예상개수) 표기한 구입금액을 곱하면 총 구입금액이 된다.

(4) 적중금 계산

단위구입금액에 배당률을 곱하여 구할 수 있다. 적중이란 홈런 0, 1, 2+ 와 최종 점수대를 모두 맞힌 것을 뜻한다.

홈런의 점수대는 0, 1, 2+ 세 가지로 구분되어 있다. 홈런이 나오지 않을 것으로 예상하면 0에 1개 나올 것으로 예상하면 1에, 2개 이상 나올 것으로 예상하면 2+에 표시한다. 최종결과의 점수대는 0~2, 3~4, 5~6, 7~8, 9~10, 11점 이상과 같이 6개의 투표항목으로 되어 있다. 다음 그림 (10-3)은 매치게임의 슬립모형이다.

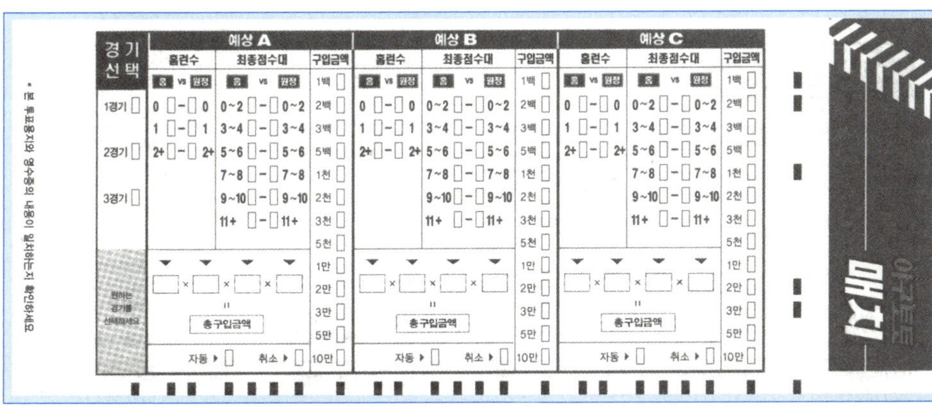

그림 10-3 야구토토 매치의 슬립의 모형

10.3.5 적중결과 방법 및 확률

적중결과, 적중투표결정방법, 환급금배분율 및 적중확률은 다음 표(10-1)과 같다. 여기서 적중확률은 두 팀의 홈런적중의 3가지 중 하나, 최종점수대 6가지 중 하나이므로 적중확률은 1/3×1/3×1/6×1/6 = 1/324 이 된다.

표 10-1 적중결정방법

구 분	적중투표결정방법	환급금 배분율	적중확률
1등	1경기 2팀의 홈런 수와 최종득점 대 적중	100%	1/324

실습예제 10-2

야구토토의 투표지에 원하는 만큼의 표시를 하여 전체비용을 계산해 보자.
그림 (10-3)의 투표지에 기록된 내용을 토대로 모두 적중시킬 확률을 구하고 이 경우 기댓값을 구해보자.

10.4 농구토토

농구(basketball)이란 5명으로 이뤄진 2개의 팀이 40분 동안 볼을 패스하거나 드리블하여 상대방의 골(바스켓)에 넣어 득점을 많이 하는 팀이 이기는 경기다. 돈을 걸고 농구경기의 결과를 맞추는 게임을 농구토토(basketball toto)라 한다. 경기결과의 어떤 것을 맞추느냐에 따라서 다양한 게임이 있을 수 있다. 한 예로 어떤 팀이 이기느냐를 맞추는 게임도 있을 수 있고, 어떤 팀이 몇 점 정도의 차이로 승리할 것이냐를 맞히는 게임도 있을 수 있다. 본 절에서는 매치게임에 대해서 설명하고자 한다.

10.4.1 농구경기의 유래

농구경기의 역사는 축구에 비해 최근에 만들어진 경기다. 1891년 미국의 매사추세추 스프링필드에 있는 국제 YMCA체육학교에 근무하던 카나다 출신의 J. A. 네이스미스씨가 고안한 것으로 알려져 있다. 우천 시나 겨울철에 자유로이 경기할 수 있는 구기 종목을 찾다가 고안하게 된 것이라 한다.

처음부터 오늘 날과 같은 농구경기가 만들어 진 것은 아니고 여러 번의 시행착오를 거치다 13개 룰을 만든 뒤에 오늘 날과 같은 농구라는 경기가 태어났다. 처음에는 많은 인원이 동시에 운동을 하였으나 1897년에 이르러 1팀은 6명으로 구성한다는 규정을 만들어 오늘에 이르고 있다. 이후 제 11회 올림픽 경기부터 정식 종목에 포함되게 되어 오늘에는 여러 나라에서 즐기는 경기가 되었다.

우리나라의 경우에는 야구와 마찬가지로 1907년 황성기독교청년회 초대 총무였던 길레트(Gillet, P.; 한국명 길례태 吉禮泰)가 소개한 것이 최초로 알려지고 있다. 1916년 반하트(Banhart)가 기독교청년회 간사로 부임하면서 본격적으로 보급되게 되었다. 1930년 조선농구협회가 탄생하였으며, 1945년 해방과 동시에 농구협회가 창설되면서 국제대회에서 많은 업적을 남겼다.

10.4.2 농구경기방법

농구경기 방법을 잘 아는 것은 농구토토를 하기 위한 기본이다. 농구경기를 어떻게 하는지 모르는 상태에서 농구토토를 하는 것은 화살 없이 사냥 나가는 것과 다름이 없다. 농구경기는 가로 13m 이상 15m이하, 세로 24m 이상 28m 이하인 직사각형의 코트에서 각 팀 5명 총 10명이 쿼터로 나눠서 총 40분 경기를 하여 골을 많이 넣은 팀이 승리하는 게임이다. 득점은 볼이 양 바스켓이라고 부르는 곳을 통과하면 득점으로 인정된다.

10.4.3 대상경기

농구경기를 대상으로 하는 게임에는 5경기 10팀 최종스코어를 맞히는 스코어게임, 14경기의 최종승부를 맞히는 승5패게임, 2경기 4팀 또는 3경기 6팀의 최종스코어를 맞히는 스페셜게임, 1경기 전반 및 최종스코어 점수대를 맞히는 매치게임, 1경기 전반 및 최종스코어를 맞히는 W매치게임 등 5가지가 있다.

스코어게임과 매치게임은 국내프로농구, 승5패게임과 스페셜게임은 국내외 프로농구, W매치게임은 국내여자 프로농구게임을 대상으로 하고 있다.

10.4.4 게임방법

농구토토에는 다섯 가지 게임이 있다고 하였다. 본 절에서는 매치게임을 대상으로 설명하고자 한다. 그림 (10-4) 매치게임의 슬립(투표권)이다.

(1) 슬립(투표권)에서 대상경기 및 마감요일 선택한다.

(2) 예상점수대를 표기한다.

각 팀의 과거 성적을 토대로 투표권에 득점 대를 표기한다. 표기방법은 각 팀의 1, 2 쿼터에서 얻을 것으로 기대 되는 점수와 최종점수(연장전포함) 대를 예상하여 표기한다. 득점 대는 슬립에서 볼 수 있는 바와 같이 1, 2쿼터는 34점 이하, 35점 이상 39점, 40점 이상 44점 이하, 45점 이상 49점 이하, 50점 이상 54점 이하, 55점 이상 등과 같고, 최종점수대는 69점 이하, 70점부터 79점 이하, 80점부터 89점 이하, 90점부터 99점 이하, 100점 이상 등과 같이 6단계가 있다.

(3) 구입금액을 계산한다.

각 점수대에 표기한 개수를 모두 곱한 후(총 예상개수) 표기한 구입금액을 곱하면 총 구입금액이 된다.

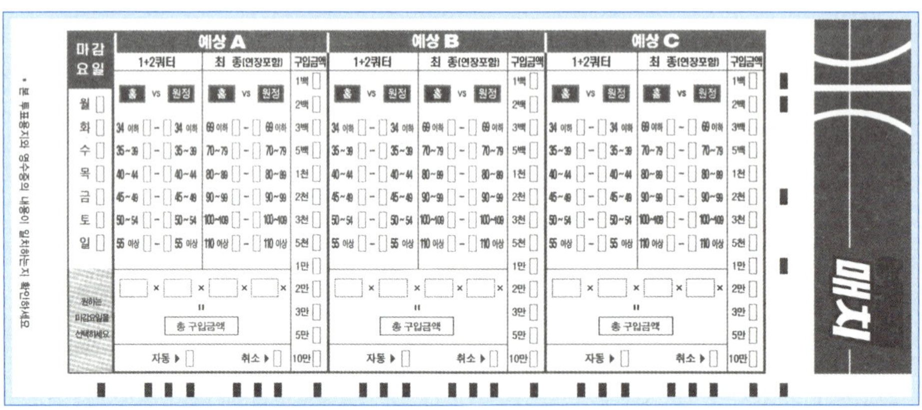

그림 10-4 농구토토 매치게임의 슬립 모형

10.4.5 등위결정방법 및 당첨확률

등위는 1등부터 3등까지 있으며 각각의 당첨경우와 배당률 및 당첨확률은 다음 표(10-2)와 같다.

표 10-2 농구토토의 등위와 배당률 및 당첨확률

등위	당첨방법	배당률(%)	당첨확률
1등	10팀 최종득점 적중	60	1/9,765,625
2등	9팀의 최종득점 적중	20	1/244,141
3등	8팀의 최종득점 적중	20	1/13,563

10.5 배구토토

배구(volleyball)란 두 팀이 네트를 사이에 두고 볼이 바닥에 떨어지기 전에 서로 상대방 진영에 공을 쳐서 넘기는 경기로 6명이 한 팀을 이루는 6인제 경기와 9명을 한 팀으로 하는 9인제 경기가 있다. 그러나 요즘 배구경기는 6인제가 대세를 이루고 있다. 경기의 승패는 5판의 경기에서 3번을 먼저 이기는 팀이 승리하는 5전 3선 승제 방식이 사용되고 있다. 배구는 축구와 달리 손을 주로 사용한다. 이러한 배구 경기의 결과를 예측하여 승패를 결정하는 게임을 배구토토(toto)라 부른다. 어떤 팀이 이기느냐를 맞추는 게임도 있을 수 있고, 어떤 팀이 몇 점 정도의 차이로 승리할 것이냐를 맞히는 게임도 있을 수 있다. 본 절에서는 매치게임에 대해서 설명하고자 한다.

10.5.1 배구경기의 유래

배구는 1895년 미국의 매사츠세츠주 홀요크시에 있는 YMCA 체육부장을 하던 W. G. 모건이 누구나 쉽게 즐길 수 있게 창안 하였다. 처음에는 1팀 5명으로 21점제로 시작하였

다. 1918년 6인제 15점제 로테이션제라는 6인제 배구 규칙이 확립되어 오늘에 이르고 있다. 1957년 IOC 총회에서 배구가 올림픽종목으로 채택되었고, 1964년 제 18회 도쿄올림픽에서 남.녀 경기가 등장하였다.

우리나라의 경우 1916년 기독교청년회(YMCA)의 선교 사업을 위해 미국에서 온 반하트(Banhart)에 의해 도입되었다. 1945년 11월 20일 대한배구협회가 발족되어 9인조배구의 전성기를 맞았다. 1976년 카나다 몬트리올에서 개최된 21회 올림픽에서 우리나라 구기사상 처음으로 동 매달을 차지하는 쾌거를 누리기도 하였다.

10.5.2 배구경기방법

배구경기 방법을 잘 아는 것은 배구토토에서 승리하기 위해 숙지해야 할 기본이다. 배구경기를 어떻게 하는지 모르는 상태에서 배구토토를 하는 것은 공부하지 않고 시험 보러 가는 것과 다름이 없다. 6인제 배구경기는 가로 9m, 세로 18m인 직사각형의 코트에서 각 팀 6명이 5 판의 경기에서 먼저 3판을 이길 때까지 경기가 진행된다. 요즘 6인제 경기는 25점을 한 세트로 하며 마지막 5번 세트는 15점을 먼저 내는 팀이 승리하게 되어 있다.

10.5.3 대상경기

배구경기를 대상으로 하는 게임에는 홈팀과 원정팀의 경기에서 승리하는 팀과, 1, 2, 3세트 점수 차이를 맞추는 매치게임과, 2경기 및 3경기의 홈팀과 원정팀의 세트스코어와 1세트 점수 차를 맞추는 스페셜 등이 있다. 스페셜 게임은 2경기(더블) 4팀 또는 3경기(트리플) 6팀의 최종스코어를 맞히는 게임이고, 매치게임은 1경기 3세트 홈팀과 원정팀의 점수대를 맞히는 게임이다. 두 게임 모두 국내 남녀프로배구 경기를 대상으로 하고 있다. 우리나라의 경우 2008년 1월 현재 남자배구는 6개 구단이 있고, 여자 구단은 5개 구단이 있다.

10.5.4 게임방법

배구토토 게임의 참가 방법도 다른 토토와 전반적으로 유사하다. 본 절에서는 배구토토 중 매치게임을 대상으로 게임 참가방법을 소개한다.

(1) 대상경기를 확인 및 마감요일을 선택한다.

(2) 1세트부터 3세트까지 세트별 승리팀과 예상되는 점수 차를 표기한다.
승리 팀은 홈팀이 승리할 것인가 원정팀이 승리 할 것인가를 표시하는 것이고, 점수 차는 승리 팀이 각 세트별로 몇 점차로 승리할 것인가를 예측하여 표기하는 것이다. 2점차, 3~4점차, 5~6점차, 7~8점차 및 9+ 등 5 구간으로 구분되어있다.

(3) 총 구입금액을 계산한다.
각 경기에 표기한 개수를 모두 곱한 후(총 예상개수) 표기한 구입금액을 곱하면 총 구입금액이 된다.

(4) 적중금 계산
단위구입금액에 배당률을 곱하여 구 할 수 있다. 적중이란 승리팀과 예상 점수차를 모두 맞히는 경우를 뜻 한다.

다음 그림 (10-5)은 배구토토의 슬립에 기입된 한 예를 보이고 있다.

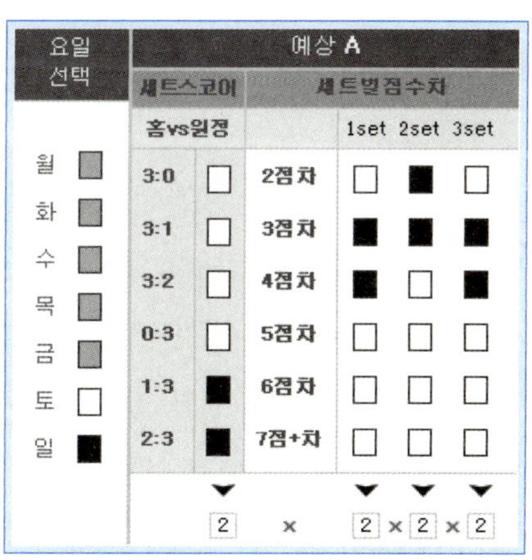

그림 10-5 배구 매치토토의 슬립 모형

실습예제 10-3

1세트에서 3점차로 이기고 나머지 3게임을 4점, 5점, 10점차로 계속 패해 홈팀이 1대 3으로 패할 것으로 예측하는 경우 투표지에 표시해 보자.

10.5.5 적중결과 방법 및 확률

어떻게 게임을 하느냐에 따라서 적중확률이 달라지겠지만 여기에서는 앞에서 설명한 두 팀의 경기에서 총 경기스코어와 각 세트별점수차를 맞히는 경우를 예로 생각해 보기로 하자. 세트스코어와 각 세트별 점수 차이 항목에서 1개씩만 골라서 표시를 한다고 하면 결과를 적중할 확률은 $\left(\frac{1}{2}\times\frac{1}{5}\right)^3$ = 1/1,000이 된다.

10.6 골프토토

골프(golf)란 골프를 칠 수 있는 장소(골프코스)에 정지해 있는 공을 지팡이 모양으로 생긴 클럽으로 잇달아 처서 정해진 홀(hole)에 넣어 그 때까지 공을 터치한 수(타수; stroke)가 적은 사람이 승리하는 경기다. 골프를 칠 수 있는 코스는 들판이나 구릉 또는 산악지역을 이용하고 있어 다른 운동경기와 같이 규격화되어 있지는 않으나 나름대로 규정을 가지고 있다. 초기에는 홀(hole) 수도 다양 했으나 1764년 스콜틀랜드의 세인트앤드루즈에서 18개로 개조하였는데 이것이 현대 골프장의 모델이 되었다. 골프 코스는 대개 3 타 만에 홀 아웃을 하게되어있는 파 3 홀 4개, 4타 만에 홀 아웃 할 수 있는 파 4 홀 10개, 그리고 5타 만에 홀 아웃 해야 하는 파 5홀 4개로 총 18 홀로 구성되어 있다.

10.6.1 골프경기의 유래

골프의 발생기원에 대해서는 스코틀랜드에서 발생했다는 설과 네덜란드에서 전해진 것이라는 두 가지 설이 있다. 그러나 스코틀랜드에서 유래했다는 설이 유력하게 전해지고 있다. 최초의 골프기원은 목동들이 초원에서 가축을 키우다 막대기로 돌아나 나무 조각 등을 때리다가 고안된 것이라고 알려져 있다. 그러던 것이 14 세기 들어 현재의 형식과 방법에 의하여 스콜틀랜드 서민들 사이에서 행해지다가 15세기에 들어 성행하게 되었다. 너무 성행하여 국민의 무도와 신앙에 방해가 된다고 해서 금지된 적도 있다. 16세기 들어 신분의 고하를 막론하고 즐기게 되었으며, 스코틀랜드는 물론 잉글랜드로 전파되었다. 18세기 들어 클럽이 생기게 되면서 선수권대회도 탄생하게 되었다. 처음에는 실버 클럽(silver club)이라 하여 은제 클럽쟁탈전을 벌였다. 공식경기를 치르기 위하여 13개 조로 되어 있는 규칙을 만들었는데 이것이 현행 골프의 총칙의 기반이 되었다. 1860년 처음으로 전 영국 오픈 선수권대회가 열렸고 그 경기는 지금 디 오픈(The Open)이라는 이름으로 세계 골프대회 중 가장 권위 있는 대회가 되었다. 19세기 후반에 미국에 전해진 골프는 1894년 아메리카골프협회(PGA)가 생기면서 영국 중심의 골프가 신대륙 미국 중심의 골프로 탄생하게 되어 오늘에 이르고 있다.

우리나라의 경우는 원산의 세관 내에 영국인들이 6 홀인 골프장을 만들어 경기한 것이 처음이라고 한다. 그 이후에는 일본제국주의 시대 일본 사업가와 관리들이 들어와 전파하였다고 알려져 있으며, 특히 구한말 영친왕은 골프를 즐겼다고 한다. 1924년 조선철도국인 서울 효창공원에 9홀의 골프장이 만들어 지면서 경성 골프구락부라는 것이 탄생하였다. 해방 후인 1972년 한 장상 선수가 일본 오픈에서 우승하는 쾌거를 이룩하게 되었다. 그 후 IMF 시에 박세리의 미국여자골프대회(LPGA)에서 우승은 국민에게 희망을 주기도 하였다. 그 후로 한국은 세계 골프의 중심에서 많은 선수들이 세계를 무대로 활동하고 있다.

10.6.2 골프경기 방법

골프경기 방법을 잘 아는 것은 골프 토토(toto)에서 승리하기 위해 숙지해야 할 기본이다. 일반적으로 골프경기는 18홀(hole)로 구성되어있는 골프장에서 골프채(golf club)로 공을 쳐서 각 홀의 그린에 깃발이 꽂혀 있는 구멍(hole)에 공을 넣는 경기다. 일반적인 골프장은 파 쓰리 홀(par three hole) 4개, 파 포 홀(par four hole) 10개, 파 화이브 홀(par five hole) 4개 등 총 18개 홀로 구성되어있다. 각 홀은 처음 공을 놓고 치는 티 박스(tee box)와 티 박스에서 공을 처서 떨어지는 페어웨이(fair way), 그리고 페어웨이에서 공을 처서 올릴 수 있게 만든 그린(green) 등 세 부분으로 이뤄져 있다.

골프공을 치는 채가 있는데 채에는 멀리 보낼 수 있는 드라이버(driver)와 우드(wood) 아이언(iron) 및 퍼터(putter) 등이 있다. 채들은 최대 14개까지 사용할 수 있으며 이들 채들은 공을 보내고자 하는 거리에 따라서 사용을 달리하고 있다.

파 쓰리 홀(par three hole)은 채로 3번을 쳐서 그린의 구멍(hole)에 넣게 되어 있는 홀이며, 파 포 홀(par fore hole)은 네 번 만에, 파 화이브 홀(par five hole)은 다섯 번을 쳐서 공을 구멍에 넣으면 되는 홀을 말한다. 이처럼 규정된 홀에 규정된 타수에 마무리하는 것을 파 세이브(par save)했다고 말하며 18홀 모두를 파 세이브 했을 경우 이븐(even)을 쳤다고 말한다. 사실 파 세이브 한다는 의미는 18홀을 72번 쳐서 끝내는 경우를 이르는 말이다.

규정타수 보다 한 타를 더치면 보기(bougie), 두타를 더치면 더블보기(double bougie), 세타를 더치면 트리플 보기(trifle bougie), 네타를 더치면 쿼터플 보기(quartful bougie) 라 부르며, 반대로 규정보다 한타 덜 치는 경우를 버디(birdie), 두 타를 덜 치는 경우를 이글(eagle), 아주 드문 일이지 만 세타를 덜 치는 경우를 알바트로스(albatross) 라고 부른다. 특히 파 쓰리 홀에서 한 번 쳐서 끝내는 경우를 홀인원(hole in one)이라고 부른다.

골프경기 방법은 여러 가지가 있으나 주로 두 가지 방법이 널리 사용되고 있다. 하나는 정해진 수의 홀의 총 타수의 과다에 의해서 승부를 정하는 스트로크 플레이(stroke play) 방식과, 홀마다 타수의 과다로써 승부를 겨루고 정해진 모든 홀을 마치고 나서 이긴 홀이 많은 사람이 승리하는 매치 플레이(match play) 방식이 있다.

이 방법 외에도 다양한 방법이 있으니 더 자세한 내용을 원하면 참고문헌[11]을 참조하기 바란다.

10.6.3 대상경기

골프경기를 대상으로 하는 게임에는 7개의 선수매치(14명 경기)의 1라운드 승무패를 예측하는 '승무패게임'과 5명선수의 1라운드 예상타수를 맞히는 '스페셜게임' 등이 있다. 대상경기로는 한국남자프로골프협회 (KPGA : Korean Professional Golf Association), 한국여자프로골프협회 (KLPGA : Korean Lady Professional Golf Association), 미국남자프로골프협회(PGA : Professional Golf Association), 미국여자골프협회(LPGA : Lady Professional

Golf Association) 가 주관하는 경기와 기타 공인되는 경기를 대상으로 하고 있다.

10.6.4 게임방법

골프 경기를 대상으로 하는 골프토토(toto)는 선수 5명을 대상으로 게임결과를 맞추는 스페셜게임(toto)과 7명의 선수를 선정하여 승패를 맞추는 승무패 게임 등이 있다. 다음 그림 (10-6)은 골프선수 5명을 지명하여 지명된 5명의 1라운드 18홀(holes)까지 기준타수(par)보다 몇 타를 덜 치고, 더 칠지를 예상하여 기입한 골프토토 스페셜의 투표권(slip)이다. 여기서는 스페셜 게임에 대한 설명을 하고자 한다.

(1) 대상대회 확인 및 선택을 한다.

대상대회는 5가지 중에서 하나를 선택하면 된다.

(2) 5선수의 1라운드 예상타수를 표기 한다. 복수로 표기하는 것도 가능하다. 이 투표지를 보면 5명 골퍼의 경기결과를 [3타 이상, 1타부터 2타 이하, 0타(even par), -1타부터 -2타 이하, -3타부터 -4타 이하, -5타 이하]와 같이 6개의 선택의 범주(category)로 구분하여 선택하게 되어 있다.

따라서 게임에 참가하고자 하는 사람은 각 선수의 경기결과가 6개의 범주에서 어떤 범주에 속할 것인가를 예측해 선택하여 투표지에 표시하여 비용을 지불하면 게임에 참여할 수 있다.

(3) 총 구입금액을 계산한다.

각 선수에 표기한 개수를 모두 곱한 후(총 예상개수) 표기한 구입금액을 곱하면 총 구입금액을 구할 수 있다. 예에서 총 금액은 3,200원으로 나와 있다.

(4) 적중금 계산

단위구입금액에 배당률을 곱하여 구 할 수 있다. 골프토토 중 스페셜게임의 적중이란 5명 선수의 1라운드 경기결과를 모두 맞히는 경우를 뜻 한다.

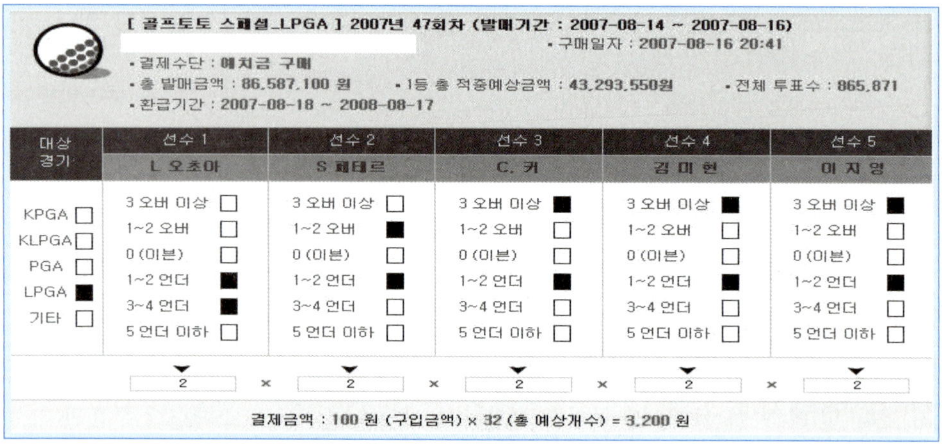

그림 10-6 골프토토의 슬립의 모형

10.6.5 등위결정방법 및 적중확률

골프토토의 등위결정은 5명의 선수의 경기결과를 모두 적중시키면 1등, 4명을 적중시키면 2등과 같은 방식으로 등위를 결정한다. 그리고 각 범주에서 하나만 선택하는 경우 적중확률은 경기결과가 각각 6가지 범주로 구분해 놓았으므로 5명의 선수의 경기결과를 모두 맞힐 확률은 $(1/6)^5 =$ 1/7,776이 된다. 다음 표(10-3)은 이를 보이고 있다.

표 10-3 골프토토의 등위결정과 적중확률

등위	당첨방법	적중확률
1등	5선수 모두 적중	1/7,776
2등	4선수 적중	25/7,776

* 해당 적중자가 없는 경우에는 다음 회 차 등위로 이월됨

10.6.6 결과 발표

골프토토의 당첨결과발표는 대회 주최 측의 공식적인 1라운드 결과 발표 후 당일에 적중결과가 발표된다. 적중금액에 대한 환급기간은 발표 다음날부터 1년 이내다. 경우에 따라서는 지정된 선수가 불참하거나 중도포기, 실격, 대회연기 등으로 1명의 공식 1라운드 타수

를 적중결과 발표 일까지 확인할 수 없는 경우 발매를 무효화 할 수 있는 적용특례를 두고 있다.

정상적으로 발권된 투표권은 취소나 환불 및 수정이 불가능하다.

예제 10-2

예로, 원준이가 단위 구입금액이 10,000원인 골프토토를 다음 표(10-4)와 같이 표시했을 경우 총 구매금액을 구하면 다음과 같다.

표 10-4 경마의 투표지 투표모형

결과범주 / 선수	+3 이상	+2～+1	0(even)	-1～-2	-3～-4	-5 이하
선수 1			o	o		
선수 2				o		o
선수 3				o		
선수 4	o					
선수 5				o	o	

풀이 10-2

총 구입금액 = 총 예상개수×단위 구입금액이므로 이 식을 이용해서 구하면 다음과 같다.

가능한 총 예상가지 수 = 2×2×1×1×2 = 8가지
단위당 구입금액 = 10,000원
따라서

총구입금액 = 8×10,000원 = 80,000원

10.7 씨름토토

씨름토토(Ssirem toto)는 2004년부터 시행되기 시작했으나 최근 들어 프로경기가 중단되는 바람에 활성화되지 못하고 있다. 씨름경기를 대상으로 경기결과를 알아맞히는 게임으로 어떻게 규칙을 정하여 게임을 하느냐에 따라서 게임에 출전한 선수의 승패나, 팀의 경기결과를 맞히는 게임이다. 게임으로는 123게임과 매치업게임이 있었다.

10.7.1 씨름의 유래

씨름은 우리나라의 전통적인 운동으로 주로 남자들이 하는 운동이다. 마당이나 모래밭에서 허벅지와 다리에 띠(삽바)를 두른 두 사람이 마주보고 꿇어 앉아 왼손으로는 다리의 띠를 오른 손으로는 허리의 띠를 잡은 다음 심판의 호령에 의해 동시에 일어나 먼저 상대방을 넘어뜨림으로써 승패를 결정하는 경기다.

씨름의 유래는 만주 퉁구스 벽화에 그려져 있는 것으로 봐서 고구려 전에부터 있어왔음을 알 수 있다. 또한 고려사에 의하면 충혜왕은 씨름을 좋아해 1334년(동왕 5년)2월과 7월 씨름을 관람했다는 기록이 나타나고 있는 것으로 미뤄볼 때 고려 때에는 성행했던 것으로 유추되기도 한다. 그 후 단오나 백중 및 한가위 등에 연중행사로 성대히 거행되었다는 기록이 있다. 물론 몽고의 씨름이 중국을 거쳐 우리나라에 들어왔으며 이는 다시 일본의 스모를 만들게 되었다는 속설도 있다.

1927년 조선씨름협회가 창설 되어 그해 9월 제 1 회 전국씨름대회를 개최하여 중단과 계속을 반복해 오다가 1947년 전국씨름대회를 전국씨름선수권대회로 개명하여 개최한 뒤 1980년대 민속씨름의 전성기를 맞기도 했으나 최근 들어 침체를 벗어나지 못하고 있다.

10.7.2 경기 방법

씨름경기는 기본적으로 경기에 두 명의 선수의 허리와 허벅지에 띠(삽바)를 매고 모래판에서 심판의 구령에 의해 시작하는 경기다. 경기의 승패는 주어진 시간 내에 발 이외의 신체 일부가 모래판에 먼저 닿거나 넘어지면 패하게 된다.

경기 종류에는 체급에 따라 체중이 80kg 이하인 금강장사, 80.1kg 이상 90kg 이하인 태백장사, 90.1kg 이상인 백두장사와 체급에 관계없이 참가하여 경기를 하는 천하장사 경기가 있다. 또한 개인경기와 단체전 경기도 있다.

10.3.3 대상경기

씨름경기에 관한 게임도 여러 가지가 가능하나 2004년 9월에 시작된 '씨름토토 123'게임과, 2006년 3 월부터 시작한 '매치업게임'이 있다. 매치게임은 16강 선수그룹으로 구성된 조별(A조, B조) 결승진출 팀을 알아맞히는 게임이다. 외에도 조별로 어떤 조가 승리할 것이냐를 맞히는 경기와 체급별로 매치경기의 승패를 맞히는 게임도 있다. 대상경기는 한국씨름연맹이 주관하는 경기와 기타경기가 있다. 다음 표(10-5)는 3판 선승 제 결승전의 경우에 선택할 수 있는 7개의 범주표이다.

표 10-5 씨름토토의 결승전 결과 범주

범주	1	2	3	4	5	6	7
구분	2 : 1	2 : 0	1 : 0	기타	0 : 1	0 : 2	1 : 2

10.3.4 게임방법

씨름경기를 대상으로 하는 씨름토토(toto)는 '123게임'과 '매치업게임' 등이 있다. 여기서는 매치업게임에 대하여 설명하고자 한다. 매치업게임은 16강 경기 별 우승자(그룹) 및 결승전 결과를 단식 혹은 복식으로 예상하여 표기하는 방법이다. 다음 그림 (10-7)은 매치업 게임의 슬립이다.

(1) 체급을 선택한다.
참여하고자 하는 체급(금강, 태백, 한라 등)을 확인하여 선택 한다.

(2) 16강 경기별 우승자(그룹)와 결승결과를 예상하여 표기한다.
먼저 대상체급의 대진표를 꼭 확인한 후 16강 각 경기별 우승자(그룹)와 결승전 결과를 예상하여 선택한다. 복수 선택도 가능하다.

(3) 구입금액을 선택한다.
참여하고자 하는 금액을 표기 하면 된다. 최소 금액은 100원이며 최대 금액은 10만원이다.

(4) 총 구입금액을 계산한다.
각 선수에 표기한 개수를 모두 곱한 후(총 예상개수) 표기한 구입금액을 곱하면 총 구입금액을 구할 수 있다.

(5) 적중금 계산
단위구입금액에 배당률을 곱하여 구 할 수 있다. 씨름토토 중 매칭업 게임의 적중이란 16강 경기결과를 모두 맞히는 경우를 뜻 한다.

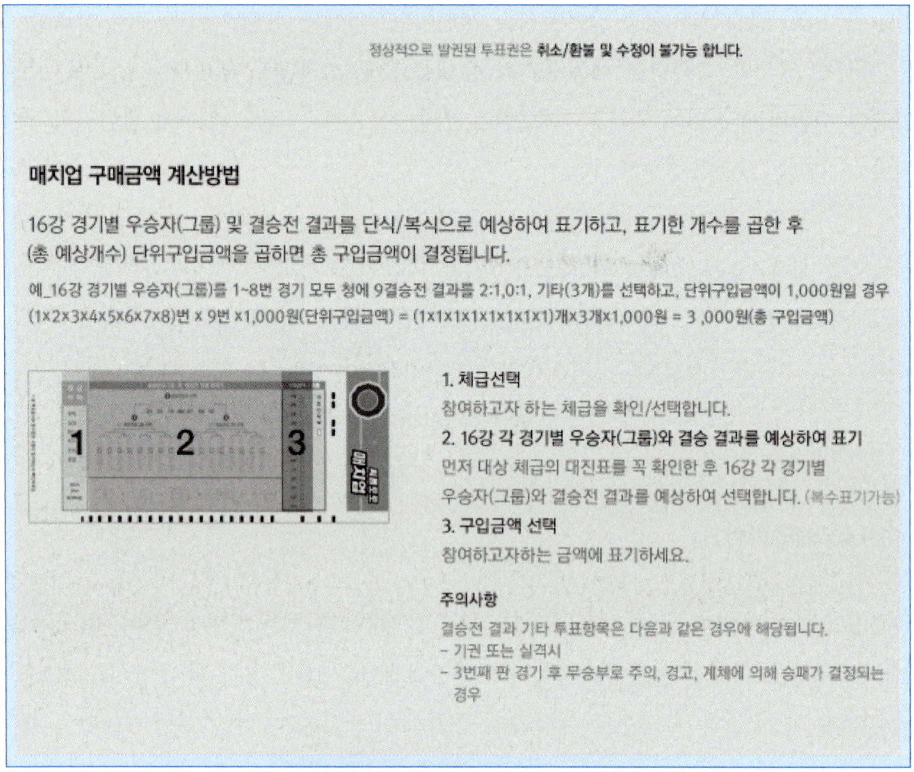

그림 10-7 씨름토토의 슬립모형

10.3.5 적중결과 방법 및 확률

어떻게 게임을 하느냐에 따라서 적중확률이 달라지겠지만 여기에서는 앞에서 설명16 강전에 출전하는 16명이 2명씩 짝을 이뤄 경기를 하게 되므로 총 경기는 8경기가 된다. 결과적으로 적중이란 8경기의 승자를 모두 맞히는 것이므로 적중할 확률은 $\left(\frac{1}{2}\right)^8 = 1/256$이 된다.

10.8 경마(Horse Racing)

10.8.1 개요

말(horse)은 인간에 의해서 길들여진 후에 교통 및 운반수단으로 사용되었다. 그 후 때로는 농경지 재배를 위한 노동력으로 사용되기도 하고, 때로는 전쟁에서 병사를 태우고 전쟁을 수행하는 최첨단 장비의 역할을 하였다. 이처럼 말은 교통, 운반, 농경재배 및 전쟁에 없어서는 안 될 필수품이 되어 우리생활과 불과분의 관계가 되었다. 따라서 자연히 더 좋은 말을 생산하기 위한 노력이 필요하게 되었고, 그를 위하여 말들 간의 경쟁이 있게 되었다. 이와 같은 이유로 자연 발생적으로 경마가 태동했을 것으로 여겨지고 있다.

경마는 언제부터 시작된 것일까? 경마의 시작이 언제부터인지 그 확실한 연대는 알 수 없지만 추측컨대 아마 인류가 야생마를 길들여 이용하기 시작하던 시점부터라고 생각한다. 그러나 문헌에 나타난 것으로는 BC 800년 전 그리스의 작가 호메로스(Homeros: BC800 ~ BC 750)가 저술한 대서사시 오딧세이(Odyssey)에 전차경마에 대한 기록이 있다. 공식적인 경기의 기록은 BC 776년 제 23회 그리스 올림픽제전에서 4두 마차 게임이 최초로 알려져 있으며, 말을 탄 기수가 있어 경기를 하게 된 것은 그 후 몇 년이 지난 33회 그리스 올림픽제전에서부터인 것으로 알려져 있다.

이처럼 그리스를 출발로 고대 로마를 거쳐 영국으로 건너가 오락으로 자리 잡게 되었다. 그러나 현재 사용하는 경마(horse racing)는 1174년 영국의 왕 헨리 2세 때 미스필드에서 개최된 경주에서 처음으로 경마라는 명칭을 사용하기 시작했다. 그 후 1540년 경마 전용시설이 체스터에 만들어졌다. 국왕 찰스 2세(1630 ~ 1685)는 뉴 마켓과 에프솜에서 개최되는 경마에 가끔 참관하여 상금을 하사하였을 뿐만 아니라 직접 말을 타고 달릴 정도로 열광적이어서 경마의 아버지로 불렸다. 이처럼 영국에서 부흥기를 맞은 경마는 18세기 말부터 19세기 초 사이에 프랑스를 중심으로 유럽과 호주 및 독립 전의 미국에 전해져 오늘에 이르고 있다.

현재에는 소위 선진국가라고 하는 미국을 비롯한 영국, 프랑스, 호주, 일본 등 각 국가에서 경마가 성행하고 있다. 한 예로 호주의 경우는 1810년 10월(October)에 처음으로 법이 인정하는 경마가 열렸으며, 특히 1861년 첫 대회를 시작으로 매년 11월 첫 번째 화요일 오후에 열리고 있는 멜버른 컵(Melbourne Cup) 대회는 세계적으로 유명한 대회 중의 하나다. 첫 대회의 상금이 고작 1,420 호주 달러이던 것이 2006년 대회에는 전체 국민의 약 80% 정도가 경마에 참여하고 마권의 총판매금액이 호주 달러로 5억 달러(약 4000억 원)에 이를 정도로 그 열기가 대단하였다.

우리나라의 경우 경마는 외세에 의하여 처음 소개되었으나 다른 게임에 비하면 조기에 들어 왔다. 1916년 5월 일본인에 의하여 용산연병장에서 마권을 발행하지 않고 시행된 것이 경마의 최초 기록이다. 그 후 여의도로 옮겨지고 나서 우리나라의 기수가 처음 출현하였으며, 한강백사장, 장충단공원 등지를 전전하며 개최되었다. 이 당시 마주는 모두 일본인이었다. 1922년 4월 5일 '사단법인 조선경마구락부'의 설립인가를 얻게 되고, 5월 20일 사단법인 조선경마구락부주최 경마경기가 최초로 시행되었다. 1923년 군산을 비롯하여 11개 지방에도 임시 경기장을 마련하여 경기를 한 적도 있다. 1926년도에 신설동에 경성경마장이 개설되어 본격적인 경마경기가 시작되었다. 1934년에는 경성을 비롯한 9개 지방 경마구락부를 통합한 '조선경마회'가 설립되었다. 그 후 중일전쟁(1939년 7월)과 태평양전쟁(1941년)의 발발로 전쟁에 필요한 마필자원의 증산을 위해 조선총독부에서 '조선경마회'를 해체하고 '조선마사회'를 발족시켰다. 이처럼 우리나라 경마의 역사는 암울했던 근대사와 같이 파란만장한 역경을 거쳤다.

1945년 해방과 더불어 그해 11월 '조선마사회'를 '한국마사회'로 명칭을 변경하였다. 또한 1954년에는 신설동에 있던 경마장을 뚝섬으로 이전하였다. 서울올림픽 이듬해인 1989년 9월 1일에는 뚝섬경마장을 과천경마장으로 이전하여 오늘에 이르고 있다. 이어 1990년 10월 28일에는 제주도, 1999년 11월 27일에는 부산/경남 경마장을 건설하였다. 이처럼 파란만장한 역사 속에 등장한 경마(horse racing)란 무엇인가?

한국마사회법 제 2조에 따르면 '경마란 기수가 기승한 말의 경주에 승마투표권(마권)을 발매하고, 결과를 적중시킨 자에게 환급금(배당)을 교부하는 행위를 말한다.'라고 정의되어 있다. 그러나 일반적으로 경마란, 경주거리, 부담중량, 상금 등 정해진 조건(룰) 하에서 두 마리 이상의 말을 달리게 하여 승부를 겨루는 경기에 고객들이 베팅(내기 돈)을 하고 즐기는 성인레저의 하나라고 말할 수 있다.

오랜 역사를 가진 경마는 그 역사만큼이나 명칭도 다양하다. 옛날 귀족들만이 즐겼다고 해서 왕들의 스포츠(sports of king)라 부르기도 하고, 혈통경기(blood sports)라 부르기도 한다. 이 외에도 관람의 스포츠(spectator sports) 또는 두뇌스포츠(cerebral sports)라 불리기도 한다.

경마와 유사한 경기로는 개를 이용하는 그레이하운드 경주(greyhounds racing), 말이 마구(마차)를 끄는 하니스레이싱(harness racing) 등이 있다. 또한 말을 이용하지는 않지만 경마와 게임방법이 유사한 경륜(cycle racing) 및 경정(boat racing)이 있다. 경륜은 말 대신 자전거를 타고 레이스를 펼치는 경기이며, 경정은 보트를 타고 레이스를 펼치는 경기이다. 모두 경마와 유사하므로 여기서는 경마를 대상으로 설명하고자 한다. 다음 그림 (10-8)은 경마경주의 한 장면을 보여주고 있다.

그림 10-8 | 경마경주 장면

10.8.2 경마의 속성

경마는 레이스와 베팅의 요소가 유기적으로 결합되어 있으며, 과학적으로 예측한 결과와 우연성이 동시에 내포되어 있는 레저(leasure)이다. 따라서 고객들에게는 관람하는 스포츠(spectator sports)이고, 기수들에게는 경마를 직업으로 생활하는 프로스포츠(pro-sports)이며, 마주에게는 프로를 스폰서 하는 사업(business)이 된다. 그리고 시행업체는 공익사업(public corporation)의 성격을 지니게 한다.

다음 그림 (10-9) 및 그림 (10-10)은 경마게임에 참여하기 위하여 사전에 작성해야 하는 마권구매표(betting slip)와 마권구매표와 비용을 지불하고 받는 마권(영수증)의 모형이며 표(10-7)은 경마게임에 출전하는 말과 기수(선수)가 기록된 출마표다.

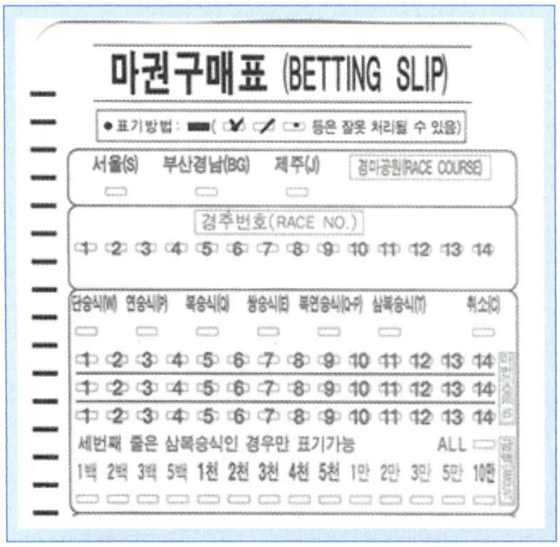

그림 10-9 마권 구매표(betting slip) 모형

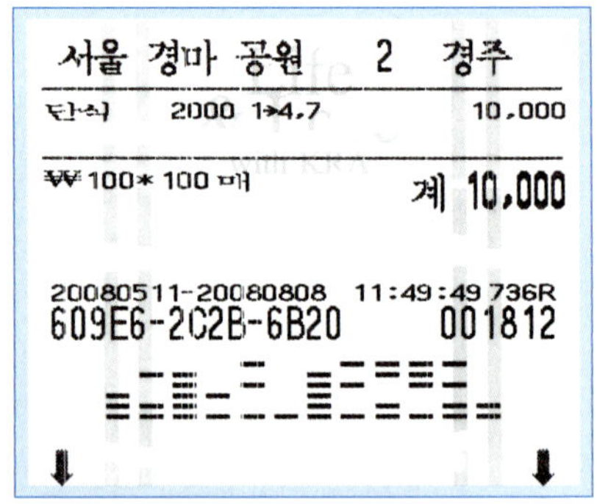

그림 10-10 마권(영수증) 모형

표 10-7 [서울 Seoul] 92일차 토요일 출마표(2007-12-22)

No	마 명	산	성	년	毛	총전적			기수	부중	조교사	마주	★
9	금빛	한	암	3	흑	11	0	2	김**	54	지**	하**	
4	에이스	한	수	3	갈	8	1	0	천**	55	곽**	전**	
1	과천	한	수	3	밤	8	2	0	함**	55	손**	박**	
7	빌리브	한	거	3	갈	12	1	0	이**	55	강**	홍**	
3	신맨유	한	암	3	갈	15	1	1	이**	54	박**	최**	
6	드리머	한	암	3	검	8	0	1	오**	54	박**	김**	
2	창대	한	암	3	갈	10	0	1	이**	54	안**	윤**	
10	앰비션	한	암	3	갈	18	0	2	박**	54	임**	김**	
8	경천	한	암	3	갈	9	1	2	문**	54	박**	방**	
11	미스터	한	수	3	갈	14	1	1	박**	55	지**	김**	
5	남해	한	암	4	밤	20	1	0	심**	55	박**	허**	
12	씨사이드	한	수	3	갈	17	0	1	대**	55	강**	이**	

10.8.3 경마수익금의 활용

우리나라의 경우 경마를 관장하는 주무부처는 농림식품부이고, 사업자는 한국마사회로 공공기관의 성격을 띠고 있다. 따라서 경마를 통하여 얻어지는 수이금의 지출항목은 이익준비금(10%), 경마사업 확장적립금(20%), 축산발전기금(56%), 농어촌복지사업(14%) 등에 쓰이도록 법적으로 정해져 있다. 이 가운데 농어촌복지사업은 다음과 같은 곳에 사용되고 있다.

❶ 마사 진흥을 위한 사업
❷ 농어업인 자녀 및 농어업인 후계인력 장학사업
❸ 농업·농촌에 대한 이해증진 및 농축산물 촉진사업
❹ 자유무역협정의 이행에 따른 농어업인 등에 대한 지원, 기타 농어촌사회복지 증진 사업 등

10.8.4 경마경주의 종류

경마에서 경주의 종류는 여러 가지가 있으나 크게 나눠보면 평지경주(平地競走), 장애물경주(障碍物競走), 속보경주(速步競走) 등 세 가지가 있다. 우리나라에서는 아직 평지경주만을 시행하고 있으나, 외국에서는 장애물경주, 속보경주 그리고 계가(수레)를 끌고 달리는 계가경주 등도 하고 있다.

상금에 의한 분류로는 특별경주(特別競走)와 일반경주(一般競走)가 있다. 특별경주란 마주가 자기 말의 출주를 신청할 때 등록료를 내며, 이 돈을 전부 1, 2, 3 착(등)에 주는 상금에 포함시키는 경주이다. 일반경주란 등록료를 시행체의 수입으로 하는 경기이다. 따라서 특별경기는 일반경기보다 상금이 많다.

경주에 참가하는 말(출주 마)에 과해지는 부담중량(기수의 체중에 안장 등의 무게를 가한 것)에 의한 분류도 있다. 말의 연령, 성별, 경주거리 등에 따라 미리 부담정량이 정해져 있는 것을 마령중량경주(馬齡重量競走)라 하고, 개개의 경주를 위하여 정해진 것을 별정중량경주(別定重量競走)라고 한다. 또한 말의 과거의 성적, 최고타임, 각질(脚疾) 등을 참작하여 모든 말의 승기(勝機)가 균등해지도록 부담 중량을 불균등하게 정하여 행하는 경주를 핸디캡경주(handicap race)라 한다. 유럽 쪽에서 행해지는 주요 경주의 대부분이 마령중량경주 또는 별정중량경주임에 반하여 미국이나 호주 등에서는 핸디캡경주도 많이 하고 있다.

또한 처음 경주하는 말들의 경기인 신마경주(新馬競走), 아직 승리 경험이 없는 말들이 벌리는 미승리마경주(未勝利馬競走), 우승의 경력이 있는 말들이 벌리는 우승마우승경주(優勝馬優勝競走) 등 말의 능력에 따라 경기종류를 분류하기도 한다.

끝으로 평지경주에서는 거리에 따른 분류도 있다. 경주 거리는 보통 1,400m 이하를 단거리경주, 1,600m 전후를 중거리경주, 그 이상을 장거리경주로 구분하기도 한다.

10.8.5 마권의 종류

우승할 것으로 예상되는 말에 돈을 걸고 마권(馬券)을 사는 것을 투표한다고 표현한다. 따라서 일명 마권을 승마투표권(乘馬投票權)이라고도 한다. 본디 경마를 대상으로 하는 내기는 영국에서 경마와 더불어 처음에는 마주와 마주 사이에서 시작되었다. 그러다 곧 관람자 사이에까지 보급되었고, 급기야 직업적으로 내기를 하는 사람들이 생겨났다. 그들을 마권영업자(혹은 북 메이커: bookmaker)라고 부른다. 북 메이커들은 각 출주마에 대하여 승산률을 표시하고, 그에 따라 관객들과 내기를 시작하였다.

그 후 1872년 프랑스 사람 모레(Moller)가 패리-무추얼(pari-mutual)이란 방식을 고안하여 곧 세계 각국에 보급되었다. 이 방식은 각 경주마다 각기 출주마의 승마투표권(마권)을 말매하고, 매상액을 집계하여 그 합계액에서 일정비율의 금액(수수료)을 공제하고 잔액을 승마의 적중 자(당첨자)에게 분배하는 방식이다. 이 명칭 외에도 Totalizator의 명칭을 따서 TOTE라고 부르기도 한다.

이 방식이 도입되고 나서 한동안 두 가지 방식이 병존하였으나, 현재에는 미국, 프랑스, 일본 등 대다수의 나라에서는 북메이커방식은 금지하고 특정단체(경마 주최자)가 독점적으로 마권을 발매하는 패리-뮤추얼 방식만을 채용하고 있다. 그러나 아직도 영국, 독일, 이탈리아, 호주 등지에서는 두 가지 방식이 병존하고 있다. 우리나라의 경우에는 패리-뮤추얼 방식을 채용하고 있다.

경주(race)의 결과를 어떻게 맞추느냐에 따라서 게임종류가 다양 하다. 이를 승식이라 하는데 우리나라의 경우 승식의 종류는 단승식, 연승식, 복승식, 쌍승식, 복 연승식 및 삼복승식 등 5가지가 있다. 이들의 각 승식 별 내용과 승리할 확률을 보면 다음과 같다.

① 단승식

1등말을 적중시키는 승식으로, 경주에서 1등으로 들어올 말을 적중시키면 승리하는 방식이다. 따라서 경주마가 n 마리라 할 때 승리할 확률은 $1/n$이다. 여기서 주의할 것은 모든 말의 우승확률이 동일하다는 가정 하에서 구하는 확률이다. 그러나 실제로는 말이나 기수의 능력에 따라서 승률이 다르기 때문에 위 승리확률은 큰 의미가 없다.

② 연승식

1, 2, 3 등내 들어올 말을 적중시키는 승식으로 출주마가 8마리 이상일 때 3등까지 상위 말 중 어느 하나를 적중 시키는 경우 승리하는 방식이다. 단, 출주마가 7마리 이하일 경우

는 2등까지로 정할 수 있다. 경주마가 n마리라 할 때 한 마리의 말을 지정하여 그 말이 1, 2, 3 등위(places) 중에서 하나에 들 확률은 $3/n$이 된다.

③ 복승식

1등말과 2등말을 순서에 관계없이 적중시키는 승식으로 순서에 관계없이 1등과 2등으로 들어올 말을 적중시키면 승리하는 방식이다. 따라서 경주마가 n마리라 할 때 승리 할 확률은 $2/(n(n-1))$이 된다.

④ 쌍승식

1등말과 2등말을 순서대로 적중시키는 승식으로 경주에서 1등과 2등으로 들어올 말을 적중시키면 승리하는 방식이다. 따라서 경주마가 n마리라 할 때 승리 할 확률은 $1/(n(n-1))$이 된다.

⑤ 복연승식

1, 2, 3등내 들어올 말 중 2두를 순서에 관계없이 적중시키는 승식으로 경주에서 1, 2, 3 등을 하리라고 예측되는 말 중에서 순서에 관계없이 1, 2등이나 1, 3등 혹은 2, 3등으로 들어오면 적중하게 되면 승리하는 방식이다. 따라서 경주마가 n마리라 할 때 승리할 확률은 $18/n(n-1)(n-2)$이 된다.

⑥ 삼복승식

1, 2, 3등내 들어올 말 3두를 순서에 관계없이 적중시키는 승식으로 경주에서 1, 2, 3등으로 들어올 말을 적중시키면 승리하는 방식이다. 따라서 게임에서 승리할 확률은 $6/n(n-1)(n-2)$이 된다.

우리나라의 경우 경마게임에 참가할 수 있는 방법은 경마장에 직접 나가 참가할 수도 있지만 장외매표소를 각 지역에 설치되어 있으므로 장외매표소를 이용하여 참가하는 방법도 있다. 요즘은 온라인을 중계를 통한 경마도 많은 인기를 얻고 있다.

10.8.6 외국의 경우 승식의 종류

파리무춰얼 게임은 게임에서 참가한 모든 사람들이 베팅한 금액을 모두 합하여 일정 금액을 수수료(봉사료)로 제한 다음 나머지를 번호를 맞힌 승리한 사람들에게 나눠주는 방식이다. 이는 북 메이커에 의해 베팅에 대한 배당률(배당률: odds)이 사전에 공고되는 대신 전체금액을 놓고 결과를 적중하는 사람들에게 배당하는 형태로 이는 게임에서 경쟁 상대가 주최 측이 아니라 게임에 참여하는 사람들이 서로 경쟁의 상대가 되는 형태의 게임이다.

경기에 참가한 말 중에서 몇 마리를 어떤 방법으로 선정하여 등위를 맞히느냐에 따라서 다양한 승식이 있다. 예로 호주의 NSW(New South Wales)주에서 운영하고 있는 TAB (Totalisator Agency Board)에서는 제공하고 있는 대표적인 것을 소개하면 다음과 같다.

① 스트레이트 아웃 벧(Straight Out Bet)

스트레이트 아웃 벧이란 경주에 참가하는 n마리의 말 중에서 1등 하리라고 예상되는 말에 베팅하여 예상이 맞는 경우 승리하는 게임으로 앞에서 언급한 우리나라에서 시행하고 있는 단승식과 같은 방식이다.

따라서 경주에 참가한 n마리의 말들의 우승 확률이 동일하다고 가정하면 우승할 확률, 즉 스트레이트 아웃 벧에서 승리할 확률은 $1/n$이다. 여기서 확률은 별 의미가 없다. 이유는 말이나 기수의 능력에 따라서 승률이 다르기 때문에 승리확률은 동일하다고 볼 수 없기 때문이다.

② 플레이스 벧(Place Bet)

플레이스 벧이란 경주에 참가하는 말들 중에서 플레이어가 지적하는 말이 몇 등을 하리라고 예측하여 베팅하는 게임으로 우리나라에서 시행하고 있는 연승식과 유사한 방식이다. 스트레이트 벧이 1등을 예측하는 게임이라면 플레이스 벧은 복수의 등수를 예측하는 게임이다. 따라서 스트레이트 벧에 비하여 당첨확률이 그 만큼 더 높은 게임이다. 예로 플레이어가 지정한 말이 1등, 2등, 3등 내에 들 것이라고 예측하여 베팅할 경우 지정한 말이 이 등수에 들게 되면 승리하게 되는 게임이다.

따라서 이 게임에서 승리할 확률은 스트레이트 벧에 비해 우승확률은 3배가 높게 된다. 예로 n마리의 경주말 중에서 한 마리의 말을 지정하여 그 말이 1, 2, 3 등위(places) 중에서 하나에 들 확률은 $3/n$이 된다.

③ 퀴인넬라 벧(Quinella Bet)

퀴인넬라(quinella)란 경주에 참가하는 n마리의 말 중에서 2마리를 골라 그 두 마리가 1등과 2등을 하리라고 판단되는 말을 골라 베팅을 하여 그 예상이 맞은 경우 승리하는 게임이다. 단, 2마리의 말 중에서 어떤 말이든 순서는 관계없이 1등과 2등을 하면 승리하게 된다. 우리나라에서 시행하는 연승식과 같은 방법이다.

따라서 승리할 확률은 $2/(n(n-1))$이 된다.

퀴인넬라 게임을 확대한 것으로 박스 퀴인넬라가 있다. 이 게임은 2마리의 말을 선택하는 대신에 3마리 이상의 말을 골라 그 말 중에서 1등과 2등이 나오는 경우 승리하는 게임이다.

④ 트리펙타(Trifecta)

트리펙타란 경주에 참가하는 n마리의 말 중에서 1, 2, 3등을 할 것으로 예상되는 3마리의 말을 선정하여 레이스 결과 선정된 말의 순위까지 모두 적중하는 경우 승리하는 게임이다.

따라서 이 게임에서 승리할 확률은 $1/n(n-1)(n-2)$이다. 예로, 5마리 경주마가 달리는 경우 3마리를 골라 그 말이 1, 2, 3등을 할 확률은 $1/5(5-1)(5-2)=1/60$이 된다.

트리펙타 게임에서도 박스 트리펙타(Box Trifecta)가 있다. 이 박스 트리펙타 게임이란 선정한 3마리의 말의 순서는 상관없이 1, 2, 3등의 등위만 맞으면 승리하는 게임이다.

이 경우 승리할 확률은 트리펙타 게임에 비하여 3! 즉 6배 만큼 높게 나타난다. 우리나라에서는 아직 시행하지 않고 있다.

⑤ 익잭타(Exacta)

경기에 참가하는 n마리의 말 중에서 1, 2등을 하리라고 예상하는 2마리의 말을 선택하여 등수까지 예측하여 경기 결과와 동일하게 되는 경우 승리하는 게임으로 우리나라에서 시행하고 있는 쌍승식과 같은 방법이다. 이 게임은 퀴인넬라 게임과 유사하나 다른 점은 퀴인넬라 게임은 선정한 2마리의 말이 순서에 관계없이 1, 2등을 하면 승리하게 되나 익 잭타 게임은 순서까지 정확히 맞아야 승리하는 게임이다. 따라서 이 게임에서 승리할 확률은 $1/(n(n-1))$이 된다.

⑥ 슈퍼펙타(Superfecta)

슈퍼펙타 게임이란 6마리의 말이 경주에 참가하는 경기에서 이 6마리의 등위를 1등에서부터 6등까지 순서대로 맞히면 이기는 게임으로 이 경기에서 선택할 수 있는 가능한 가짓수는 6!로 720가지가 있다. 그러나 전부를 맞히는 경우는 잭팟(Jackpot)이 되지만 각각의 말의 등위를 맞추는 경우에도 배당금을 지불하고 있다.

따라서 이 게임에서 전부 다 맞힐 확률은 1/720이 된다. 이처럼 모두 다 맞히는 경우를 잭팟(Jackpot; 대박)이라 부른다. 물론 여기에도 박스 슈퍼펙타 게임도 있다. 우리나라에서는 아직 시행하지 않고 있다.

⑦ 올업 벧(All-Up Bet)

올업 벧이란 경주에 참가한 말에 일부 혹은 모든 말에 1등을 하리라고 기대하는 정도에 따라서 각 경주마에 베팅을 하는 게임이다. 따라서 이 게임에 승리하기 위해서는 경기에 참가하는 말에 대한 사전정보를 많이 가지고 있는 참가자(punter)에게 유리하다. 예로, 다음 표(10-8)은 5마리의 말이 경주를 한다고 할 때 각 경주마에 베팅을 하고 승리한 경우에 배당금과 돌려받을 금액을 기록한 것이다.

우리나라에서는 아직 시행하고 있지 않다.

표 10-8 | 올업 벧의 예

마 번호	베팅 금액(원)	배당률(odds)	승리 시 돌려받을 금액
1	1	5 to 1	1+5 = 6원
2	2.5	4 to 1	2.5 + 10 = 12.5원
3	4	5 to 3 on	4 + 2.4 = 6.4원
4	6.5	1 to 1	6.5 + 0 = 6.5원
5	8	10 to 1	8 + 80 = 88원
계			119.4원

10.8.7 마권 구매표 표기방법

마권구매표(betting slip)의 모형은 아래 그림 (10-11)과 같다. 마권구매표에 구매하고자 하는 내용을 기입해야 한다. 마권구매표의 기입과정을 제대로 숙지하지 못하면 자기가 원하는 내용을 잘 못 기재하게 되어 마권을 구입하는데 문제가 발생하거나 때로는 불이익이 생길 수도 있다. 마권구매표는 다음과 같은 방법으로 구매표에 기입하면 된다.

(1) 경마가 열리는 경기장을 표시해야 한다.

우리나라의 경우는 서울(S), 부산(BG), 제주(J) 등 3개의 경마장에서 경기가 열리므로 경기가 열리는 장소를 표시해야 한다. 그림 (10-11)에는 서울의 경기기 때문에 서울에 표시(마킹 ; marking)되어 있다.

(2) 경주번호를 표시해야 한다.

마권구매표에 14번의 경주까지 인쇄되어있다. 자기가 참가하려고하는 경기가 몇 번째 경기인가를 확인하여 표시해야 한다. 그림에는 9번 경주에 표시(마킹) 되어있다.

(3) 승식을 표시해야 한다.

승식에는 단승식(W), 연승식(P), 복승식(Q), 쌍승식(E), 복연승식(Q+E), 삼복승식(T) 등 5 가지가 있다. 어떤 승식을 선택할 것인가는 참가자가 위에서 언급한 각 승식의 특징을 숙지하여 원하는 방식을 선택하여 표시하면 된다. 그림 (10-11)에 표시된 승식은 단승식(W)이다.

(4) 선택하고 싶은 말의 번호를 표시한다.

승식에 따라서 표시방법이 다르므로 승식 및 구매표 표기방법을 잘 알고 있어야 한다. 그림 (10-11)은 마권구매표 표기방법을 설명하고 있다. 그림에 나타난 내용은 경마장은 서울 경마장, 경주번호는 9번 경주, 승식은 단승식, 선택하고 싶은 말은 1번 말, 구입하고 싶은 금액은 4000원이라는 내용을 보이고 있다.

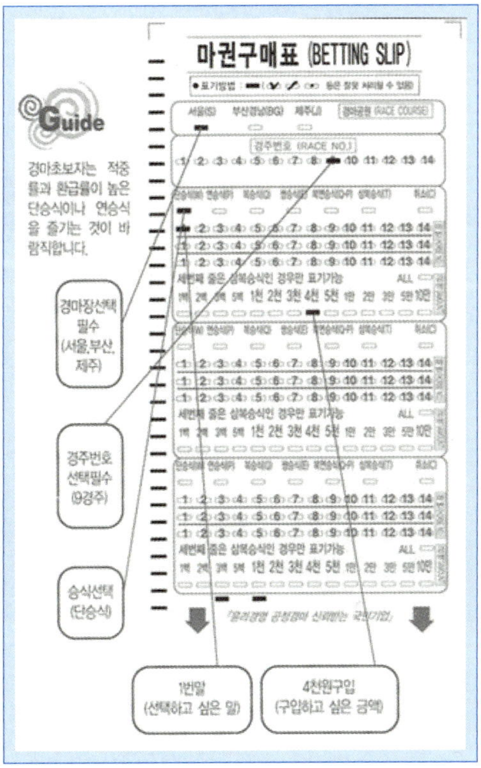

그림 10-11 마권구매표 표기 방법

10.8.8 경마장

경마를 하는 경기장을 경마장이라 한다. 경마장은 경마를 하는 경기장, 말을 키우는 구사(廐舍), 관람용 스텐드, 마권판매소, 경마장에서 경기가 시작되기 전에 말들을 먼저 보여주는 예시장 등의 설비가 있다. 오랜 역사를 가진 영국의 경우에는 자연 지형을 살린 독특한 모양의 주로(走路)가 있으나, 우리나라의 경우에는 보통 타원형으로 길이는 1,600~1,800 m 정도이다. 미국이나 일본 등은 주로 1,600~2,000 m 정도의 타원형으로 되어 있다. 주로에는 잔디주로, 모래주로, 흙모래주로 등 3가지가 있다. 영국에는 잔디코스, 미국에서는 국제 레이스 주로 이외에는 대부분이 흙모래 코스다. 우리나라의 경마장의 경우 모래주로 되어 있다.

10.8.9 경마산업의 현황

우리나라에서는 아직까지도 경마산업이 산업이라기보다는 사행성 레저(도박성 경주)로 인식되고 있는 실정이다. 그러나 경마를 통하여 파생되는 여러 가지 사업은 경마가 오로지 마권을 팔고 수수료를 챙기는 사행성 오락이라고만 단정 짓는 것은 문제가 있다. 물론 국민정서나 감정적인 면에서 논란의 여지는 있지만 앞에서 지적했듯이 경마는 농업의 장래와 레저산업의 육성 및 국민체육진흥적인 측면에서 보면 그렇게 쉽게 간과할 산업이 아님을 알 수 있다. 다음 각종 지표는 경마가 사회경제 및 국가경제에도 상당한 기여를 하고 있다는 긍정적인 효과도 많이 있음을 알 수 있다. 다음 표(10-9)은 우리나라의 최근 4년간 경마의 매출규모를 보이고 있다.

표 10-9 우리나라의 경마일수, 이용객 수 및 매출액 (단위: 천명, 억 원)

구 분		2007년	2008년	2009년	2010년
경마 일수	서울	95	97	94	92
	제주	95	95	91	91
이용객 수 (일 평균)	본장	4,540	4,806	4,854	4,880
	장외	17,144	16,427	16,821	16,932
	전체	21,684	21,233	21,676	21,812
총 매출액 (일 평균)	본장	20,072	23,138	21,501	21,294
	장외	45,330	51,081	51,364	54,471
	전체	65,402	74,219	72,865	75,765

주: 사행산업통합감독위원회, 홈페이지 ; 2011

경마의 총 매출 규모를 보면 2010년도 7조 5765 억 원의 매출을 기록하였다. 이는 우리나라의 굴지 기업의 1년 잉여금에 버금가는 것으로 경제적인 측면에서 보면 대단한 규모가 아닐 수 없다.

다음 표(10-10)은 경마가 다른 사행성 산업에서 차지하는 비중을 알아볼 수 있는 자료이다. 2004년부터 2010년도까지 자료를 보면 2004년의 성장률은 전년도에 비해 -12.9% 로 감소했으며, 2005년에도 감소폭이 줄었지만 -4.1%로 감소하였다. 그 후 2006년부터 2010년까지는 2007년도 20% 로 최고의 성장률을 보였으나 그 이후에는 10% 이하의 성장률을 보이고 있다. 그러나 경마산업이 사행산업에서 차지하는 비중은 큰 변동 없이 44%대로 나타나고 있다.

표 10-10 사행산업별 년도 별 매출액 비교 (단위: 억 원)

구 분	2004년	2005년	2006년	2007년	2008년	2009년	2010년
경마	53,303	51,548	53,110	65,402	74,219	72,865	75,765
경륜	19,427	17,555	15,894	21,173	20,524	22,238	24,421
복권	34,595	28,438	25,940	23,809	23,940	24,712	25,255
카지노	11,836	12,647	13,274	16,507	18,500	20,749	22,590
경정	3,378	4,127	3,972	5,388	6,869	7,183	6,508
체육토토	1,389	45,73	9,131	13,649	15,962	17,590	18,731
합계	123,928	118,888	121,321	145,815	160,014	165,337	173,270
경마의 비중(%)	43.0	43.4	43.8	44.9	46.4	44.1	43.7

주: 사행산업통합감독위원회, 홈페이지 ; 2011

경마사업을 통하여 최근 5년 간 얻은 조세 및 기금은 다음 표(10-11)과 같다. 최근 5년 동안 약 7조 4703 억 원의 조세 및 기금으로 조성 되었다. 기금 은 축산발전기금, 농어촌복지사업, 및 공익 기부금 등으로 사용되었다.

표 10-11 년도 별 사회 환원 규모 (단위: 억 원)

구 분	2006년	2007년	2008년	2009년	2010년	계
국세	1,978	2,501	2,904	2,820	3,170	13,373
지방세	8,632	10,669	12,067	10,378	10,823	52,569
기금	954	1,345	1,761	2,198	2,503	8,761
계	11,564	14,515	16,732	15,396	16,496	74,703

다음 표(10-12)에서 볼 수 있는 바와 같이 2010년 한 해 동안 매출한 총 매출액 중에서 73%는 참가자들에게 환급되었고, 16%는 각종 세금으로, 11%는 이익금으로 구성되었다. 11% 이익금은 표(10-13)에서 보는 바와 같이 56%는 축산발전기금으로, 20%는 경마사업 확장 적립금으로, 14%는 농어촌 복지사업으로, 나머지 10%는 이익준비금으로 사용되었다.

표 10-12 2010년도 기준 경마수익금의 사용체계 (단위 %)

총 매출액	환급금	제 세금	이익금
100	73	16	11

표 10-13 2010년도 기준이익금 사용내역 (단위: %)

이익준비금	경마사업 확장 적립금	축산발전기금	농어촌복지사업
10	20	56	14

그러나 게임에 참가하는 사람들의 입장에서는 참가자들에게 돌아가는 환급금이 적다는 불만이 있다. 다음 표(10-14)는 게임에 참가하는 사람들에게 돌아가는 환급률이 다른 경쟁국가들에 비하여 제일 낮다는 사실이 이를 증명하고 있다. 이런 면에서 앞으로 경마의 경쟁력을 높이기 위해서 환급률을 높이는 것에 대해 고려해 볼 필요가 있다.

표 10-14 나라별 환급금 비교표(2004년도 기준) (단위: %)

구 분	한국	호주	미국	영국	일본
환급률	72.0	80.5	79.0	81.0	75.0
공제율	28.0	19.5	21.0	19.0	25.0
공제내역 (조세/수득률)	18/10	3.0/16.5	3.1/17.9	0.8/18.2	10/15

이상과 같은 통계로 볼 때 이는 이 정도의 경제규모로 24만 9천 명 정도의 고용창출효과를 나타낼 것으로 평가되고 있다.

10.8.10 할인율(Takeout rates)

할인율(takeout rates)이란 게임을 주최하는 주최 측(house)의 수수료를 사전에 공제하고 베팅한 금액을 배당하는 경우 베팅금액에서 제하는 비용의 비율을 말한다. 갬블에서 하우스 마진이 있는 것과 같이 스포츠게임 등에서는 하우스 마진 대신 할인율을 적용하여 비용을 충당하고 있다. 다음 표(10-15)는 호주에서 경마의 각 게임에 대한 할인율(takeout rates)의 예를 보여주고 있다.

표 10-15 | 호주의 경마게임별 할인율 예

베팅형태	뉴 사우스웨일즈(NSW) %	빅토리아(Victoria) %
윈(win) 벧	14.50	14.25
플레이스(place) 벧	14.25	14.25
퀴넬라(quinella) 벧	14.75	15.00
이젝타(exacta) 벧	18.00	–
더블(doublet) 벧	18.00	17.00
트리펙터(trifecta) 벧	20.00	20.00
슈퍼펙터(superfecta) 벧	20.00	–

10.9 북 메이커(Bookmaker)

10.9.1 개요

앞에서 설명한 경마경기에서 투표방식이 사용되기 전에는 개인사업자와 경마게임 참가자가 특정 말의 우승 가능성에 대해 상호 합의하여 1대 1로 환급금을 정한 뒤 경주결과에 따라서 사전에 정해진 배당률에 의해 배당금을 지급하는 방식으로 게임을 하였다. 이때 개인사업자를 북 메이커(bookmaker)라 부르기 시작하였다. 그러나 세월이 흐르면서 북 메이커(bookmaker)는 경기에서 발생할 수 있는 여러 가지의 가능성을 시도하거나 예측하여 게임이 활성화될 수 있도록 게임 판을 만들어가는 사람을 뜻하게 되었다. 따라서 북 메이커는 판을 벌리고, 베팅을 하고, 최초 배당률(odds)을 정하는 것에서부터 게임의 결과를 예측해

가면서 이익을 낼 수 있도록 배당률(odds)을 수시로 조정하는 일까지 하고 있다.

오늘날 화이트크리스마스가 되면 얼마의 돈을 주겠다고 하여 약속하는 것과 같은 예나 어느 선거에서 어느 후보가 승리하면 배당금 얼마를 주겠다거나 복싱경기에서 승리자를 맞히는 경우 배당금을 받게 되는 것과 같은 이벤트 적인 게임들은 북 메이커가 관계하는 예라 할 수 있다. 현재에도 경마의 전통을 중시하는 영국과 호주에서는 북 메이커에 의한 베팅방법이 시행되고 있다.

그러나 북 메이커가 하는 일이 쉽지만은 않아 때로는 북 메이커의 판단 착오로 주최 측이 손실을 보는 경우도 있다. 따라서 북 메이커들은 손실을 줄이고 이익을 얻기 위하여 경기에 관련된 많은 요인에 대하여 잘 알고 있어야 한다. 그 대표적인 요인으로는 다음과 같은 것이 있다.

❶ 최신정보와 통계 및 여론을 잘 이용한 정확한 가격(price)

❷ 베팅하는 실시간에 실시하는 가격(price) 조정방법.

❸ 게임에 베팅된 내역(balanced book).

북 메이커는 게임 참가자들의 베팅 행태와 베팅을 유도할 수 있는 가격(prices)을 결정할 수 있는 능력을 가지고 있어야 한다. 또한 북 메이커는 손해나 위험(liability & risk)에 대비하여야 하고, 북 메이커는 최소한 이론적으로는 이익을 내어야 한다. 또한 북 메이커는 플레이어들이 불리한 배당률(odds)에서도 베팅(betting; 걸기)를 할 수 있도록 설득해야 한다. 일반적으로 배당률은 게이머에게 불리하게 되어 있어야 하나, 이러한 현상을 계속 유지하기 위해서는 때로 위험(risk)을 감수해야 하기도 한다. 리스크의 관리는 객관적이지만 위험을 받아들이는 결정은 주관적이다.

예로, 두 팀이 경기를 한다고 할 때 북 메이커(bookmaker)는 이익을 내기 위하여 거의 동일한 금액으로 양 팀에 베팅하려고 할 것이다. 게임의 전개는 언제나 북 메이커(bookmaker)의 뜻대로 되지는 않는다. 위험을 받아들이면 북 메이커(bookmaker)에게 불리한 상황이 발생한다는 사실을 알아야 한다. 북 메이커는 리스크가 최저선(bottom line)에서 위험(risk)를 유지시키면, 게이머들 중에 일부는 돈을 잃고 일부는 따게 된다. 북 메이커(bookmaker)는 언제나 정확하게 맞힐 필요는 없지만 잘못하여 크게 손해를 보게 되면 재앙을 불러오게 된다. 예로 어떤 스포츠게임에서 총 계약금액이 5억 원쯤 되리라고 예측이 되면 초기에 1,000만 원 정도의 베팅은 전체 금액에 큰 영향을 주지 않는다는 사실을 인정해야 한다.

10.9.2 용어 정의

북 메이커에 의해 이뤄지는 게임에서 사용되는 주요 용어가 몇 가지 있다. 이를 알아보면 다음과 같다.

❶ 참 가격(The true price)은 참 기회(true chance)에 기본을 두고 있는 용어로 이론적 가치(theoretical value)를 의미한다. 가격(price)이 참 가격(true price)보다 높을 경우 그 팀은 'over the odds or overs'라고 부른다.

❷ 가격(price)이 참 가격(true price)보다 적을 경우 그 팀을 'under the odds or unders'로 부른다.

이상과 같이 북 메이커(bookmaker)는 경기의 상항전개에 따라서 가격(price)를 변경한다. 그러나 때로는 가격(price)을 처음부터 끝까지 고정시키는 고정가격(fixed price)방식도 있다는 사실을 알아두기 바란다.

예제 10-3

현서가 기본금액이 1원인 스포츠게임에 북 메이커(bookmaker)가 2.5원을 제시한 팀에 10원을 베팅했다고 할 때 이 팀이 이기는 경우 현서가 받을 금액은 얼마나 되겠는가?

풀이 10-3

현서가 받을 총 금액은 다음과 같다.

$$총\ 금액 = 2.5 \times 10 = 25원$$

따라서 현서가 딴 금액은 총 금액에서 원금 10원을 제한 15원이 된다. 이때 원금 10원을 스테이크(stake)라고 부르기도 한다. 또한 가격(price)은 언제든지 동일한 배당률(odds)로 바꿀 수 있다. 예로, 북 메이커(bookmaker)가 1원당 $(k+1)$원을 가격(price)으로 제시했다면 이와 동일한 배당률(odds)은 다음과 같이 구할 수 있다. 즉, 이 문제에서 가격은 $(k+1)$원이므로, 실제로 받는 금액은 k원이 된다. 따라서 이와 동일한 배당률(odds)은 다음과 같다.

$$배당률(odds) = 가격 - 베팅한\ 단위\ 금액$$

예제 10-4

1원을 베팅하여 다음과 같은 가격(price)을 받았다고 할 때 다음 주어진 가격을 배당률(odds)로 바꿔보자.

❶ 4.5원

❷ 5원

풀이 10-4

배당률(oods) = (가격−베팅)한 단위 금액이므로 주어진 가격을 이 식에 대입하여 배당률을 구하면 다음과 같다.

❶ 배당률(k)= 4.5원−1원 = 3.5원
따라서 구하고자 하는 배당률(odds)은 '3.5 to 1' 혹은 '7 to 2' 이다.

❷ 배당률(k) = 5원−1원 = 4원
따라서 구하고자 하는 배당률(odds)은 '4 to 1'이 된다.

사실 북 메이커(bookmaker)가 배당률을 수시로 변경하며 베팅을 유도하는 게임에서 그의 역할은 매우 중요하다. 북 메이커(bookmaker)의 궁극적인 역할은 많은 사람들이 게임을 즐기며 베팅을 하게 하여 이익금을 많이 남기는 것이다. 그러나 결과가 때로는 기대 이하로 나타나 손실이 발생할 경우도 배제할 수 없다. 따라서 북 메이커(bookmaker)가 위기(risk)에 처할 경우 대처방법으로는 가격을 통합한다든지, 베팅의 결과에 따른 가격을 조정하거나, 다른 경쟁자(다른 북 메이커)와 위험을 공유거나, 게임을 일시중지 하는 등과 같은 방법을 사용할 수 있다.

10.9.3 시장비율(market percentage)

시장비율(market percentage)이란 일명 THP(Theoretical Hold Percentage)라고 부르기도 하는 회계용어다. 이는 운영자의 수익금으로 보존되는 금액의 비율이다. 일반적으로 게임에서 경쟁자(competitors ; 게임에서 선택가능한 수로 생각하면 됨)들의 모든 비율은 합은 100%를 넘는다. 이와 같은 비(percentages)의 합을 시장비율(market percentage)이라 부른다. 만약 THP가 100% 이하가 되면 경쟁자들은 배당기회의 비율에 따라서 손실을(be backed) 보게 되고, 플레이어들은 이익을 보장받게 되는데 다음에서 그 이유를 설명하고 있다.

경쟁자(competitor)의 비(percentage)는 가격(price)과 다음 식 (10-1)과 같이 정의한다.

$$* \text{ 경쟁자의 비} = \frac{100}{\text{가격(Price)}}(\%) \tag{10-1}$$

예제 10-5

가격(price)이 1.5원일 경우 경쟁자의 비(percentage for competitor)를 구해보자.

풀이 10-5

위 식 (10-1)을 이용하여 구하면 다음과 같다.

$$\begin{aligned}\text{경쟁자의 비} &= \frac{100}{\text{가격(Price)}}(\%)\\ &= \frac{100}{1.5}(\%)\\ &= 66.67(\%)\end{aligned}$$

그리고 어떤 경기에 경쟁자가 n명이 있다고 가정해 보자. 이 경우 북 메이커는 각 n명에게 각각 x_1, x_2, $\cdots$, x_n 의 가격(price)을 제시한다고 하면 구하고자 하는 시장비율(market percentage)은 다음과 같은 식 (10-2)를 이용하여 구할 수 있다.

$$* \text{ 시장비율(Market Percentage)} = 100\left(\frac{1}{x_1} + \frac{1}{x_2} + \cdots, \frac{1}{x_n}\right) \tag{10-2}$$

여기서 j번째 플레이어가 $100/x_j$ 만큼의 금액을 베팅(betting)했다고 가정하면 플레이어에게 돌아가는 금액은 다음 식 (10-3)과 같이 구할 수 있다.

플레이어에게 돌아가는 금액(return to the player)

$$\begin{aligned}&= j\text{번째 경쟁자의 값(price)} \times j\text{에 투자한 총 금액}\\ &= x_j \times \frac{100}{x_j}\\ &= 100(\text{원})\end{aligned} \tag{10-3}$$

따라서 각 경쟁자에게 각각 x_1, x_2, …, x_n 을 베팅했다고 할 경우 총 금액(total outlay)은 다음 식 (10-4)와 같다.

$$총\ 금액(total\ outlay) = 100\left(\frac{1}{x_1} + \frac{1}{x_2} + \cdots, \frac{1}{x_n}\right)$$
$$= 시장비율(market\ percentage) \qquad (10\text{-}4)$$

이상과 같은 과정으로부터 시장비율(market percentage)이 100보다 적으면, 플레이어의 이득은 (100-시장비율)이 된다. 결과적으로 시장비율(MP)이 100 이하가 되는 것은 북 메이커가 운영을 잘못한 결과로부터 발생한다.

예제 10-6

어느 북 메이커가 프로야구 4강에 오른 각 팀에 아래와 같이 1원당 가격(price)을 제시하였다고 할 때 다음 물음에 답하시오. [LG = 10원, 한화 = 5원, OB = 2원, 삼성 = 8원]

❶ 시장비율(market percentage)을 구하시오.
❷ 시장비율이 100% 미만일 경우, 플레이어가 얻을 이득을 구하시오.
❸ 플레이어가 500원의 이득(guaranteed)을 얻는 것이 가능할까?
가능하다면 그 이유를 말하시오.

풀이 10-6

❶ 이 문제에서 시장비율은 경쟁자수(n)가 4인 경우에 앞 식 (10-4)를 이용하여 구할 수 있다. 따라서 이 식에 각 값을 대입하여 구하면 다음과 같다.

$$시장비율 = 100\left(\frac{1}{x_1} + \frac{1}{x_2} + \cdots, \frac{1}{x_n}\right)$$
$$= 100\left(\frac{1}{10} + \frac{1}{5} + \frac{1}{2} + \frac{1}{8}\right)$$
$$= (10+ 20+50+12.5)$$
$$= 92.5(\%)$$

❷ ❶에서 구한 시장비율이 92.5(%)이므로 플레이어가 얻게 될 이득은 다음과 같다.

플레이어가 얻을 이득 = (100−92.5) = 7.5(원)

따라서 어떤 팀이 이겨도 플레이어는 7.5원을 얻게 된다.

❸ 500원 이상의 이득을 얻을 수 있다.

❷의 결과 이득은 7.5원이다. 따라서 플레이어가 500원 이상의 이득을 얻기 위해서는 $7.5 \times X \geq 500$(원)을 만족하는 X를 구해야 한다. 이를 구하면 $X \geq 67$ 이상이면 가능하다. 즉 67회 게임을 하게 되면 총 이득은 7.5×67 = 502.5(원)이 된다. 이 의미는 플레이어가 각 게임을 67번 계속하게 되면 아래 표 10-15와 같은 결과가 나타난다.

표 10-15 | 투자금액의 변화

팀 명	총 투자 금액(원)
LG	10×67 = 670
한화	20×67 = 1,340
OB	50×67 = 3,350
삼성	12.5×67 = 837.5
계	6,197.5

위 표는 원금을 제외한 금액(total outlay)이 6,197.5원이다. 따라서 어떤 팀이 이기든 게이머가 돌려받게 되는 총 금액은 6,700원(6,197.5원 + 502.5원)이 된다.

10.9.4 베팅 시장의 구성

북 메이커가 초기 시장을 형성할 경우 다음과 같은 사항들을 고려해야 한다.

❶ 각 경쟁자들에 대한 실행지수(performance indicators)에 대한 연구
❷ 각 경쟁자들의 이길 가능성 대한 고려
❸ 시장 비율(market percentage) 확정
❹ 각 경쟁자들에게 시장비율의 할당 가중치 고려 및 필요시 재조정
❺ 비율(percentage)을 가격(price)으로 전환
❻ 사업 공개(open the business)

예로, 지난 시즌의 경기 결과에 따르면 OB팀과 LG팀의 경기결과는 10승 20패로 LG의 승률이 OB의 승률의 2배에 달했다고 한다. 따라서 그 결과 준 플레이오프에서 LG가 OB를 이길 것으로 생각하여 북 메이커는 LG가 승리할 확률을 0.7, OB가 승리할 확률을 0.25,

두 팀이 비길 확률을 0.05로 가정하여 시장비율(market percentage)을 120%로 책정하였다. 따라서 가능한 결과에 1.2를 곱하면 다음과 같은 결과를 얻을 수 있다.

LG가 승리할 확률 = 70 × 1.20 = 84.0%
OB가 승리할 확률 = 25 × 1.20 = 30.0%
두 팀이 비길 확률 = 5 × 1.20 = 6.0%

총계 = 120%

이상의 결과에 대해서 1원에 대한 각 경우의 가격(price)을 구하면 다음과 같다.

LG가 승리할 값 = 100 ÷ 84.0 = 1.20원
OB가 승리할 값 = 100 ÷ 30.0 = 3.35원
두 팀이 비길 값 = 100 ÷ 6.0 = 16.65원

이처럼 게임 도중에 실시간으로 재조정이 가능한 것이 바로 북 메이커의 시장공개(open market)가 될 것이다.

10.9.5 가격(price)과 비(percentage)의 관계

모든 가격(price)은 비 변환(percentage chance)으로 바꿀 수 있다. 이것은 100게임을 하여 본전을 하기 위하여 이겨야 할 게임의 수를 의미한다. 예로, 4원을 고정 가격(fixed price)으로 제시한 게임이 있다고 하자. 그렇다면 100번의 게임 중에서 25번을 이겨야 본전이 된다(break even).

100게임에서 각각 1원씩을 베팅하였다고 하면 총 비용(outlay)은 100원이 된다. 가격(price)이 4원이라고 하면 이 게임에서 플레이어가 본전을 하기 위해서는 25번을 이겨야 하는데 이는 100원÷4원 = 25에서 계산되는 것과 같다. 이 의미는 가격을 조정하기 위해서는 25% 정도를 이겨야 한다는 의미를 가진다.

10.9.6 스포츠 베팅에서의 값(value)

가격이 참 가격보다 높을 경우를 'overs'라고 하였다. 이 상태에서 계속적으로 게임을 하게 되면 플레이어가 이득을 볼 것이라는 것을 의미한다. 이런 경우는 자주 나타나지는 않겠지만 이러한 결과가 나타나는 것은 북 메이커가 각 경쟁자들의 능력(ability)을 저평가한 결과이거나 사실보다 더 높은 가격을 제시하여 발생한다.

따라서 북 메이커는 'overs' 상태를 피하려고 하겠지만 이는 정확한 배당률(true odds)을 알고 있어야 가능하며, 그것이 그리 쉽지만은 않은 일이다. 잘못되었다는 것을 알았을 때는 이미 게임이 끝난 뒤이다.

10.9.7 주의 사항

오늘날에는 컴퓨터의 발달로 온라인상에서 게임을 즐길 수 있는 환경에 있다. 따라서 게임을 하는 경기장에 직접 나가지 않아도 스포츠베팅 취급점(agency)에서 게임을 얼마든지 즐길 수 있으며, 실시간에 모든 값을 얼마든지 조정할 수 있다. 따라서 많은 베팅이 특별한 이벤트 중에 발생할 수도 있다. 예로 10분 후에 나올 풋볼의 스코어 등을 맞추는 것과 같은 베팅을 실시간에 가능케 한다.

스포츠 베팅은 게임에서 급속히 성장하고 있는 분야의 하나이다. 인터넷의 등장으로 베팅이 쉬워지게 되었다. 특히 신용카드 사용의 대중화로 돈을 거는 사람들(punters)이 세계의 최고급 스포츠에도 쉽게 돈을 걸 수 있게 되었다.

다음은 TV를 통하여 게임의 결과를 맞추는 게임에 참여하는 단계까지 갈 수 있다. 예로, 테니스에서 다음 서브의 성공 여부에 베팅하는 단계까지도 가능하게 될 것으로 기대된다. 결과적으로 과학문명의 발달로 스포츠 베팅의 한계는 시공을 초월하여 가능할 것이다.

제10장 연습문제

1. 다음 용어를 설명하시오.

① 경마(horse racing)
② 그레이하운드 레이싱(greyhound racing)
③ 북 메이커(bookmaker)
④ 마권(馬券)
⑤ 마령중량경주

2. 8마리가 달리는 경마경주에 아래 표와 같이 말별로 베팅이 되었다고 할 때 다음 물음에 답하시오. 단, 수수료(take out rate)는 0.15라고 한다.

말 번호	베팅금액(억 원)
1	25
2	8
3	2
4	35
5	40
6	10
7	5
8	15
계	140억

① 각 말에 대해 근사적인(approximate) 배당률(odds)을 구하시오.
② ①과 같은 배당률로 배당하는 경우 총 베팅 금액과 배당액의 차이를 구하시오.

3. 10마리의 말이 레이스를 하고 있다고 할 때, 돈을 거는 사람(punter)이 다음과 같은 경기에서 선택할 수 있는 게임의 가짓수를 구하시오.

① 익잭타(an exacta) ② 트라이펙타(a trifacta)
③ 퀴인넬라(a quinella) ④ 슈퍼펙타(a superfecta)

4. 1,000원을 내고 올업 벨(all-up bet)을 할 경우 승자에게 주어지는 배당률(odds)이 9 to 1, 9 to 2, even money, 그리고 16 to 1이라 할 때 다음 물음에 답하시오.

① 최후의 배당금을 구하시오.
② 근사적인 배당률(odds)을 구하시오.

5. 다음 표에서 ○은 A가, *는 B가 골프토토에 투표한 결과이다. 이 표대로 1게임 당 단위 금액이 10,000원이라 할 때 A와 B의 총 금액을 구하시오.

선수 \ 결과범주	+3 이상	+2 ~ +1	0(even)	-1 ~ -2	-3 ~ -4	-5 이하
선수 1	○, *	○	*			
선수 2			○		*	*
선수 3		*		○	○	
선수 4	○	*	○	*		
선수 5		*	*	○		

6. 다음 주어진 배당률(odds)을 동일 가격(price)으로 바꾸시오.

① 9 to 5　　② 4 to 1 on

7. 다음의 가격(price)을 도일한 배당률(odds)로 바꾸시오.

① 1.55원　　② 8.50원

8. 북 메이커가 5개의 야구팀에 다음과 같은 배당금을 제시하였다고 할 때 북 메이커가 제일 잘 거래한 경우와 가장 나쁜 거래의 경우를 골라보시오. 그리고 그 이유를 말하시오.

LG : 45원
OB : 9 to 1
KIA : 8.5원
삼성 : 8 to 3
롯데 : 3원

9. 수원 삼성과 포항 스틸스 간에 축구경기가 진행되고 있다. 이 경우 각 팀의 승패와 무승부에 각각 다음과 같은 가격(price)이 제시되었을 경우 시장비율(market price)을 구하시오.

수원 삼성이 승리 시 : 8원
두 팀이 무승부 시 : 5.5원
포항 스틸스가 승리 시 : 2.5원

10. 다음 표는 축구 리그에서 주최 측에서 제시한 1원에 대한 가격(price)이다. 이를 이용하여 다음 물음에 답하시오.

팀 이름	값(원)
A	3.50
B	4.00
C	8.75
D	52.60
E	100.50

① 시장비율(market percentage)을 구하시오.
② 이 경우, 플레이어들에게 얼마정도의 이득이 보장되는가?
③ 이상과 같은 게임에서 플레이어가 1,000원을 딸 수 있을까?

제 11 장

스포츠와 통계

11.1 개요

게임에서 일어날 수 있는 결과에 대한 확률을 알 수 있다면 게임에 참가하는 플레이어들이나 게임을 주관하는 주최 측 모두에게 매우 흥미롭고 중요한 일이 아닐 수 없다. 게임에서 나타날 결과의 확률을 안다는 것은 게임결과의 예측이 가능하다는 의미이며 이는 플레이어나 주최 측 모두에게 승패의 전략을 세우는데 매우 중요하기 때문이다. 그러나 게임에 따라서는 일어날 수 있는 결과가 매우 다양하고 이변이나 우연성 등이 많아 일률적으로 예측하기란 쉽지 않다.

다만 게임의 룰과 결과가 어떤 규칙성을 가지고 있다면 게임에서 발생할 사건에 대한 확률을 구할 수 있다. 그 대표적인 예가 이항분포(binomial distribution)와 포아송분포(Poison distribution)이다.

성공확률 P가 일정하고, 각 시행이 서로 독립인 경우 n번 시행에서 X번의 사건이 발생한다고 할 때 X는 성공확률이 P이고 시행횟수가 n인 이항분포를 따른다고 알려져 있다.

이에 반해 일정한 시간(time), 일정한 길이(length), 일정한 넓이(square), 일정한 부피(cubic)에서 나타날 사건의 수를 X라 하고, 일정한 단위에서 발생할 평균을 μ라 하면 X는 평균과 분산이 각각 μ을 갖는 포아송분포(Poison distribution)를 따르는 것으로 알려져 있다.

11.2 스포츠와 이항분포 활용

스포츠게임에서 성공확률 P가 불변이고 n번 시행해서 X번 성공하는 문제는 여러 가지 게임에서 찾아볼 수 있다. 예로, 야구 경기에서 어떤 팀의 4번 타자의 타율이 30%라고 할 때 이 타자가 5번 나와 X개의 안타를 친다고 할 경우 X는 성공확률이 30%(0.3)이고 시행횟수가 n인 이항분포를 따른다고 생각할 수 있다. 또한 농구경기에서 어느 선수가 자유투(free throw) 성공확률이 90%(0.9)라고 할 경우 이 선수가 10개의 자유투를 던져 X개를 넣는다고 할 때 X 또한 성공확률이 0.9이고 시행횟수가 10인 이항분포를 따른다고 할 수 있다.

이상에서 설명한 이항분포는 다음과 같은 베르누이 시행(Bernoulli's trials)을 따르는 시행을 반복하여 실행하는 경우와 같다.

① 모든 시행의 결과는 성공(Yes) 및 실패(Fail) 두 가지만 나타난다.
② 게임에서 어떤 결과가 나타날 확률을 P라 할 때 P는 불변이다.
③ 게임에서 각 결과는 서로 독립적으로 발생한다.

이상의 세 가지 베르누이 시행의 조건을 만족하는 경우 이런 시행을 베르누이 시행이라 부르고 이와 같은 시행을 n번 시행하여 X번 성공할 확률은 다음 식 (11-1)과 같은 이항분포(Binomial Distribution)를 따르는 것으로 알려져 있다.

$$P(X=x)=f(x)=\binom{n}{x}P^{x}(1-P)^{n-x}\text{, 단, } x=0,\ 1,\ 2,\ \cdots\ n \qquad (11\text{-}1)$$

이처럼 스포츠에 베르누이 시행을 적용할 수 있는 예는 다음과 같은 것들이 있다.

❶ 야구에서 피처의 스트라이크 확률
❷ 복싱에서 펀치의 성공률
❸ 테니스에서 서브 에이스 성공확률
❹ 골프에서 퍼팅이나 페어웨이 안착률
❺ 배구에서 공격 성공률
❻ 농구에서 자유투 성공률

11.2.1 야구(Baseball)

어느 야구선수의 타율이 0.3이라 하면, 이 타자가 야구경기에서 5번 나와 3번의 안타를 칠 확률을 구하는 문제를 생각해 보자. 이 야구선수의 타율은 하루아침에 만들어진 것이 아니라 오랜 선수생활을 통해 확인된 것으로 불변으로 생각하기로 하고, 이 선수가 매 타석에서 안타를 치는 것은 서로 독립사건임을 알 수 있다. 따라서 이 선수가 5번 나와 3번의 안타를 칠 확률은 이항분포를 이용하여 구할 수 있다.

다른 예로, 키노의 홀짝(keno heads or tails) 게임을 생각해보자. 키노의 홀짝게임은 80개의 숫자 중에서 홀수와 짝수가 각각 반씩 있으므로 홀수(짝수)가 나타날 확률은 0.5이며 이는 불변이다. 또한 이 게임에서 숫자를 랜덤하게 추출하고 있으므로 홀수와 짝수가 나타나는 것은 서로 독립임을 알 수 있다. 따라서 키노의 홀짝게임을 n번 실시하여 홀수가 X번 나타날 확률은 이항분포를 이용하여 구할 수 있다.

예제 11-1

2할 5푼 대의 타자가 어느 야구경기에 5번 나와 3번의 안타를 칠 확률을 구해보자.

풀이 11-1

타율이 0.25로 고정되었다고 하면 5번 나와 3번의 안타를 칠 확률은 시행횟수 $n=5$이고, 성공확률 $P=0.25$인 이항분포함수를 따른다고 생각할 수 있으므로 이를 이용하여 $X=3$인 경우의 확률을 구하면 다음과 같다.

$$\begin{aligned} P(X=3) &= \binom{5}{3}(0.25)^3(1-0.25)^{5-3} \\ &= \frac{5\times4\times3}{3\times2\times1}(0.25^3)\times(0.75^2) \\ &= \frac{90}{1{,}024} \\ &= 0.088 \end{aligned}$$

위 예에서 타자의 타율 0.25가 불변이라고 가정하는 것은 조금 무리가 있다. 그러나 이 타율은 타자가 적게는 수십 게임에서부터 많게는 수백 게임의 결과로 얻어진 것이므로 어느 정도 불변으로 볼 수 있다.

11.2.2 농구(Basketball)

농구 게임에서 점수를 얻는 방법은 슛 장소에 따라서 두 가지로 나누고 있다. 하나는 농구 골대 밑에 그려져 있는 선(circle)을 중심으로 선 안(inside; 內)에서 슛을 해서 들어가면 2점을 얻게 되고, 선 밖(outside; 外)에서 슛한 것이 골인되면 3점을 얻게 된다. 물론 선 안에서 슛한 것과 밖에서 슛한 것의 성공률은 다르다.

만일 어느 두 팀이 농구경기를 하는데 마지막 남은 시간이 얼마 없는데 지금 6점을 뒤지고 있는 상태에서 단 3번의 슛 기회가 있다고 할 때 어떤 슛을 날려야 할까? 하는 문제를 생각해 보기로 하자. 3번의 슛을 할 수 있는 가능한 모든 방법은 다음과 같이 4가지가 가능하다.

❶ 3개 모두 선 안에서 슛하는 경우
❷ 2개는 선 안에서, 1개는 선 밖에서 슛하는 경우
❸ 1개는 선 안에서, 2개는 선 밖에서 슛하는 경우
❹ 3개 모두 선 밖에서 슛하는 경우

위 4가지 경우에 대해서 상대 팀이 이 순간에 무득점을 한다고 가정하고, 슛한 3개가 모두 성공했다고 하면 ①의 경우에는 두 팀이 비기게 되지만, 나머지의 경우는 모두 승리하게 된다. 그러나 슛이 100% 성공하기란 불가능하다. 따라서 경기에서 3번의 슛 찬스를 남기고 상대 팀에게 6점을 리드당하고 있는 상태에서 승리하기 위하여 어떤 작전을 펴야할지를 결정하는 것은 매우 중요한 일이다. 작전은 최소한 비기는 작전이 되어야 할 것이다. 패하는 것은 작전이 필요 없기 때문이다. 그림 (11-1)은 농구경기에서 자유투를 하는 모습이다.

그림 11-1 자유투(free throw) 하는 모습

예제 11-2

앞에서와 같은 상황에서 만약 선 안에서 슛할 경우 성공할 확률이 50%이고, 선 밖에서 슛할 경우 성공확률이 20%라고 할 때 이 팀이 승리할 확률을 구해보자.

풀이 11-2

① 3개 모두 선 밖에서 슛하는 경우

이 경우 3개를 던져 X개가 성공한다고 하면 X는 시행횟수 $n=3$이고, 성공확률 $P=0.2$인 이항분포를 따르므로 각 X값에 따른 확률은 다음과 같이 구할 수 있다.

i) 승리하는 경우 3개 모두 성공하는 경우가 된다.
따라서 이 경우의 확률은 다음과 같이 구할 수 있다.

$$\begin{aligned} P(\text{승리하는 경우}) &= \binom{n}{x} P^x (1-P)^{n-x} \\ &= \binom{3}{3} 0.2^3 (1-0.2)^{3-3} \\ &= \frac{1}{125} \end{aligned}$$

ii) 비기는 경우는 2번 성공하는 경우이다. 따라서 그 확률은 다음과 같다.

$$\begin{aligned} P(\text{비기는 경우}) &= \binom{n}{x} P^x (1-P)^{n-x} \\ &= \binom{3}{2} 0.2^2 (1-0.2)^{3-2} \\ &= \frac{12}{125} \end{aligned}$$

iii) 패하는 경우는 1개가 성공하거나 하나도 성공하지 못하는 경우이므로 그 확률은 다음과 같다.

$$\begin{aligned} P(\text{패하는 경우}) &= P(\text{1개 성공, 2개 실패}) + P(\text{모두 실패}) \\ &= \binom{3}{1} 0.2^1 (1-0.2)^{3-1} + \binom{3}{0} 0.2^0 (1-0.2)^{3-0} \\ &= \frac{112}{125} \end{aligned}$$

② 3개 모두 선 안에서 슛하는 경우

이 경우 3개를 던져 X개가 성공한다고 하면 X는 시행횟수 $n=3$이고, 성공확률 $P=0.5$인 이항분포를 따르므로 각 X값에 따른 확률은 다음과 같이 구할 수 있다.

i) 선 안에서 3개를 모두 던지는 경우 모두 성공하면 비기는 게임이 되고, 나머지의 경우는 모두 패하게 된다. 따라서 이 경우의 이길 확률은 0이다.

ii) 비기는 경우

$$
\begin{aligned}
P(\text{비기는 경우}) &= \binom{n}{x} P^{x}(1-P)^{n-x} \\
&= \binom{3}{3} 0.5^{3}(1-0.5)^{3-3} \\
&= \frac{1}{8}
\end{aligned}
$$

iii) 패하는 경우의 확률은 다음과 같다.

$$
\begin{aligned}
P(\text{패하는 경우}) &= 1-P(\text{비기는 경우}) \\
&= 1-\binom{3}{3} 0.5^{3}(1-0.5)^{3-3} \\
&= 1-\binom{3}{3} 0.2^{3}(1-0.2)^{3-3} \\
&= 1-\frac{1}{8} \\
&= \frac{7}{8}
\end{aligned}
$$

③ 1개는 선 안에서, 2개는 선 밖에서 던지는 경우

i) 승리하는 경우는 3개 모두 성공하는 경우로 그 확률은 다음과 같이 구할 수 있다.

$$P(\text{승리하는 경우}) = 0.2\times0.2\times0.5 = \frac{1}{50}$$

ii) 게임에서 비길 확률은 안에서 던지는 것이 실패하고 밖에서 던진 2개가 성공하는 경우이므로 그 확률은 다음과 같이 구할 수 있다.

$$P(\text{비기는 경우}) = 0.2\times0.2\times0.5 = \frac{1}{50}$$

iii) 패하는 경우는 위 경우를 제외한 모든 경우이므로 그 확률은 다음과 같이 구할 수 있다.

$$
\begin{aligned}
P(\text{패하는 경우}) &= 1-P(\text{이기는 경우}) - P(\text{비기는 경우}) \\
&= 1 - \frac{1}{50} - \frac{1}{50} \\
&= \frac{48}{50}
\end{aligned}
$$

④ 1개는 선 밖에서, 2개는 선 안에서 슛하는 경우

i) 이 경우 승리하는 경우는 3개 모두 성공하는 경우이므로 그 확률은 다음과 같이 구한다.

$$P(\text{승리하는 경우}) = 0.2\times0.5\times0.5 = \frac{1}{20}$$

ii) 비기는 경우는 없다. 왜냐하면 선 안에서 1개, 선 밖에서 1개가 성공했다고 해도 점수가 5점으로 6점 차이를 만회할 수 없기 때문이다. 따라서 비길 확률은 0이다.

iii) 패하는 경우는 승리하는 경우의 확률을 제외한 것이므로 그 확률은 다음과 같다.

$$
\begin{aligned}
P(\text{패할 경우}) &= 1-P(\text{승리할 경우})-P(\text{비길 경우}) \\
&= 1-\frac{1}{20}-0 \\
&= \frac{19}{20}
\end{aligned}
$$

이상에서 살펴본 바와 같이 이런 상항에서 이기기 위하여 슛 전략은 이길 확률이 제일 높은 방법을 택해야 할 것이다. 따라서 이 경기에서 승리하기 위한 가장 합리적인 슛 전략은 2개의 2점 슛과 1개의 3점 슛 전략을 세우는 것이 바람직하다.

예제 11-3

농구에서 어느 선수의 자유투 성공확률이 80%라고 한다. 이 선수가 5개의 자유투를 던져 하나도 안 들어갈 확률을 구해보자.

풀이 11-3

문제로부터 자유투 성공확률 0.8을 불변이고, 자유투를 던져서 나타나는 결과는 서로 독립이라고 생각할 수 있으므로 이 문제에서 총 시행횟수 $n=5$이고 성공의 횟수를 X라 하면 X는 성공확률 $P=0.8$이고, 시행횟수 $=5$ 인 이항분포를 따른다고 볼 수 있다. 따라서 이항분포를 이용해서 $X=0$일 확률을 구하면 다음과 같다.

$$
\begin{aligned}
P(X=0)=f(0) &= \binom{5}{0}0.8^0(1-0.8)^{5-0}, \text{ 단, } x=0,\ 1,\ 2,\ \cdots,\ 5 \\
&= 0.2^5 \\
&= \frac{1}{3,125}
\end{aligned}
$$

실습예제 11-1

배구, 야구, 축구, 씨름에 대해서도 이항분포의 활용에 대해서 논의해 보시오.

스포츠와 통계

11.3 스포츠와 포아송분포의 활용

앞에서 언급한 바와 같이 포아송분포(Poison distribution) 는 주어진 일정시간이나 거리, 넓이, 부피 등에서 발생할 사건의 수를 X라 하면 X는 포아송분포를 따르는 것으로 알려져 있다. 단, 각 사건은 서로 독립적이어야 하며, 단위 구간에서 두 개 이상이 동시에 발생하는 것은 없다는 가정을 만족해야 한다. 이렇게 포아송분포를 정의하면 주어진 시간에 발생할 X의 평균을 μ라 하면 X는 다음 식 (11-3)과 같은 포아송분포를 따르는 것으로 알려져 있다.

$$P(X=x)=f(x)=\frac{e^{-\mu}\mu^{x}}{x!},\ \text{단},\ x=0,\ 1,\ 2,\ \cdots,\ e=2.817\cdots \tag{11-3}$$

예로, 전 후반 각각 45분씩 총 90분 동안 벌어지는 축구경기에서 양 팀이 넣은 골의 수를 X라 하면 X는 정확하지는 않지만 포아송분포를 따른다고 생각할 수 있다. 또한 농구에서 게임하는 동안 성공하는 덩크 슛(dunk shoots)이나, 골프 경기에서 홀인원(hole in one)의 수, 양궁에서 정 중앙을 명중시킨 횟수 등은 모두 포아송분포를 이용하여 발생할 확률을 구할 수 있는 예이다.

11.3.1 축구(Soccer)

축구경기는 전 후반 각각 45분씩 모두 90분 동안 경기를 하여 두 팀 중에서 어느 팀이 더 많은 골을 넣느냐에 따라서 승과 패가 결정되는 경기이다. 따라서 일정한 시간(90분)동안에 양 팀에서 혹은 한 팀에서 얻는 골의 수를 X라 하면 X는 포아송분포를 따르는 것으로 생각할 수 있다.

예제 11-5

A팀과 B팀이 축구시합을 한다고 한다. 다년간의 경험에 의하면 A팀의 평균 골은 2골이고, B팀의 평균 골은 2.5골이라 한다. 이 경기에서 3골이 나올 확률을 구해보자.

풀이 11-5

양 팀 90분 동안에 넣을 골의 수를 X라 하면, X는 90분 동안에 기대되는 평균 골이 4.5골이므로 X는 평균 $\mu=4.5$ 포아송분포를 따른다고 할 수 있다. 따라서 위 식 (11-3)에 $\mu=4.5$를 대입하고, $x=3$을 대입하여 구하면 다음과 같다.

$$\begin{aligned} P(X=3) = f(3) &= \frac{e^{-4.5}(4.5)^3}{3!} \\ &= \frac{4}{3e^{4.5}} = 0.0148 \end{aligned}$$

11.3.2 송구(Handball)

송구(hand ball)는 양 팀이 각각 7명을 한 팀으로 편을 나눠 손으로 공을 잡고 상대방 진영의 골문에 공을 넣어 전 후반 각각 35분씩 총 70분 동안에 골을 많이 넣는 팀이 이기는 경기다. 예로 A와 B 두 팀이 게임을 할 때 평균 1분 만에 한 골이 나온다고 하면 70분 동안에 성공할 골의 수를 X라 하면 X는 평균이 70인 다음 식 (11-4)와 같은 포아송분포를 따른다고 생각할 수 있다.

$$P(X=x) = f(x) = \frac{e^{-70}(70)^x}{x!}, \quad x = 0, 1, 2, \cdots \tag{11-4}$$

여기서 A팀은 2분에 1골을, B팀은 2.5분에 1골을 넣는다고 하면 각 팀이 70분 동안에 넣을 골의 수를 각각 X 및 Y라 하면 X와 Y는 다음 식 (11-5) 및 식 (11-6)과 같은 포아송분포를 따른다.

$$P(X=x) = f(x) = \frac{e^{-35}(35)^x}{x!}, \ x = 0, 1, 2, \cdots \tag{11-5}$$

$$P(Y=y) = f(y) = \frac{e^{-28}(28)^y}{y!}, \ x = 0, 1, 2, \cdots \tag{11-6}$$

예제 11-6

A와 B 두 팀이 송구를 한다고 하자. 과거 자료에 의하면 A팀은 2분에 1골을, B는 2.5분마다 1골을 넣는다고 한다. 두 팀이 2분 동안에 2골 이상의 골을 넣을 확률을 구해보자.

풀이 11-6

문제는 두 팀이 2분에 2골 이상을 넣을 확률을 구하는 문제이다. 따라서 일정한 시간 2분 동안에 두 팀에서 넣는 골의 수를 X라 하면 X는 포아송분포를 따른다고 생각할 수 있으므로 포아송분포를 이용해서 확률을 구하기 위해서는 먼저 2분 동안 두 팀이 넣을 수 있는 평균 골수, 즉 μ을 구해야 한다. μ를 구하기 위해서는 두 팀이 1분 동안 평균 몇 골을 넣는지를 먼저 알아야 한다. 문제로부터 A팀은 매 2분마다 1골을 넣을 수 있으므로 70분 동안에 35골을 넣을 수 있고, B팀은 매 2.5분마다 1골을 넣을 수 있으므로 70분 동안에 28골을 넣을 수 있다. 따라서 두 팀이 70분 동안에 넣을 수 있는 총 골의 수는 63골이 된다. 결과적으로 두 팀은 1분당 63/70골을 넣을 수 있으며, 2분 동안에는 126/70골을 넣을 수 있게 되므로 두 팀이 2분당 넣을 수 있는 골의 평균 $\mu=$ 63/35골이 된다.
따라서 두 팀이 2분 동안에 2골 이상을 넣을 확률 $P(X\geq 2)$는 다음과 같다.

$$\begin{aligned} P(X\geq 2) &= \sum_{x=2}^{\infty} e-^{\left(\frac{63}{35}\right)}\left(\frac{63}{35}\right)^x \\ &= 1-\sum_{x=0}^{2} e-^{\left(\frac{63}{35}\right)}\left(\frac{63}{35}\right)^x \\ &= 1-\frac{1}{e^{\left(\frac{63}{35}\right)}}\left[\left(\frac{63}{35}\right)^0+\left(\frac{63}{35}\right)^1+\frac{1}{2}\left(\frac{63}{35}\right)^2\right] \\ &= 1-\frac{1}{2.71828^{1.8}}(1+1.8+1.62) \\ &= 0.269 \end{aligned}$$

11.3.3 아이스하키(Ice Hockey)

아이스하키(ice hockey)란 빙판 위에서 스케이트를 신고 스틱을 이용하여 고무를 원료로 하여 만든 퍽(puck)이라고 하는 기구를 양 팀의 골대에 정해진 시간에 많이 넣는 팀이 승리하는 경기이다. 이 경기에서 두 팀이 팀을 나눠서 하는 경기로 선수는 양 팀이 각각 6명으로 구성되어 있다. 6명의 선수 중에 5명은 공격을 하는 선수이고 한 명은 축구의 골키퍼와 같은 역할을 하는 골리(goalie)라고 불리는 골키퍼이다. 그림 (11-3)은 아이스하키 경기 모습을 보여주고 있다. 이 그림에서 19번은 공격선수이고, 망을 쓴 선수가 골리(goalie), 즉 골키퍼이다.

그림 11-3 | 아이스하키 골리(goalie)

아이스하키 경기에서 골리라고 부르는 골키퍼는 때에 따라서는 빼고 모든 선수를 공격선수로만 팀을 운영할 수 있다. 이런 경우는 보통 게임에서 지고 있는 팀이 얼마 남지 않은 시간에 골을 많이 얻어 게임을 역전시키고자 하거나 최소한 비기기 작전을 펼치려고 할 때 펼 수 있는 작전 중의 하나이다.

어떤 경우에 이런 작전을 펴는 것이 유리한지를 알면 작전을 펴는데 큰 도움이 될 수 있을 것이다. 이 문제를 해결하기 위하여 다음과 같은 몇 가지 가정을 하여야 한다.

[가정 I]

A와 B 두 팀이 경기를 한다고 할 때 각 팀의 골리가 골포스트에 있을 경우

① 1분을 단위로 성공될 골의 수를 두 팀 모두 X라 하면 X는 모수 μ를 갖는 포아송분포를 따른다.

② 두 과정은 서로 독립이다.

[가정 II]

A팀이 골리를 공격선수로 바꿀 때

① A팀이 1분당 넣을 수 있는 골의 수 X는 모수 μ_A를 갖는 포아송분포를 따른다.

② B팀이 1분당 넣을 수 있는 골의 수 Y는 모수 μ_B를 갖는 포아송분포를 따른다.

③ 두 과정은 서로 독립이다.

[가정 III]
각 모수의 크기가 다음과 같다.

$$\mu_B > \mu_A > \mu$$

이상과 같은 가정 하에서 팀 A가 T분이 남아 있는 상항에서 팀 B에 1골을 지고 있다고 하자. 이 경우 A팀의 코치는 비기기 작전을 펼치려 할 경우 몇 분(t) 남아 있을 경우에 골리를 불러들이고 모두 공격선수로 대체해야 비길 확률이 최대가 되는지 알 필요가 있다. 너무 오랫동안 골리 없이 게임을 하면 골을 잃을 확률도 높기 때문이다.

이 경우 $(T-t)$ 사이에 두 팀 모두 골이 없어 계속 1골 차이를 유지하고 있다고 할 때 t분 동안 A팀은 골이 없고, B팀이 1골을 넣을 확률은 다음 식 (11-7)과 같이 나타낼 수 있다.

$$P(\text{tie};\ T, t) = [1 - e^{-2\mu(T-t)}]^{1/2} + e^{-2\mu(T-t)}[1 - e^{-(\mu_A + \mu_B)t}]\left[\frac{\mu_A}{(\mu_A + \mu_B)}\right] \tag{11-7}$$

그리고 두 팀이 비길 확률이 가장 높을 시간 t^*를 식 (11-7)로부터 구하면 다음 식(11-8)과 같다.

$$t^* = \frac{-\log_e[\mu(\mu_A - \mu_B)/\mu_A(2\mu - \mu_A - \mu_B)]}{(\mu_A + \mu_B)} \tag{11-8}$$

위 식에서 μ, μ_A 및 μ_B는 각 팀의 다년간 했던 경기 결과로부터 얻을 수 있는 값이다.

예제 11-7

A와 B 두 아이스하키 팀이 경기를 하고 있다. 현재 마지막 피어리드 경기가 진행되고 있는데 B팀이 1점 앞서고 있다. 두 팀의 분당 평균 골수를 각각 $\mu_A = 0.2$ 이고 $\mu_B = 0.4$ 이라 한다. 그리고 두 팀이 경기를 하는 경우 분당 평균 득점 $\mu = 0.05$ 이라고 할 때 두 팀이 비기는 경기를 하기 위해서 지고 있는 A팀은 몇 분 전에 골리를 불러들이고 전원공격선수로 교체해야 하는지 최적시간을 구해보자.

풀이 11-7

위 문제의 답은 식 (11-8)을 이용해서 구할 수 있다. 따라서 문제에서 주어진 각 값을 식 (11-8)에 대입하여 구하면 다음과 같다.

$$t^* = \frac{-\log_e[\mu(\mu_A - \mu_B)/\mu_A(2\mu - \mu_A - \mu_B)]}{(\mu_A + \mu_B)}$$

$$= \frac{-\log_e[0.05(0.2-0.4)/0.2(2\times 0.05 - 0.2 - 0.4)]}{(0.2+0.4)}$$

$$= 3.84\text{분}$$

이 예제에서 나타난 3.84분의 의미는 B팀에 1골을 뒤지고 있는 A팀이 무승부로 경기를 마치기 위해서는 3분 50초 전에 골리를 불러들이고 모든 선수를 공격선수로 바꾸어 경기를 하는 것이 최적이라는 뜻이다.

이상에서 설명한 바와 같이 이항분포와 포아송분포는 게임과 스포츠를 막론하고 실제 문제에 많이 활용되고 있는 통계적 방법이다. 먼저 스포츠에 이항분포를 활용하기 위해서 경기에서 발생하는 결과가 모두 독립이라 할 수 있는가? 또 하나는 경기에서 발생하는 결과의 확률이 항상 일정 한가?를 확인해야 한다. 이 가정이 사실이 아니라면 이항분포를 활용하면 문제가 발생하기 때문이다. 이항분포의 가정은 각 결과의 발생은 독립이며 그 발생확률은 일정해야 하기 때문이다. 예로 A라는 야구선수가 첫 타석에 나와 안타를 친 것이 다음 타석에 나와 안타를 칠 확률에 영향을 주지 말아야 한다. 또한 매 타석마다 안타를 칠 확률은 불변이라 말할 수 있어야 한다. 이 가정이 사실일 때 A 선수가 5번 등판하여 3번의 안타를 칠 확률을 이항분포를 통하여 예측 가능하게 되는 것이다.

포아송분포를 스포츠에 이용하는 경우에도 경기에서 발생할 결과가 일정한 시간에 일정하게 발생하느냐 그리고 독립적인가를 확인해야만 그 활용 결과가 신뢰성을 얻게 된다. 그러나 실제로 운동경기에서 선수들은 하루가 다르게 아니면 타석마다 컨디션이 다를 수 있기 때문에 이항분포나 포아송분포에 대한 가정들이 100% 일치하지 않을 수 있다. 그렇다고 이런 통계적 방법을 사용할 수 없다는 의미는 아니며 그런 오차가 존재할 수 있으므로 이런 사실을 인식하고 활용해야 한다.

제11장 연습문제

1. 다음 용어를 설명하시오.

   ① 자유투(free throw)
   ② 다트(dart)
   ③ 베르누이 시행(Bernoulli's Trials)

2. 다트게임을 하는데 다음 표와 같이 다트 판(dart board)에 맞힐 확률과 점수가 주어져 있다고 할 때 어느 선수가 정 중앙을 목표로 3번을 던졌을 경우 다음 물음에 답하시오.

영역	점수	확률
정 중앙	50	0.10
지역 1	30	0.30
지역 2	10	0.40
지역 3	0	0.20
계		1.00

   ① 3개 모두 정 중앙을 맞힐 확률
   ② 적어도 1개 이상 정 중앙을 맞힐 확률
   ③ 최소한 130점을 얻을 확률
   ④ 50 점미만의 점수를 얻을 확률

3. 테니스에는 서비스를 넣어 점수를 얻는 서브 에이스(Ace)가 있고, 아니면 서비스 포인트 없이 공격과 방어로 점수를 얻는 경우가 있다. 그 나머지는 점수를 상대방에게 내주게 된다. 경기를 하는 두 사람이 한 게임에서 이기기 위해서는 먼저 4점을 얻는 사람이 승자가 된다. 카운트는 1점을 얻으면 15, 2점을 얻으면 30, 3점을 얻으면 40, 그리고 4점을 얻으면 게임이 끝난다. 한 선수가 점수를 얻는 것과 점수를 잃는 확률이 다음과 같다고 할 때 다음 물음에 답하시오.

P(Ace로 점수를 얻을 확률) = 0.1

P(공격과 방어로 점수를 얻을 확률) = 0.6

P(자기 공격권에서 패할 확률) = 0.3

① 서부권자가 4점을 모두 에이스(Ace)로 얻어 승리할 확률을 구하시오.

② 서부권자가 에이스 없이 4점을 얻어 승리할 확률을 구하시오.

③ 서부권자가 에이스 1개와 서비스 포인트로 4점을 얻어 승리할 확률을 구하시오.

④ 서부권자가 5점에서 승리할 확률을 구하시오.

⑤ 서부권자가 4점에서 게임을 패할 확률을 구하시오.

4. 전 후반 90분을 하는 축구게임에서 홈팀에 의해서 평균 30분마다 1회의 페널티파울이 발생한다고 한다. 이 경우 다음 물음에 답하시오.

① 페널티파울이 0일 확률

② 페널티파울이 2개일 확률

③ 페널티파울이 최소한 2개일 확률

④ 페널티파울이 1개 이상을 확률

5. 다음 표는 A와 B 두 아이스하키 팀의 최근 3년간의 게임의 결과를 기록한 것이라 할 때 이를 이용하여 다음 물음에 답하시오.

년도	게임 수	전체골수	게임당 골수	파워 플레이	전환된 수	전환 비율	빈 골문 골
2003	200	1500	7.5	1800	288	0.16	20
2004	200	1400	7.0	1600	240	0.15	15
2005	250	2000	8.0	2200	396	0.18	30

① 각 팀별 게임당 평균 골수를 추정하시오.

② μ_A(the losing team's scoring rate)를 추정하시오.

6. 두 팀의 게임당 평균 골수(μ)가 0.05이고, 팀 A의 게임당 평균 골수(μ_A)는 0.1라고 할 때 팀 B의 게임당 평균 골수(μ_B)가 아래와 같을 때 t^*를 구하시오.

① 0.5　　　② 2.0

7. 두 대학의 아이스하키 정기전에서 골리 대신 공격 선수를 투입하는 게임이 총 380번 이었다고 한다. 그리고 μ, μ_A, μ_B의 추정값이 각각 다음과 같다고 할 때 두 팀이 비기기 위하여 골리를 불러들여야 하는 최적의 시간 t^*를 구하시오.

$$\mu = 0.05,\ \mu_A = 1.8,\ \mu_B = 2.5$$

제 12 장

스포츠통계의 활용 예

12.1 아이스하키

12.1.1 아이스하키 경기

아이스하키(Ice hockey)는 필드하키(field hocky)와 유사한 경기이나 필드하키가 운동장에서 둥근 공을 스틱으로 굴리고 쳐서 골문에 골을 넣어 승패를 결정짓는 경기임에 비하여 아이스하키는 두 팀이 편을 갈라 운동장 대신에 아이스링크(ice link)라고 부르는 빙판 위에서 스케이트를 신고 둥근 공 대신에 퍽(puck)이라는 것을 스틱으로 쳐서 골문에 골을 넣어 승패를 결정짓는 운동경기이다. 그림 (12-1)은 아이스하키 경기에 필요한 스틱, 스키 및 운동경기 모습을 보여주고 있다.

그림 12-1 | 아이스하키 경기에 필요한 스틱, 스키 및 경기모습

운동경기는 각각 6명씩으로 구성된 2팀이 가로 30m(혹은 31m), 세로 60m(혹은 61m)의 아이스링크에서 벌어진다. 6명의 선수는 골리(goalie)라고 부르는 1명의 골키퍼와 3명의 공격수(forward) 그리고 2명의 수비수(defender)로 구성된다. 경기시간은 3피리어드(period)로 진행되며 1피리어드는 20분이고, 각 피어리드 중간에는 약 15분의 휴식을 취한다. 따라서 아이스하키의 순 경기시간은 60분이다. 경기는 각 팀 6명씩 총 12명이 빙판 위에서 스케이트를 신고 스틱으로 퍽을 치며 하는 경기이므로 스피드가 있고 몸과 몸을 부딪치며 하는 경기로 과격하고 부상도 많은 경기지만 박력이 넘치고 활기찬 매력적인 경기로 알려져 있다.

이 경기의 기원은 북유럽에 보급되었던 밴디(Bandy)라는 빙상경기가 캐나다로 전해져 근대 아이스하키가 탄생하게 되었다고 전해지고 있다. 캐나다 몬트리올(Montreal)의 맥길대(University of Mackgil)의 크라이톤(J.G.A Claiton)이라는 학생이 오늘날과 같은 경기규정을 만들어 1879년 결빙된 강에서 시작된 경기가 최초의 아이스하키 경기로 기록되어 있다.

우리나라는 1928년도 일본 도쿄제국대학 팀이 경성제대와 시범경기를 가진 것이 최초경기였으며 그 후 1930년 1월 조선체육대회 주최 제 6회 전 조선빙상경기대회에서 아이스하키기 정식종목으로 채택되어 오늘에 이르고 있다.

아이스하키는 비교적 겨울철이 긴 캐나다를 비롯하여 미국 등 북미나 북유럽을 중심으로 유행하고 있다. 우리나라에서도 몇 개의 아마추어 팀과 프로팀이 있어 겨울 스포츠로서 관심을 가지고 있으나 미국이나 캐나다처럼 국민적인 인기를 누리지 못하고 있는 실정이다.

12.1.2 골키퍼를 공격수로 교체할 상황 발생

축구에서 골문을 지키는 선수를 골키퍼(goal keeper)라고 부르는데 반하여 아이스하키에서는 골키퍼를 골리(goalie)라고 부른다. 아이스하키는 스피디한 경기로 농구처럼 골이 많이 나지는 않지만 다른 구기경기에 비하여 비교적 골이 많이 나는 경기이다. 또한 경기가 과격하기 때문에 경기규칙이 매우 엄격하여 파울이 날 경우 파울을 범한 선수는 2분간 퇴장하여 파울을 범한 팀에게 페널티를 부여하고 있다. 이와 더불어 아이스하키는 골리(goalie)를 불러들이고 대신 공격수로 바꿔서 경기를 할 수도 있다. 골리를 불러들이고 6명 모두 공격을 하게 하는 게임을 할 수 있는데 골리를 불러들이는 것을 [pull the goalie]라고 부른다.

골문에 골리가 없다는 것은 상대방의 공격을 받을 경우 골을 허용할 확률이 그만큼 높게 된다. 따라서 평상시에는 골리를 불러들이고 공격선수로 대처하는 작전은 자주 사용되지 않는다. 그러나 경기종료를 몇 분 남기지 않은 상황에서 지고 있는 팀의 입장에서는 최소한 비기고 연장전에서 승패를 내려고 할 것이다. 이 경우 경기 종료 몇 분을 남기고 골리를 불러들이고 6명 모두 공격선수로 교체하는 것이 비기기할 수 있는 가능성이 가장 높은가를 결정하는 것은 감독에게는 매우 중요한 결정이 아닐 수 없다. 너무 일찍 골리를 불러들이면 그만큼 방어가 취약하여 상대편으로부터 골을 허용할 확률이 높아질 것이고, 너무 늦게 결정하면 시간이 늦어 비기기 작전에 실패할 것이기 때문이다.

따라서 지고 있는 팀의 경우 경기 종료 몇 분을 남기고 골리를 불러들이는 것이 비기기 작전을 성공하기 위하여 가장 적절 하느냐를 결정하여야 할 것이다. 이를 위하여 사용되는 통계적 방법이 제 11장에서 언급한 포아송분포를 이용한 방법이다. 이와 같은 작전을 펴면 반드시 비기기가 성공한다는 의미는 아니다. 확률적으로 그동안 두 팀의 경기내용으로 봐서 이렇게 결정하면 지고 있는 팀이 비길 확률이 높다는 의미일 뿐이다. 즉 이 작전은 이래도 지고 저래도 질 바에야 최후의 극약 처방 격으로 실시하는 최후의 작전이라 할 수 있다.

한 예로 A와 B 두 팀이 경기를 하고 있는데 현재 마지막 피어리드에서 A팀이 B팀에 5대 4로 1점 리드당하고 있다고 한다. 이 경우 A팀의 경우 비기기 위하여 언제 골리를 불러들이고 6명 선수 모두 공격하는 작전을 펴는 것이 좋은가를 결정해야 할 상황에 있다고 하자.

일반적인 경우에는 감독이 그동안의 노하우를 이용하여 적절한 시간에 골리를 불러들여 경기를 진행한다. 그러나 두 팀에 대한 과거 경기에 대한 자료(data)가 있는 경우 이론적으로 적절한 시간을 결정하여 대체할 수 있다. 물론 1분 1초가 급한 상황에서 적정시간을 결정하여 사용하기란 거의 불가능하다. 따라서 두 경기가 시작하기 전에 이와 같은 상황을 가정하여 골리를 불러들일 적정시간을 결정하여 골리를 불러들여야 할 상황이 벌어졌을 경우 사용하는 것은 과학적인 경기운영으로 적극 권장할 만한 가치가 있다.

12.1.3 아이스하키 경기에 적용 예

① 문제 제기

A와 B 두 팀의 과거 5번 시즌에 걸친 경기내용을 보면 다음 표(12-1)과 같다고 한다. 이와 같은 두 팀의 경기결과를 보고 현재 A팀이 B팀에게 1점 리드를 당하고 있다고 할 때 A팀이 비기기 위해서는 경기 종료 몇 분을 남기고 골리를 공격선수로 교체하는 것이 바람직한가를 결정해 보기로 하자.

표 12-1 | A와 B 두 팀의 과거 5년의 경기 결과 내용

년도	게임 수	총 골 수	게임당 골 수	파워 플레이 수	교체 수	교체 %	빈 골문 시 골 수
2003	100	650	6.50	780	150	19.23	8
2004	100	700	7.00	750	145	19.33	10
2005	150	980	6.53	1,050	230	21.90	16
2006	200	1,280	6.40	1,550	320	20.66	18
2007	250	1,700	6.80	1,860	340	18.28	26
계	800	5,310	33.23	5,990	1,185		78

② 문제 해결

위 문제는 1점차로 지고 있는 A팀이 마지막 피어리드에서 경기 종료 몇 분을 남기고 골리를 불러들이고 공격선수로 교체해야 비길 확률이 높은가를 결정하는 문제라고 볼 수 있다. 물론 이길 수 있다면 더욱 좋을 것이나 게임의 내용으로 보아 승리하는 것은 불가능하고 비기는 것에 최대한의 희망이 있을 경우 할 수 있는 최후의 작전이다.

A팀이 1점의 골을 넣어 비기기 위해서 골리를 불러들여야 할 최적의 시간을 구하기 위해서 앞에서 설명한 식 (11-8)을 이용하면 가능하다. 그러나 이 식을 이용하여 최적의 시간을 구하기 위해서는 식 (11-8)에 포함되어 있는 μ, μ_A 및 μ_B의 값을 알아야 한다. 이 값이 문제에 주어져 있지 않기 때문에 주어진 자료를 이용하여 이 값들을 만들어(추정하여) 쓸 수밖에 없다.

μ는 A와 B 팀 모두 골리어가 있을 경우 평균 1분당 넣을 수 있는 골의 수이고, μ_A는 A팀이 골리를 공격수로 바꾸었을 경우 평균 1분당 넣을 수 있는 골의 수이고, μ_B는 A팀이 골리를 공격수로 바꾸었을 경우 B팀이 평균 1분당 넣을 수 있는 골의 수를 나타내고 있다. 따라서 이들의 값을 주어진 자료로부터 추정해야 하는데 추정은 다음과 같이 할 수 있다.

(1) μ의 추정

μ는 정상적으로 게임을 할 경우 각 팀의 1분당 평균 골수를 나타낸다. 이 의미는 처음 시작의 경우에는 두 팀 모두 동일한 골 결정력을 가진 것으로 가정한다는 것이다. 따라서 μ의 추정치는 다음 식 (12-1)과 같이 구할 수 있다.

$$\mu\text{의 추정치}=(\text{총 골의 수})\div\{60\times 2\times(\text{총 게임의 수})\} \qquad (12\text{-}1)$$

위 식과 같이 μ를 구하는 이유는 μ가 두 팀이 60분 동안 게임을 한 경우 각 팀의 1분당 평균 골의 수를 의미하므로 총 시즌 경기에서 두 팀이 넣은 총 골 수를 총 게임의 수로 나눈다. 이렇게 구한 결과는 한 게임당 두 팀이 함께 넣은 평균 골의 수가 된다. 그러나 한 게임의 경기시간은 총 60분이므로 1분당 평균 골의 수를 구하기 위해서는 시즌동안 넣은 총 골의 수를 총 경기수로 나눈 게임당 평균 골수를 다시 60으로 나눠야 한다. 60으로 나눈 결과는 두 팀이 함께 1분당 넣은 평균 골의 수가 된다. 그러나 μ는 각 팀이 1분 동안에 넣을 수 있는 평균 골의 수이므로 다시 두 팀이 1분 동안에 넣을 수 있는 평균 골의 수를 2로 나눠야 하기 때문에 식 (12-1)과 같이 구해야 한다.

따라서 위 예의 경우 μ는 다음과 같다.

$$
\begin{aligned}
\mu\text{의 추정치} &= (\text{총 골의 수}) \div \{60 \times 2 \times (\text{총 게임의 수})\} \\
&= (5310) \div \{60 \times 2 \times (800)\} \\
&= 0.0553\text{골}
\end{aligned}
$$

즉, 각 팀이 1분당 평균 0.0553골을 넣은 것으로 추정된다. 이 값은 경기 마다 꼭 그렇다는 의미는 아니며 단지 과거 자료를 통하여 추정해 보면 각 팀이 각각 평균 1분당 평균 0.0553골을 넣을 수 있다는 의미로 해석할 수 있다는 의미이다.

(2) μ_A의 추정(지고 있는 팀의 분당 평균 득점수)

μ_A는 지고 있는 팀의 1분당 평균득점이므로 μ_A는 A팀이 리드하고 있는 B팀에 대하여 공격선수가 1명 더 많을 경우 1분당 평균 득점수를 의미한다. 따라서 μ_A의 추정치는 다음과 같은 두 가지 경우에 발생할 수 있다.

하나는 팀 A가 5명의 공격수와 1명의 골리로 6명이 경기를 하고, 팀 B는 파워플레이가 있어 1명이 퇴장당하여 4명의 공격수와 1명의 골리로 5명이 경기를 하는 경우이고, 또 하나는 팀 A가 골리를 불러들여 6명 모두 공격수로 경기를 하고, 팀 B는 5명의 공격수와 1명의 골리로 게임을 하는 경우 이다. 그러나 이 두 가지 경우 팀 A가 1분당 평균득점수는 거의 동일한 것으로 알려져 있다. 따라서 μ_A는 다음 식 (12-2)와 같이 추정할 수 있다.

$$\mu_A = (\text{총 전환된 수}) \div 2\times(\text{총 파워플레이 수}) \qquad (12-2)$$

식 (12-2)에서 총 전환된(converted) 수를 총 파워플레이 수로 나누면 파워플레이에서 발생하는 평균 골의 수이다. 그런데 μ_A는 위에서 설명한 두 가지 경우에 팀 A가 1분 동안 평균 넣을 수 있는 골의 수이므로 총 전환된(converted) 수를 총 파워플레이 수로 나눈 값을 2로 나눠야 하기 때문에 2가 포함된 것이다.

따라서 위 표에서 주어진 자료를 이용해서 μ_A를 구하면 다음과 같다.

$$\begin{aligned} \mu_A &= (\text{총 전환된 수}) \div 2(\text{총 파워플레이 수}) \\ &= (1{,}185) \div 2 \times (5{,}990) \\ &= 0.0989\text{골} \end{aligned}$$

위 결과로부터 파워플레이의 경우 팀 A가 1분당 평균 득점 수 μ_A의 추정치는 0.0989골이라는 의미이다. 이상에서 확인할 수 있는 것은 정상적인 경기를 하는 경우 1분당 평균 득점 μ가 0.00553골인데 반하여 파워플레이의 경우 팀 A의 1분당 평균득점 수 μ_A는 0.0989골로 μ_A가 μ보다 큰 것으로 나타나고 있다.

(3) μ_B의 추정(팀 A에 골리가 없는 경우)

μ_B는 지고 있는 팀 B의 1분당 평균 득점수를 의미한다. 즉, 팀 A에서 골리를 불러들여 선수 6명 모두가 공격선수로 게임을 하는 경우 팀 B의 1분당 평균득점수를 나타내므로 μ_B의 추정치는 다음 식 (12-3)과 같이 구할 수 있다.

$$\mu_B = \frac{\text{골리 없는 경기에서 얻은 총득점}}{\text{골리 없이 경기한 총시간(minute)}} \tag{12-3}$$

위 식 (12-3)에서 골리가 없이 경기를 한 시간을 알아야 μ_B를 구할 수 있다.

그러나 주어진 표(12-1)로부터 이 시간을 알 수 없다. 이런 경우에는 일반적으로 코치들이 2분 정도 남아 있을 경우에 골리를 불러들이는 것으로 알려져 있으며 대부분 골이 나는 것은 2분의 중간이 1분 정도에 골이 나오는 것으로 알려져 있다.

표에서 주어진 자료를 이용하여 μ_B의 추정치를 구하면 다음과 같다.

$$\begin{aligned} \mu_B &= \frac{\text{골리 없는 경기에서 얻은 총득점}}{\text{골리 없이 경기한 총시간(minute)}} \\ &= \frac{78}{78} \\ &= 1.0\text{골} \end{aligned}$$

이런 가정이 사실이라면 식 (12-3)의 값은 언제나 1.0의 값을 가진다. μ_A가 0.0989에 비하여 μ_B가 1.0이므로 팀 A가 골리를 불러들이고 경기를 하는 경우 득점할 확률은 팀 A가 1분당 0.1골을 득점하는데 반하여 팀 B는 1골을 득점할 수 있어 팀 B가 팀 A보다 약 10배 정도 득점할 확률이 높게 나타났다. 따라서 팀 A가 1골 만회하려는 작전을 펴려다 오히려 더 많은 점수를 잃고 큰 점수 차이로 패할 확률도 그만큼 높다. 농구나 축구 등 대부분의 경기 후반까지 대등한 경기를 하다가 경기종료 몇 분을 남기고 지고 있는 팀이 아이스하키에서 골리를 불러들이는 것과 같은 최후의 작전을 펴다 이기는 경우도 있으나 더욱 참패를 하는 경우가 더 많은 것은 위와 같은 이유에서 나타나는 결과일 수 있다.

(4) 골리를 불러들일 적정 시간(t^*)의 추정

이상과 같이 μ, μ_A 및 μ_B를 추정하였으므로 이들의 값을 식 (12-1)에 대입하여 1점차로 지고 있는 A팀이 동점 작전을 펴기 위하여 골리를 불러들여야 할 적정시간은 다음과 같다.

$$
\begin{aligned}
t^* &= \frac{-\log_e[\mu(\mu_A - \mu_B)/\mu_A(2\mu - \mu_A - \mu_B)]}{(\mu_A + \mu_B)} \\
&= \frac{-\log_e[0.0553(0.0989 - 1.0)/0.0989(2 \times 0.0553 - 0.0989 - 1.0)]}{(0.0989 + 1.0)} \\
&= 0.6737\text{분}
\end{aligned}
$$

이 결과는 경기종료 0.6737분 전에 골리를 불러들이는 것이 동점을 만드는 작전에 최적 시간이 된다는 의미이다. 0.6737분은 약 40.4초 전에 골리를 불러들이는 것이 이상적이라는 의미이다.

12.2 축구

12.2.1 축구경기

축구(soccer)는 두 팀이 각각 11명씩으로 팀을 구성하여 손을 쓰지 않고 공을 발로 차서 상대편 골문에 골을 넣음으로써 승패를 결정짓는 경기이다. 경기시간은 통상 전·후반 각각 45분씩 총 90분 경기를 한다. 그림 (12-2)는 축구경기가 벌어지고 있는 현장의 경기모습이다.

그림 12-2 축구경기 모습

12.2.2 축구경기에서 골의 수의 분석

우리나라가 2002년 한일월드컵에서 4강에 들었을 때 세계의 매스컴은 심판의 편파판정으로 한국이 4강에 올랐다는 외신보도가 연일 끊이지 않았다. 선수들의 멋진 경기를 보면서 감탄을 하면서도 한편으로 석연치 않은 판정시비에 자존심을 상하기도 하였다.

그러나 많은 전문가들이 평하기를 공은 둥글기 때문에 의외성이 얼마든지 있다고 한다. 사실 우승후보로 지목되던 팀이 무명 팀에게 패하여 예선에서 탈락하는 이변도 허다하니 일반적으로 알려진 팀의 성적만으로 100% 우승이 보장되지 않는다는 것은 잘 알려진 사실이다. 여기에서 알고자 하는 것은 과연 각 축구팀이 게임당 넣을 수 있는 골의 수는 랜덤한 것인가? 아니면 어떤 규칙성이 있는가? 랜덤성이 존재한다면 축구결과의 의외성이 그만큼 높다는 의미를 가지며 규칙성이 있다는 것은 축구경기의 의외성이 없다는 것으로 판단할 수 있다.

12.2.3 축구경기에 적용 예

① 문제 제기

2002년 제 17대 한일 월드컵 경기는 대한민국의 반만년 역사 속에서 빼놓을 수 없는 거사로 기억되고 있다. 우리나라 축구대표팀이 이뤄낸 월드컵 4강 진출은 그야말로 신화의 창조로 여겨지고 있으며 그 당시 국민이 보인 붉은 악마의 응원은 온 세계에 유감없이 대한민국의 결집된 국력을 알리는 계기가 되었다.

1930년에 제 1회 대회가 열린 후 76년 동안 17회에 이르기까지 수많은 나라들이 월드컵에서 경기를 했지만 우승컵을 안아본 나라는 다음 표(12-2)와 같이 7개국에 불과하다.

표 12-2 | 역대 월드컵 우승국

나 라	우승 횟수	년도
브라질	5	1958, 1962, 1970, 1994, 2002
독일	3	1954, 1974, 1990
이태리	4	1934, 1938, 1982, 2006
아르헨티나	2	1978, 1986
우루과이	2	1930, 1950
영국	1	1966
프랑스	1	1998

제 1회 월드컵대회는 1930년에 우루과이에서 13개국이 참가하여 7월 13일부터 30일까지 계속되었으며 우승국은 개최국인 우루과이에게 돌아갔다. 물론 이 당시 유럽이 전후복구로 어려운 가운데 4개국만이 참가한 대회였다. 그러나 2002년에는 각 대륙에서 지역예선을 통과한 32개국이 경기에 참가하였다. 32개국은 8개조로 나누어 조별 리그로 경기를 한 다음 각 조에서 1, 2위 팀이 16강에 오르고, 16강전부터는 토너멘트로 지면 탈락하는 방식이다. 각 대륙별로 참가한 나라의 수는 다음 표(12-3)과 같다.

표 12-3 2002년 한일 월드컵 참가 대륙별 국가 수

대륙별	참가국 수	참가 국가
유럽	15	벨기에, 아일랜드, 스웨덴, 덴마크, 슬로베니아, 프랑스, 러시아, 스페인, 폴란드, 포르투갈, 이탈리아, 독일, 터키, 잉글랜드, 크로아티아
아프리카	5	나이지리아, 남아프리카, 튀니지, 카메룬, 세네갈
남아메리카	5	우루과이, 아르헨티나, 브라질, 에콰도르, 파라과이
아시아	4	대한민국, 일본, 중국, 사우디아라비아
북-중 아메리카	3	미국, 멕시코, 코스타리카
계	32	

1차조별 리그전은 32개 팀이 8개조로 나눠져 치른 총 48게임이 치러졌으며, 48게임에서 터진 골(Goals)은 총 130골로 그 분포는 다음 표(12-4)와 같다.

표 12-4 2002년 한일월드컵 1차전에서 터진 골의 분포 표

골 수	빈도	골 수× 빈도
0	25	0
1	36	36
2	20	40
3	11	33
4	2	8
5	1	5
6	0	0
7	0	0
8	1	8
계	96	130

이상과 같이 2002년 한일월드컵 제 1차전 결과를 이용하여 각 게임당 터지는 골의 수가 랜덤하다고 생각할 수 있느냐 하는 것이다. 우리나라가 4강에 진입한 것이 순전히 운이라 하는데 과연 골의 수는 의도적인 면이 있는가? 아니면 랜덤(무작위)하게 발생하는 것인가를 확인해보자.

② 문제 해결

축구경기에서 터지는 골의 수가 랜덤인지를 확인하기 위해서는 각 팀의 게임당 골의 수

를 확률변수 X로 생각하여 X의 분포를 찾아보고 이 분포함수와 실제 게임에서 터지는 골의 수의 분포가 어느 정도 일치한지를 알게 되면 두 팀 간의 매칭게임에서 골의 수를 예측할 수 있다. 결과 예측이 가능하게 되면 스포츠토토가 걸린 경우 스포츠토토에서 승패를 예측하는 것과 같은 결과를 얻게 되어 매우 중요한 의사결정 수단으로 사용할 수 있다.

이와 같은 문제를 해결하기 위하여 다음과 같은 과정을 통하여 가능하다.

첫째, 각 게임당 각 팀의 평균 골의 수를 구함.

앞에서 정리한 표(12-4)를 이용하여 평균 μ를 다음 식 (12-4)를 이용하여 구할 수 있다.

$$\mu = \frac{\text{총 골수}}{\text{게임에 참가한 총 팀의 수}} \tag{12-4}$$

이 식을 이용하여 평균 μ를 구하면 다음과 같다.

$$\mu = \frac{130}{2 \times 48} = 1.354\text{골(게임당 각 팀의 평균 골 수)}$$

둘째, 골의 수를 확률변수 X라 하면 X는 평균이 μ인 포아송분포를 따른 것으로 가정하여 다음과 같은 포아송분포식을 가정할 수 있다.

$$f(x) = \frac{e^{-\mu}\mu^{x}}{x!}$$
$$= \frac{e^{-1.354}1.354^{x}}{x!},\ x = 0, 1, 2, 3, \cdots$$

이 식을 이용해서 $X = 0, 1, 2, 3, 4, 5, 6, 7, 8$ 의 각각의 골이 나타날 확률과 이론적인 골의 수를 구하면 다음 표(12-5)와 같게 나타난다.

표 12-5 골의 나타날 확률과 이론적인 골 수

골의 수	나타날 확률	실측 값(골의 수)	이론 값(기대 값)
0	0.2582	25	24.8
1	0.3500	36	33.6
2	0.2365	20	22.7
3	0.1073	11	10.3
4 이상	0.0479	4	4.6
계	0.9999	96	96

위 표로부터 실제로 경기에서 나타난 골의 수와 포아송분포를 이용하여 구한 이론적인 기대치의 차이가 그리 크게 나타나지 않고 있음을 알 수 있다. 따라서 외견상으로 2002년도 한일월드컵 경기의 결과 골의 수 X는 포아송분포를 따르는 것 같은 예감을 가질 수 있다. 그러나 실제로 포아송분포를 따르는지는 통계적 검정을 통해서 확인할 수 있다.

⑤ 결과 확인

한일월드컵 경기에서 나타난 골의 수를 X라 할 때 X는 포아송분포를 따르는지 통계적 검정을 실시할 필요가 있다. 표 (12-5)에 나타난 결과를 대상으로 다음 식 (12-5)를 이용하여 카이자승의 적합도 검정(goodness of fit test)을 실시하면 다음 표(12-6)과 같은 결과를 얻을 수 있다.

$$\chi^2 = \sum_{i=1}^{n} \frac{(O_i - E_i)^2}{E_i} \qquad (12\text{-}5)$$

단, $O_i = i$ 번째의 실측 값, $E_i = i$ 번째의 이론 값

표 12-6 | 적합도 검정을 위한 카이자승 계산

골의 수	실측 값(O_i)	이론 값(E_i)	$(O_i - E_i)^2/E_i$
0	25	24.8	0.001613
1	36	33.6	0.171429
2	20	22.7	0.321145
3	11	10.3	0.047573
4 이상	4	4.6	0.078261
계	96	96	0.620021

계산의 결과 카이자승 값은 0.62로 아주 작은 값으로 나타났다. 이는 실측값과 이론값의 차이가 거의 없다는 의미이며 이는 곧 골의 분포가 카이자승분포를 따르는 것이라는 뜻이다.

물론 카이자승 검정에서 자유도 4이고 5% 유의수준 하에서 비교통계량에 해당되는 임계값(critical value)을 부록(III)의 카이자승분포표에서 구하면 9.488 값이 나온다. 비교통계량보다 표에서 구한 카이자승 값 $\chi^2 = \sum_{i=1}^{n}(O_i - E_i)^2/E_i = 0.620021$이 작으므로 X는 위에서 가정한 포아송분포($f(x) = e^{-1.354}1.354^x/x!$)를 따른다고 할 수 있다. 이는 축구경기에서 골의 수는 의도적으로 만들어지는 것이 아니라 포아송분포에 따라서 랜덤하게 나온다는 것을 의미한다.

12.3 골프(Golf)

12.3.1 골프경기

일반적으로 골프경기는 18홀(hole)로 구성되어있는 골프장에서 골프채(golf)로 공을 쳐서 각 홀의 그린에 깃발(pin)이 꽂혀 있는 구멍(hole)에 공을 넣는 경기다.

12.3.3 골프경기의 분석

파 포 홀이나 파 화이브 홀의 티박스에서 공을 멀리 보내기 위하여 사용하는 드라이버나, 페어웨이에서 사용 하는 아이언과 우드, 그린에서 사용하는 퍼팅 모두가 다 중요하다. 그러나 그린에 올라온 공을 구멍(hole)에 집어넣는 퍼팅은 무엇보다도 중요한다. 골프 속담에 "드라이버는 쇼이고, 퍼팅은 돈이다."라는 말이 그 중요성을 잘 나타내주고 있다.

12.3.3 골프경기에 적용 예

① 문제 제기

아마추어 골퍼들에게는 게임 중 공이 그린에 올라와 퍼팅을 남겨놓은 상태에서 홀(hole)과 공의 거리가 어느 정도 이내가 되면 컨시드(Concede)를 주어 마지막 퍼트가 들어간 것으로 게임을 카운트하기도 한다. 이처럼 게임에서 컨시드를 주는 것은 그 정도의 가까운 거리에서 퍼팅은 들어갈 확률이 거의 100%에 가까운 것으로 믿기 때문이다. 그러나 홀과 공의 거리가 멀어지면 멀어질수록 거리에 거의 비례하여 퍼팅의 성공확률은 점점 낮아지게 된다. 과연 골프경기에서 퍼팅이 들어갈 확률을 계산할 수 있을까? 있다면 어떻게 가능할까?

② 문제 해결

일반적으로 기부를 주는 거리를 50 cm라고 하고 공과 홀과의 거리를 X라 하면 퍼팅의 성공확률은 다음 식 (12-6)과 같이 표현할 수 있다.

$$P(\text{퍼팅의 성공확률}) = \frac{50}{x},\ \text{단},\ x \geq 50\text{ cm} \tag{12-6}$$

위 식은 50cm 내의 공은 100% 넣을 수 있다는 가정이다. 그리고 퍼팅의 거리가 멀어질수록 퍼팅의 성공확률은 낮아진다는 가정을 전제로 하고 있다. 만일 100cm 내의 공을 모두 집어넣을 수 있는 경우라면 위 식 (12-6)에서 50cm 대신 100cm를 쓰면 된다. 즉 식 (12-6)의 상수는 사람의 터팅(putting) 능력에 따라서 달라진다.

위 가정이 사실이라면 거리에 따른 선수별 퍼팅 성공확률을 계산할 수 있다.

예제 12-1

이는 골퍼가 그림 (12-3)같은 그린에서 50cm 내의 퍼팅의 성공확률은 100%이고, 그 이상의 거리에서는 거리에 비례하는 확률을 갖는다고 하자. 80cm, 500cm 떨어진 거리에서 퍼팅을 성공시킬 확률을 구해보자.

그림 12-3 퍼팅하는 모습

풀이 12-1

위 식 (12-6)을 이용하여 확률을 구하면 다음과 같다.

$$P(80\ \text{cm에서 성공확률}) = \frac{50}{x} = \frac{50}{80} = 0.625$$

$$P(500\ \text{cm에서 성공확률}) = \frac{50}{x} = \frac{50}{500} = 0.1$$

제12장 연습문제

1. 다음 용어를 설명하시오.

① 아이스하키(ice-hockey)
② 샤카(soccer)
③ 골리(goalie)
④ 카이자승검정(Chi-square test)
⑤ 퍼트(putt)
⑥ 골프(golf)

2. 마지막 피어리드에서 A팀이 B팀에게 1점차로 지고 있다고 한다. 그런데 최근 3년 간 두 팀의 경기결과는 다음 표와 같다. 이를 이용해서 다음 물음에 답하시오.

년도	게임 수	총 골수	게임당 골수	파워 플레이 수	교체 수	교체%	빈 골문 시 골 수
2005	150	980	6.53	1,050	230	21.90	16
2006	200	1,280	6.40	1,550	320	20.66	18
2007	250	1,700	6.80	1,860	340	18.28	26
계	600	3,960	6.60	4,460	890		60

① 두 팀이 1분당 넣을 수 있는 평균 골의 수 μ를 추정하시오.
② 팀 A가 1분당 넣을 수 있는 평균 골의 수 μ_A를 추정하시오.
③ 팀 B가 1분당 넣을 수 있는 평균 골의 수 μ_B를 추정하시오.
④ 이 경우 팀 A가 팀 B와 무승부로 끝내기 위해서 골리를 불러들여야 할 최적시간 t^*를 구하시오.

3. 다음 표는 8개 구단의 최근 경기에서 나타난 경기결과라고 한다. 이를 이용해서 다음 물음에 답하시오.

골 수	빈도	골 수×빈도
0	22	0
1	38	38
2	23	46
3	13	39
4	3	12
5	1	5
계	100	140

① 각 팀의 게임당 골의 수 X가 동일하다고 가정할 때 X의 평균을 구하시오.

② X가 포아송분포를 따른다고 말할 수 있는가? X가 포아송분포를 따른다면 그 이유를 말하시오

4. 어느 골퍼의 퍼팅의 성공확률이 다음과 같다고 할 경우 다음 물음에 답하시오.

$$P(\text{퍼팅의 성공확률}) = \frac{80}{x}, \quad \text{단, } x \geq 80\,\text{cm}, \ x\text{의 단위는 cm}.$$

① 1m에서 퍼팅을 성공할 확률을 구하시오.

② 5m에서 퍼팅을 성공시킬 확률을 구하시오.

③ 계속되는 3개의 홀에서 200cm 떨어진 거리에서 퍼팅을 한다고 할 때 다음의 확률을 구하시오.

(i) 3개 모두 성공할 확률

(ii) 적어도 하나 이상 성공할 확률

(iii) 적어도 2개 이상 성공할 확률

(iv) 3개 모두 실패할 확률

④ 어느 골퍼가 동일한 거리에서 퍼팅을 3번 계속하여 다음과 같은 확률을 갖기 위해서는 거리는 얼마가 되어야 하는가?

(i) 1%

(ii) 5%

(iii) 50%

참고 문헌

1. Anna Southgate(2006), 'Casino Games', Hamlyn, A division of Octopus Publishing Group Co.
2. John S. Croucher(2003), 'Gambling and Sport-A Statistical Approach-', Macquarie University Lighthouse Press.
3. Mark Balestra(2005), 'How to Win at Online Gambling', Carlton Publishing Group.
4. Richard A. Epstein(1977), 'The Theory of Gambling and Statistical Logic', Academic Press.
5. 고택운(2007), '카지노 갬블링 스캠', 한올출판사.
6. 고택운(2007), '카지노 실무용어 해설', 백산출판사.
7. 고택운, 김경문(2005), '카지노 게임의 실무이론 II', 한올출판사.
8. 고택운, 오철수(2000), '블랙잭 게임(이론과 실무)', 백산출판사.
9. 김문영(2006), '로또보다 좋은 경마', 세상의 아침.
10. 김영국(1997), '카지노 알면 이긴다', 명지사.
11. 동아출판사(1986), '동아 세계 대 백화사전', 동아출판사
12. 스포츠온 편집부(2006), '알고하면 더 재미있는 스포츠 토토', 맥스.
13. 서천범(2007), '갬블백서', 한국레저산업연구소.
14. 신기섭 역(2003), '복권의 역사', 필맥.
15. 이강섭 역(2001), '라스베가스와 카지노의 모든 것', 행림출판.
16. 안상훈(2002), '경마, 경륜의 전술과 함정', 한솔미디어.
17. 이윤희(2004), '포커 알면 이길 수 있다', 누보.
18. 이정미(2005), '호텔카지노 경영론', 신영.
19. 이해용, 이필영(2000), '이야기로 배우는 통계학', 자유아카데미.
20. 통계청(2006), '세계복권 연감', 통계청.
21. http://blog.naver.com/haengbok
22. www.betman.co.kr
23. www.company.kra.co.kr
24. www.ganacasino.net/games/sportsbetting2.html
25. www.kra.co.kr
26. www.ngcc.go.kr/board
27. www.SOSFO.or.kr
28. www.tab.search.daum.net

부 록

난수표(random number table)

행 \ 열	12345	12345	12345	12345	12345	12345	12345	12345	12345	12345	12345	12345
1	27305	13943	57568	82301	84209	08371	30171	37376	73910	41010	56920	47294
2	02829	17281	37493	03892	20383	26482	58604	08940	20837	26486	27492	50270
3	67836	27463	96083	59060	98402	14939	29474	40128	14894	51043	76843	09302
4	59761	39438	02902	40293	37291	39321	39848	39202	39402	30485	34933	28309
5	39203	05949	31012	96585	89034	95048	43849	54411	54912	95438	34754	20932
1	52949	54752	09013	65491	24041	45959	31247	53421	04237	59101	53148	12841
2	41003	37481	84843	21339	62899	10480	47401	01375	46738	94736	56238	32574
3	13280	32165	40820	32103	36207	36903	37383	18329	25138	39284	59594	23943
4	02038	88338	32003	26229	26261	23831	20370	38413	37329	44920	84927	84712
5	48231	08474	10467	31000	37294	88319	08814	55906	48430	16442	08943	38210
1	37405	48553	31037	46838	65396	10383	67083	28138	95280	63021	28374	95498
2	84028	20209	02389	10173	71990	17163	82301	28389	03765	72239	49731	81201
3	98408	03184	10378	07473	90730	20838	83029	92846	36552	01382	38530	84036
4	08080	42843	83764	65510	32314	50148	07409	01270	92704	67860	31469	12285
5	79098	50423	19816	38893	90174	09740	12479	12643	13902	74463	35940	75864
1	18570	22017	55604	10124	71090	09474	78641	92900	29147	21099	37764	75829
2	28674	46491	01784	23191	87474	06456	09246	16423	70319	20194	36985	69434
3	68570	37842	38808	32321	40347	12750	73401	24728	90127	41741	85496	15392
4	18019	27462	92740	17460	17390	20497	64826	90017	97747	09127	12074	47213
5	59014	79747	47290	17474	90247	91409	16598	32037	10103	82830	80470	31104
1	86902	11237	83764	76417	09987	64178	12364	10472	10172	01462	35601	03766
2	56906	02658	46983	26598	23023	65810	76230	17209	14863	29809	75099	54298
3	76965	30018	39373	84768	73640	67481	64101	25651	53131	03737	39363	12836
4	19203	87494	11103	82382	84274	93730	17032	09747	76664	54572	81638	75498
5	65734	63262	39634	00110	21107	47864	12900	14701	22467	56821	94651	20294
1	73973	11313	73714	86812	09470	12469	20461	14201	29904	62014	83742	41209
2	59834	20342	80542	98423	74294	23211	21028	22120	34947	75040	44004	95743
3	09333	14398	10467	10740	14671	97496	45751	29821	82046	12049	81328	49824
4	90472	30322	59743	70468	60734	75020	74035	79650	56789	74749	45349	23435
5	34263	78495	06976	09875	46746	53154	65101	73107	38916	48751	02084	69014

부 록

II 정규분포표; $P(Z \leq z)$, 단, $Z \sim N(0, 1)$

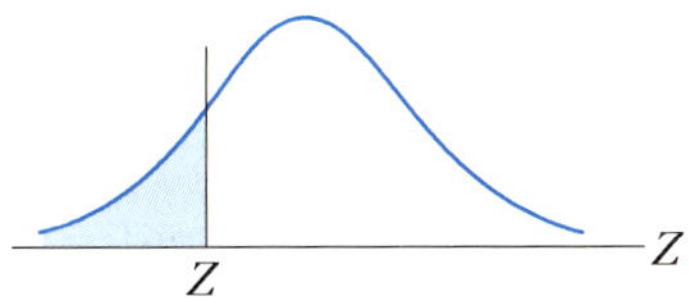

Z	00	01	02	03	04	05	06	07	08	09
0.0	0.5000	0.5040	0.5080	0.5120	0.5160	0.5199	0.5239	0.5279	0.5319	0.5359
0.1	0.5398	0.5438	0.5478	0.5517	0.5557	0.5596	0.5636	0.5675	0.5714	0.5753
0.2	0.5793	0.5832	0.5871	0.5910	0.5948	0.5987	0.6026	0.6064	0.6103	0.6141
0.3	0.6179	0.6217	0.6255	0.6293	0.6331	0.6368	0.6406	0.6443	0.6480	0.6517
0.4	0.6554	0.6591	0.6628	0.6664	0.6700	0.6763	0.6772	0.6808	0.6844	0.6879
0.5	0.6915	0.6950	0.6985	0.7019	0.7054	0.7088	0.7123	0.7157	0.7190	0.7224
0.6	0.7257	0.7291	0.7324	0.7357	0.7389	0.7422	0.7454	0.7486	0.7517	0.7549
0.7	0.7580	0.7611	0.7642	0.7673	0.7703	0.7734	0.7764	0.7794	0.7823	0.7852
0.8	0.7881	0.7910	0.7939	0.7967	0.7995	0.8023	0.8051	0.8078	0.8106	0.8133
0.9	0.8159	0.8186	0.8212	0.8238	0.8264	0.8289	0.8315	0.8340	0.8365	0.8389
1.0	0.8413	0.8438	0.8461	0.8485	0.8508	0.8531	0.8554	0.8577	0.8599	0.8621
1.1	0.8643	0.8665	0.8686	0.8708	0.8729	0.8749	0.8770	0.8790	0.8810	0.8830
1.2	0.8849	0.8869	0.8888	0.8907	0.8925	0.8944	0.8962	0.8980	0.8997	0.9013
1.3	0.9032	0.9049	0.9066	0.9082	0.9099	0.9115	0.9131	0.9147	0.9162	0.9177
1.4	0.9192	0.9207	0.9222	0.9236	0.9251	0.9263	0.9279	0.9292	0.9306	0.9319
1.5	0.9332	0.9345	0.9357	0.9370	0.9382	0.9394	0.9406	0.9418	0.9429	0.9441
1.6	0.9452	0.9463	0.9474	0.9484	0.9495	0.9505	0.9515	0.9525	0.9535	0.9545
1.7	0.9554	0.9564	0.9573	0.9582	0.9591	0.9599	0.9608	0.9616	0.9625	0.9633
1.8	0.9641	0.9649	0.9656	0.9664	0.9671	0.9678	0.9686	0.9693	0.9699	0.9706
1.9	0.9713	0.9719	0.9726	0.9732	0.9738	0.9744	0.9750	0.9736	0.9761	0.9767
2.0	0.9772	0.9778	0.9783	0.9788	0.9793	0.9798	0.9803	0.9808	0.9812	0.9817
2.1	0.9821	0.9826	0.9830	0.9834	0.9838	0.9842	0.9846	0.9850	0.9854	0.9857
2.2	0.9861	0.9864	0.9868	0.9871	0.9873	0.9878	0.9881	0.9884	0.9887	0.9890
2.3	0.9893	0.9896	0.9898	0.9901	0.9904	0.9906	0.9909	0.9911	0.9913	0.9916
2.4	0.9918	0.9920	0.9922	0.9925	0.9927	0.9929	0.9931	0.9932	0.9934	0.9936
2.5	0.9938	0.9940	0.9941	0.9943	0.9945	0.9946	0.9948	0.9949	0.9951	0.9952
2.6	0.9953	0.9955	0.9956	0.9957	0.9959	0.9960	0.9961	0.9962	0.9963	0.9964
2.7	0.9965	0.9966	0.9967	0.9968	0.9969	0.9970	0.9971	0.9972	0.9973	0.9974
2.8	0.9974	0.9975	0.9976	0.9977	0.9977	0.9978	0.9979	0.9979	0.9980	0.9981
2.9	0.9981	0.9982	0.9982	0.9983	0.9984	0.9984	0.9985	0.9985	0.9986	0.9986

부 록

III 카이자승분포표

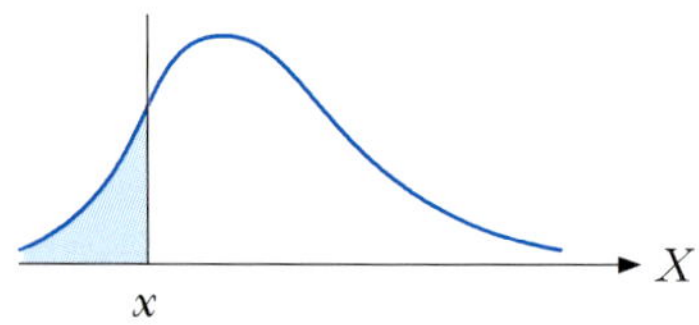

자유도 (r)	$P(X \le x)$							
	0.010	0.025	0.050	0.100	0.900	0.950	0.975	0.990
1	0.000	0.001	0.004	0.016	2.706	3.841	5.024	6.635
2	0.020	0.051	0.103	0.211	4.605	5.991	7.378	9.210
3	0.115	0.216	0.352	0.584	6.251	7.815	9.348	11.34
4	0.297	0.484	0.711	1.064	7.779	9.489	11.14	13.28
5	0.554	0.831	1.145	1.610	9.263	11.07	12.83	15.09
6	0.872	1.237	1.625	2.004	10.64	12.59	14.45	16.81
7	1.239	1.690	2.167	2.833	12.02	14.07	16.01	18.48
8	1.646	2.180	2.733	3.490	13.36	15.51	17.54	20.09
9	2.088	2.700	3.325	4.168	14.68	16.92	19.02	21.67
10	2.558	3.247	3.940	4.865	15.99	18.31	20.48	23.21
11	3.053	3.816	4.575	5.578	17.28	19.68	21.92	24.72
12	3.571	4.404	5.226	6.304	18.55	21.03	23.34	26.22
13	4.107	5.009	5.892	7.042	19.81	22.36	24.74	27.69
14	4.660	5.629	6.571	7.790	21.06	23.68	26.12	29.14
15	5.229	6.262	7.261	8.547	22.31	25.00	27.49	30.58
16	5.812	6.908	7.962	9.312	23.54	26.30	28.84	32.00
17	6.408	7.564	8.672	10.08	24.77	27.59	30.19	33.41
18	7.015	8.231	9.390	10.86	25.99	28.87	31.53	34.80
19	7.633	8.907	10.12	11.63	27.20	30.14	32.85	36.19
20	8.260	9.591	10.85	12.44	28.41	31.41	34.17	37.57
21	8.897	10.28	11.59	13.24	29.62	32.67	35.48	38.93
22	9.542	10.98	12.34	14.04	30.81	33.92	36.78	40.29
23	10.20	11.69	13.09	14.85	32.01	35.17	38.08	41.64
24	10.86	12.40	13.85	15.66	33.20	36.42	39.36	42.98
25	11.52	13.12	14.61	16.47	34.38	37.65	40.65	44.31
26	12.20	13.84	15.38	17.29	35.56	38.88	41.92	45.64
27	12.88	14.57	16.15	18.11	36.74	40.11	43.19	46.96
28	13.56	15.31	16.93	18.94	37.92	41.34	44.46	48.28
29	14.26	16.05	17.71	19.77	39.09	42.56	45.72	49.59
30	14.95	16.79	18.49	20.60	40.26	43.77	46.98	50.89
40	22.16	24.43	26.51	29.05	51.80	55.76	59.34	63.69
50	29.71	32.36	34.76	37.69	63.17	67.50	71.42	76.15
60	37.48	40.48	43.19	46.46	74.40	79.08	83.30	88.38
70	45.44	48.76	51.74	55.33	85.53	90.53	95.02	100.40
80	53.34	57.15	60.39	64.28	96.58	101.90	106.60	112.30
90	61.75	65.65	69.13	73.29	107.57	113.15	118.14	124.12
100	70.06	74.22	77.93	82.36	118.50	124.34	129.56	135.81

연습문제 해답

제 1 장

⑧ $\dfrac{1}{\binom{40}{5}\times\binom{40}{5}} = \dfrac{1}{658,008}$

제 2 장

❶ … ① X는 확률변수임

② 1,375원

③ 분산 = 1,734,375, 표준편차 = 1316.9

❷ … ① 91/6

② 분산 = 76.8, 표준편차 = 8.8

❸ … ① P(3개 모두 동일한 숫자일 확률) = 1/64

P(2개가 동일할 확률) = 9/64

P(3개가 모두 다를 확률) = 54/64

② 기댓값 = 0.859375

③ 분산 = 1.2573, 표준편차 = 1.1213

④ $[0.859375 \pm 0.2198]$

⑤ $[85.9375 \pm 21.975]$

❹ … ① 11/200

②

결 과	상금액(A)	확률(P)	$A \times P$
7번	10	1/20	0.5
18번	100	1/20	5
기타 번호	0	18/20	0
계		1.0	5.5

③ [1237.5 ± 168.168]

⑤ $P(|p^* - 0.5| > 0.05) \leq 0.5(1-0.5)/1000 \times 0.05^2 = 0.1$

제 3 장

② … ①

X	1	4	9	16	25	36
$P(X=x)$	1/6	1/6	1/6	1/6	1/6	1/6

② 공정한 게임(fair game)이란 게임에 참가하는 비용과 돌려받을 기대금액이 같을 경우이므로 이 문제의 답은 기대금액인 15.17이다.

③ 분산 = 149.14, 표준편차 = 12.21

④ 하우스 마진 = 20 − 15.17 = 4.83 (24.15%)

⑤ [1280 ± 191.4528] = [1088.5472, 1471.4528]

③ … ①

게임 결과	확 률
3개가 모두 1인 경우	1/125
3개가 모두 5, 혹은 4, 혹은 3, 혹은 2인 경우	4/125
처음 두 개가 같은 숫자인 경우	20/125
처음 숫자가 1이고, 두 번째 숫자가 1이 아닌 경우	20/125
다른 나머지 경우	80/125

②

게임 결과	X	$P(X=x)$
3개가 모두 1인 경우	1100	1/125
3개가 모두 5, 혹은 4, 혹은 3, 혹은 2인 경우	900	4/125
처음 두 개가 같은 숫자인 경우	300	20/125
처음 숫자가 1이고, 두 번째 숫자가 1이 아닌 경우	200	20/125
다른 나머지 경우	0	80/125

③ 기댓값 = 117.6, 분산 = 42,570.24, 표준편차 = 206.325568

④ [6000 ± 4043.98] = [1956.02, 10043.98]

⑤ 하우스 마진 = 100 − 117.6 = −17.6(주최 측이 손해를 보는 경우)

④ … ① 7 to 1 against
② 1 to 1(even money) against
③ 3 to 2(1.5 to 1) against
④ 5 to 3 against
⑤ 5 to 4 against

⑤ … ① 1 in 4
② 3 in 7
③ 6 in 7
④ 9 in 14
⑤ 7 in 9

⑥ … ① 9 to 1
② 15 to 2

③ 9 to 2

7 … ① 13 ② 3.5

③ 1.25

8 … (i) $n=100$인 경우 = $P(Z>0.4564)$ = $P(Z>0.46)=0.3228$

(ii) $n=400$인 경우 = $P(Z>0.9129)=P(Z>0.91)=0.1841$

9 … (i) 1% 미만일 경우 = 약 2,006번 이상

(ii) 5% 미만일 경우 = 약 1,307번 이상

10 … ①

	X(상금)	$P(X=x)$	$xP(X=x)$
앞면(H)	10	1/2	5
뒷면(T)	20	1/2	10
계		1.0	15

② 기댓값 = 15 ③ 분산 = 25, 표준편차 = 5

④ 15원 ⑤ 하우스 마진 = 16 − 15 = 1원

⑥ $M=1-1/16=15/16=0.9375$

앞서나갈 확률 = $P(Z>1.875)=0.0307$

⑦ 1500 ± 82.5 = [1417.5, 1582.5] ⑧ 18.75원

11 … ① $n=100$인 경우 = $P(Z>0.9)=0.1841$

② $n=400$인 경우 = $P(Z>1.8)=0.0359$

③ $n=10{,}000$인 경우 = $P(Z>9)=0.0000$

제 4 장

2 … ①

등위	확 률
1등	1/17,721,088
2등	1/1,107,568
3등	1/3,797,376
4등	109/18,986,880 = 1/174,191
5등	47/1,309,440 = 1/27,860
6등	1/16

② 약 0.687위안

③ HM = 2 − 0.687 = 1.313위안(65.65%)

5 … ① $\dfrac{1}{\binom{49}{5}\times\binom{42}{1}}$ = 1/80,089,128

② $3 \times \frac{1}{80{,}089{,}128}$ (1+42+220+9460+17,480+132,440+397,320)

= 1,670,889/80,089,128 = 0.028649137

④ … ① 500주 동안 필요한 금액 = 30만 달러(게임에 들어가는 총비용)

②

등위	확 률	상금(배당금)
1	1/7059052	
2	12/7059052	
3	216/7059052	
4	718/7059052	
5	1440/7059052	
등외	7056665/7059052	
계	1	

③ 300/7,059,052

④ $1-\left(1-\frac{300}{7059052}\right)^{500} = 0.021$

제 5 장

② … ① $\binom{13}{1}\times\binom{13}{1}\times\binom{13}{1}\times\binom{13}{1}/\binom{52}{4} = \frac{28{,}561}{270{,}725} = 0.1055$

… ② $\binom{4}{4}\times\binom{48}{3}/\binom{52}{7}$

… ③ ① $\binom{3}{3}\times\binom{45}{4}/\binom{48}{7}$

② $\binom{12}{1}\times\binom{4}{4}\times\binom{44}{3}/\binom{48}{7}$

… ④ $\frac{24}{226{,}525} = 0.000106$

제 6 장

② … $100(1-kp-p) = 16.67\%$

③ … $100(1-kp-p) = 22.22\%$

⑤ … ① 3.06%

⑥ … $P\left(Z \geq \frac{M\sqrt{n}}{\sigma}\right) = P(Z \geq 0.245) = 0.403$

⑦ … ① 0.9858

② $P\left(Z \geq \frac{M\sqrt{n}}{\sigma}\right) = P(Z \geq 0.14142) = 0.444$

③ 4/216

8 … 5 / 216

제 7 장

2 … ①

결과	배당금(A)	$P(X=x)$	$A \times P(X=x)$
성공	2000	20/80 = 0.25	500
실패	0	60/80 = 0.75	0
계		1.0	500

② 확률변수임($P(X=x)$의 합이 1을 만족함)

③ $E(X) = 500$, $\mathrm{Var}(X) =$ 750,000

④ 500 ± 169.74

⑤ 앞서갈 확률의 식 $P\left(Z \geq \frac{M\sqrt{n}}{\sigma}\right)$을 보면 M과 σ가 동일하다면 n이 큰 것이 플레이어에게 유리함.

3 … ① $\binom{20}{0} \times \binom{60}{7} / \binom{80}{7}$

② $\binom{20}{7} \times \binom{60}{0} / \binom{80}{7}$

4 … $\binom{20}{15} \times \binom{60}{0} / \binom{80}{15}$

5 … ①

	$P(X=x)$
0	0.2273
1	0.4056
2	0.2705
3	0.0839
4	0.0121
5	0.0006
계	1.0000

② $E(X) = 0.684$, 하우스 마진(HM) $= 1 - E(X) = 0.316$

제 8 장

2 … $100(1 - kp - p) =$ 2.7%

3 … ① $E(X) = 94.6$ 원 ② $\sigma = 567.57$ 원

④ … ① 코너벨의 기댓값 = 1,000 × 4/37 = 108.108

(32, 33) 스프리트벨의 기댓값 = 1,000×2/37 = 54.054

1 컬럼벨의 기댓값 = 1,000×12/37 = 324.324

② 코너벨의 하우스 마진 = 1,000 − 108.108 = 891.892

(32, 33) 스프리트벨의 하우스 마진 = 1,000 − 54.054 = 945.946

1 컬럼벨의 하우스 마진 = 1,000 − 324.324 = 675.676

③ 하우스 마진이 0보다 모두 클 뿐만 아니라 높은 편이다.

따라서 게임을 계속하면 결국 플레이어들은 돈을 잃게 되어 있다.

⑤ … ① $E(X) = 500$원

② $\sigma = 500$ 원

⑥ … $P\left(Z \geq \frac{HM\sqrt{n}}{\sigma}\right) = P\left(Z \geq \frac{0.5\sqrt{100}}{500}\right) = 0.496$

⑦ … $P\left(Z \geq \frac{HM\sqrt{n}}{\sigma}\right) = P\left(Z \geq \frac{0.946\sqrt{200}}{5{,}675.68}\right) = 0.5$

제 9 장

② … ① 배당률 표

게임 결과	배당률(odds)	확 률
3개 모두 동일한 그림	3 to 1	3/27
처음 두 개가 동일한 그림	1 to 1	6/27
위 두 가지를 제외한 경우	없음	18/27

② $E(X) = 55.556$원

③ 하우스 마진 = 0.445 = 44.5%

③ … ① $\left(\frac{1}{25}\right)^5 = 1/9{,}765{,}625$

② 4,200/9,765,625

③ 480/9,765,625

④ 80/9,765,625

⑤ 128/9,765,625

④ … ① 하우스 마진 = 0.9 = 90%

② $-P\left(Z \geq \frac{HM\sqrt{n}}{\sigma}\right) = P\left(Z \geq \frac{0.1\sqrt{100}}{700}\right) = P(Z \geq 0.001428) = 0.5000$

$-P\left(Z \geq \frac{HM\sqrt{n}}{\sigma}\right) = P\left(Z \geq \frac{0.1\sqrt{500}}{700}\right) = P(Z \geq 0.00319) = 0.4990$

$-P\left(Z \geq \frac{HM\sqrt{n}}{\sigma}\right) = P\left(Z \geq \frac{0.1\sqrt{1{,}000}}{700}\right) = P(Z \geq 0.01428) = 0.4940$

③ $100{,}000 \pm 43{,}386.4$

④ $\frac{HM\sqrt{n}}{\sigma} \geq 1.64$ ===〉 $n \geq$ 13,180번 이상

⑤ … ①

릴에 나타난 결과	확률	상금(X)	확률×상금
새 5	1/9,765,625	10,000	10,000
새 4	24/9,765,625	1000	24,000
고양이 5	31/9,765,625	2500	77,500
고양이 4	367/9,765,625	250	91750
고양이 3	4,025/9,765,625	50	201,250
약탈자 5	239/9,765,625	250	59,750
약탈자 4	1,738/9,765,625	50	86,900
약탈자 3	7,500/9,765,625	20	150,000
개 5	63/9,765,625	250	15,750
개 4	713/9,765,625	50	35,650
개 3	8,625/9,765,625	20	172,500
왕 5	899/9,765,625	200	179,800
왕 4	3,580/9,765,625	20	71,600
왕 3	17,500/9,765,625	10	175,000
여왕 5	1,259/9,765,625	200	251,800
여왕 4	9,218/9,765,625	20	184,360
여왕 3	41,500/9,765,625	10	415,000
잭 5	2,099/9,765,625	100	209,900
잭 4	8,380/9,765,625	20	167,600
잭 3	41,500/9,765,625	10	415,000
10 이 5	1,799/9,765,625	100	179,900
10 이 4	7,180/9,765,625	20	143,600
10 이 3	35,500/9,765,625	5	177,500
9 가 5	1,439/9,765,625	100	143,900
9 가 4	5,497/9,765,625	20	109,940
9 가 3	68,425/9,765,625	5	342,125
9 가 2	148,750/9,765,625	2	297,500
다이너마이트 5	7,775/9,765,625	50	388,750
릴에 관계없이 5개의 릴 중에서 4개의 다이너마이트	123,096/9,765,625	20	2,461,920
릴에 관계없이 5개의 릴 중에서 3개의 다이너마이트	779,160/9,765,625	2	1,558,320
기타	8,437,743/9,765,625	0	0
계	1		8,798,565

① 위 표 2번째 열과 같음

② 8,798,565/9,765,625 = 0.900973

③ 하우스 마진 = 1−0.900973 = 0.099027 = 9.9%

④ $Var(X) = \sum_{i=1}^{n}(x-\mu)^2 P(X=x)$

$$= \sum_{i=1}^{n}(x-0.900973)^2 P(X=x)$$

$$= 55.49$$

⑤ 95% 구간 추정치는 다음 식을 이용하여 구할 수 있다.

$(n\mu - 1.96\sqrt{n} - nC, \quad n\mu + 1.96\sqrt{n} - nC)$

이 식에 각 값을 대입하면 다음과 같다.

$(100 \times 0.9009 - 1.96\sqrt{100} - 100 \times 1, \quad 100 \times 0.9009 + 1.96\sqrt{100} - 100 \times 1)$

따라서 구하고자 하는 총계의 95% 구간 추정치는 다음과 같다.

(-29.51, 9.96)

⑥ n게임을 마친 후 플레이어가 앞서갈 확률은 다음 식과 같이 구할 수 있다.

$$P\left(Z > \frac{HM\sqrt{n}}{\sigma}\right)$$

이 식에서 MH는 단위 비용 당 하우스 마진(%하우스 마진)이고, n은 게임시행 횟수, σ는 이익금의 표준편차이다. 이들 값은 위 문제로부터 구하면 HM= 1-0.9009 = 0.0991, n = 200, σ = 7.45이다. 따라서 이들 값을 식에 대입하여 앞서갈 확률을 구하면 다음과 같다.

$$\begin{aligned} P\left(Z > \frac{HM\sqrt{n}}{\sigma}\right) &= P\left(Z > \frac{0.0991\sqrt{200}}{7.45}\right) \\ &= P\left(Z > \frac{0.0991\sqrt{200}}{7.45}\right) \\ &= P(Z > 0.1881) \\ &= 0.4186 \\ &= 41.86\% \end{aligned}$$

제 10 장

② … ①

말 번호	베팅금액(억 원)	actual winnings(w_j)	Dividend
1	25	3.76	4.8
2	8	13.875	14.9
3	2	58.50	59.5
4	35	2.40	3.4
5	40	1.975	3.0
6	10	10.90	12.0
7	5	22.80	24.0
8	15	6.93	7.0
계	140억		

따라서 근사적 배당률(odds)은 다음과 같다.

말 번호	베팅금액(억 원)	근사적 배당률(ods)
1	25	7 to 2
2	8	27 to 2
3	2	117 to 2
4	35	12 to 5
5	40	5 to 3
6	10	32 to 3
7	5	25 to 2
8	15	13 to 2
계	140억	

② 140억−91.23억 = 48.77억

③ … ① $n(n-1) = 10\times 9 = 90$(가지)

② $n(n-1)(n-2) = 10\times 9\times 8 = 720$(가지)

③ $\binom{n}{2} = \binom{10}{2} = 45$(가지)

④ $n! = n\times(n-1)\times(n-2)\cdots 3\times 2\times 1 = 10! = 3{,}628{,}800$(가지)

④ … ①

말 번호	총 베팅금액(원)	배당률(odds)	되돌려 받은 총 금액(원)
1	1	4 to 1	1 + 4 = 5
2	3	5 to 2	3 + 7.5 = 10.5
3	18	8 to 5 on	18 + 11.25 = 29.25
4	30	6 to 1	30 + 180 = 210
			254.75

② 최후의 배당금 총액 = 254.75(원)

⑤ … A가 구입한 총금액 = $10{,}000(2\times 1\times 2\times 2\times 1) = 80{,}000$(원)

B가 구입한 총금액 = $10{,}000(2\times 2\times 1\times 2\times 2) = 160{,}000$(원)

⑥ … ① 2.8, ② 1.25

⑦ … ① 20 to 11, ② 15 to 2

⑧ … LG (이유는 LG의 경쟁자의 비가 2.22로 제일 낮기 때문임)

$$\text{market }\% = \frac{100}{4.5}+\frac{100}{10}+\frac{100}{8.5}+\frac{100}{(11/3)}+\frac{100}{3}$$
$$= 2.22 + 10 + 11.76 + 27.27 + 33.3 = 84.55\ (\%)$$

⑨ … $\text{market }\% = \frac{100}{8}+\frac{100}{5.5}+\frac{100}{2.5} = 70.68(\%)$

⑩ … ① market % = 67.90(%) (67.9 = 28.6 + 25.0 + 11.4 + 1.90 + 1.0)

② 100 − 67.90 = 32.1(원)

③ 있다. 이유는 32.1원의 보장이득이 있으므로 1,000원을 따기 위해서는 각 베팅 금액의 32배를 하면 된다. 이런 경우 총 비용은 약 2,100원 정도이고, 돌려받는 금액은 3,200이 되어 두 금액의 차이 1,100(3,200 − 2,100)원의 이득을 얻게 됨을 알 수 있다.

제 11 장

2 … ① $\left(\frac{1}{10}\right)^3 = 1/1,000$　② $1-\left(\frac{9}{10}\right)^3 = 271/1,000$

③ 28/1,000　④ 79/250

3 … ① $\left(\frac{1}{10}\right)^4 = 1/10,000$　② $\left(\frac{6}{10}\right)^4 = 1296/10,000$

③ $3\times\frac{1}{10}\times\left(\frac{6}{10}\right)^3 = 648/10.000$　④ 0.288

⑤ $\left(\frac{3}{10}\right)^4 = 81/10,000$

4 … ① $\frac{1}{e^3}$　② $\frac{9}{2e^3}$

③ $1-\left(\frac{1}{e^3}+\frac{9}{2e^3}\right)$　④ $1-\frac{1}{e^3}$

5 … ① 두 팀의 성적이 동일하다고 하면 $\mu_A=\mu_B= 3.679$

② $\mu_A=\frac{288+240+396}{1800+1600+2200}=0.165$, 따라서 $\mu_A= 0.0825$/분당

6 … ① 1.53분　② 0.354분

7 … $$t^* = \frac{-\log_e[\mu(\mu_A-\mu_B)/\mu_A(2\mu-\mu_A-\mu_B)]}{(\mu_A+\mu_B)}$$

$$= \frac{-\log_e[0.05(1.8-2.5)/0.05(2\times0.05-1.8-2.5)]}{(1.8+2.5)}$$

$= 0.417$분

제 12 장

2 … ① $\hat{\mu}= 0.055$　② $\widehat{\mu_A}= 0.1$

③ $\widehat{\mu_B}= 1.0$　④ $t^*= 0.63$분 $= 37.8$초

3 … ① $\hat{\mu}= 1.3$

② 평균 $\mu = 1.3$인 포아송분포를 따르는지를 확인하기 위하여 카이자승검정을 실시하면 된다. 따라서 실측된 게임당 점수와 이론에 의해 구한 점수를 이용하여 카이자승검정을 실시하면 다음 표와 같은 결과를 얻는다.

골 수	빈도(실측 값)	골 수×빈도	이론 값	$(O_i - E_i)^2/E_i$
0	22	0	27.25	1.0110
1	38	38	35.43	0.1864
2	23	46	23.03	0.0000
3	13	39	10.00	0.9000
4	3	12	3.24	0.0178
5	1	5	1.05	0.0024
계	100	140	100	2.1176

표에서 구한 카이자승 값과 가설에서 정한 유의수준 5% 하에서 자유도 5인 카이자승 값을 표에서 구하면 비교통계량은 11.07이다. 따라서 표에서 구한 검정통계량이 비교통계량보다 작으므로 게임당 골의 수 X는 평균 $\mu = 1.3$ 인 포아송분포를 따른다고 할 수 있다.

④ … ① 4/5=0.8 ② 4/25=0.16

③ i) 0.064 ii) 0.784 iii) 0.288 iv) 0.216

④ i) 800cm ii) 468cm iii) 218cm

찾아 보기

ㅂ

ㅅ

ㅇ

• 저자 소개 •

이해용(H. Y. LEE)

성신여자대학교 통계학과 교수

〈저서〉

- 통계학의 이해 (법문사, 1993)
- 통계학입문 (자유아카데미, 1996)
- 표본조사방법의 이해 (자유아카데미, 1998)
- 생활속의 통계학 (진영사, 1999)
- 인터넷조사 (나남출판사, 2001)
- 표본조사입문 (교우사, 2002)

KyungJin Byun

Lecturer in the Department of Statistics
Division of Economic and Financial Studies
Macquarie University, Sydney Australia

〈Books〉

- Instructor's manual for Statistics: Making Business Decisions (McGraw-Hill Book Co., 2002)
- Instructor's Resource Manual and Test Bank for Introductory
- Mathematics and Statistics for Business, 4th Edition (McGraw-Hill Book Co., 2002)

[개정판]

게임과 스포츠 통계

2008년 7월 1일 초 판 발행
2012년 1월 30일 개정판 발행

저 자 / 이해용 · K. J. Byun
발행자 / 오판근
발행처 / 교우사

주 소 / 서울 동대문구 제기2동 148-19
전 화 / 925-2861(代), 편집부 / 925-2825
팩 스 / 925-2860

E-mail / kyowoo@kyowoo.co.kr
http://www.kyowoo.co.kr

등록 / 1994. 3. 24 제6-0256호

ISBN 978-89-8172-748-2 (93310)

값 18,000 원